U0863395

江苏省哲学社会科学基金一般项目结项成果

生育政策调整期一孩心理研究

伏干　著

河北大学出版社
·保定·

出 版 人：朱文富
责任编辑：田　阳
装帧设计：赵　谦
责任校对：兰彩红
责任印制：常　凯

图书在版编目（CIP）数据

生育政策调整期一孩心理研究 / 伏干著 . -- 保定 ：河北大学出版社，2021.12

ISBN 978-7-5666-1948-8

Ⅰ . ①生… Ⅱ . ①伏… Ⅲ . ①儿童心理学②儿童教育－家庭教育 Ⅳ . ① B844.1 ② G78

中国版本图书馆 CIP 数据核字 (2021) 第 241237 号

出版发行：河北大学出版社
地址：河北省保定市七一东路2666号　邮编：071000
电话：0312-5073003　0312-5073029
网址：www.hbdxcbs.com
邮箱：hbdxcbs818@163.com
印　　刷：河北纪元数字印刷有限公司
幅面尺寸：170 mm × 240 mm
字　　数：310千字
印　　张：22.5
版　　次：2021年12月第1版
印　　次：2021年12月第1次印刷
书　　号：ISBN 978-7-5666-1948-8
定　　价：58.00 元

如发现印装质量问题，影响阅读，请与本社联系。
电话：0312-5073023

前　言

2014 年，党的十八届三中全会审议通过了《中共中央关于全面深化改革若干重大问题的决定》，提出放开单独二孩政策。2015 年 10 月 26 日至 29 日，中国共产党第十八届中央委员会第五次全体会议审议通过了《中共中央关于制定国民经济和社会发展第十三个五年规划的建议》，会议提出“全面实施一对夫妇可生育两个孩子政策”。这是继党的十八届三中全会单独二孩政策之后又一人口政策调整，标志着我国开始进入全面二孩时代。二孩生育政策调整后，伴随着一些符合政策的家庭中二孩的出生，独生子女的身份开始改变。由于新家庭成员的到来，一孩不仅原有的独生子女身份被剥夺，家庭资源的获得也要与人竞争。如何在竞争中获得优势，如何补偿身份剥夺的失衡，根据在决策过程中失去比得到更能带来负性情绪体验的理论，一孩发生身份转变，意味着他们失去原有的特殊身份，失去这种身份是否会影响他们的心理特征的发展？家庭是儿童成长的重要环境，家庭环境包括与父母和兄弟姐妹的关系等。家庭环境理论认为儿童早期的家庭环境对儿童的心理健康、自我概念的形成等具有显著的影响。二孩时代，一孩多了兄弟姐妹，家庭中的亲子关系、兄弟姐妹关系都有可能会影响一孩的心理健康。社会互动理论认为，人是社会的人，在儿童社会化发展过程中，儿童需要在与他人的互动过程中获得社会化发展，满足社会交往的需求。二孩出生后，一孩增加了与二孩的互动，这有利于他们的社会化发展和促进他们与他人建立亲密关系的能力，从而减少孤独感，有利于一孩心理的健康发展。因此，二孩家庭中一孩的心理健康水平是否高于仍是独生子女的一孩？文献中对于独生子女的研究汗牛充栋，但二孩时代已发生非独生子女身份转变的一孩和独生子女的研究相对复杂，这种特殊性在新生育政策的调整初期尤为突出。本书将通过探讨发生身份转变和未发生身份转变的一孩心理特征的比较与分析，从多层面了解二孩时代一孩的心理，以期望有助于解决新政策推行过程中出现的相关问题，从而促进新的生育政策得到科学有效地落实。

本书基于问卷调查和访谈调查的资料，主要分析二孩家庭中一孩的心理健康及其影响因素，从而建构回归模型，以中介效应模型和总模型分析二孩家庭中一孩心理健康的影响机制，并从不同视角提出对策和建议。本书通过三个部分，共十七个不同层面的实证研究，获得如下核心观点。

其一，家庭生育意愿及一孩心理健康对父母生育意愿影响的研究。结果表明，父母二孩生育意愿受家庭中经济因素和女性生育年龄因素的影响，且二孩生育意愿中仍存在显著的性别偏好；生育意愿影响因素中，一孩禀赋的认同程度越高越有利于增强男性的二孩生育意愿，但越不利于增强女性的二孩生育意愿；一孩的心理健康显著影响父母二孩的生育意愿和可能的生育行为，一孩的心理越健康，父母的生育意愿和生育行为的可能性就越强；一孩的身体健康对父母的二孩生育意愿和可能的生育行为的影响作用不显著；消极的认知预期显著负向预测独生子女对同胞二孩出生的期望，积极的认知预期显著正向预测一孩对同胞二孩出生的期望；年龄越大的儿童越不希望父母生育同胞二孩。

其二，二孩家庭一孩心理健康及其影响因素研究。结果表明，总体上95%以上的一孩都喜欢刚出生的二孩，85%以上的一孩都喜欢当前时期的二孩，不喜欢二孩的一孩对二孩刚出生时的身体特征表现出了嫌弃，他们感受到了家庭环境受到噪声的干扰，以及为自己的家庭地位担忧，从而不喜欢二孩。在二孩出生后的一段时期，一孩面对二孩进行的身体“欺负”、所有物的“争抢”，以及遭到冷落十分不满，心生无奈的烦恼，从而对二孩产生了排斥情绪。总体上，一孩的学习焦虑是普遍存在的心理问题，高达50%的一孩具有学习焦虑症状。二孩的性别显著影响一孩的心理健康水平，一孩年龄越大，孤独倾向越小，冲动倾向越大。与独生子女相比，一孩只在自责倾向维度的得分显著较高。关于不同心理特征的研究表明，一孩的情绪体验的个体差异并不显著，也不因二孩的性别和年龄存在显著差异；在情绪反应中，因父母差别对待而产生的情绪显著影响一孩心理健康测量中的对人焦虑、敏感倾向、身体症状和冲动倾向。一孩生活质量的个体差异显著，年级越高生活质量越差，中学生生活质量显著低于小学生；一孩的生活质量因二孩的性别不同而存在显著差异；生活质量中的生理心理维度显著影响着一孩的心理健康中几乎所有的维度。社会心理功能显著影响着一孩的孤独感；生活环境显著影响着一孩的过敏倾向和恐怖倾向；生活质量满意度显著影响着一孩的对人焦虑、过敏倾向和躯体感觉。一孩的自尊存在性别和年级的显著个体差异性，也存在二孩性别差异的显著影响。自尊对心理健康的影响表现为，能力自尊显著影响着一孩的心理健康的各个维度；体育运动自尊越高，一孩的学习焦虑、孤独倾向得分越低；外表自尊越高，其心理健康水平越高。一孩的自我意识与独生子女在智力与学校情况、躯体与外貌特征存在显著的差异；一孩的自我意识存在性别和年级的显著个体差异性，也存在二孩性别差异的显著影响。自我意识的焦虑维度对心理健康中所有维度具有显著的影响作用；行为意识对过敏倾向维度和冲动倾向维度具有显著的影响作用，行为倾向越好，一孩的过敏倾向和冲动倾向越低。躯体与外貌属性对自责倾向和冲动倾向具有显著的影响作用，躯体与外貌属性得分越高，自责倾向得分越低。一孩的社会期望存在年级的显著差异，8 年级社会期望最低，显著低于其他年级；一孩的社会期望不存在性别差异的显著性；一孩的社会期望显著影响着其心理健康的各个维度，社会期望越高，一孩的心理越健康。一孩的亲子依恋中母亲依恋存在年级的显著差异，8 年级一孩的母亲依恋得分最低，显著低于 3、4 年级；一孩的母亲依恋不存在显著的性别差异。一孩的亲子依恋显著影响着其心理健康的各个维度，亲子依恋水平越高，一孩的心理健康水平越高。

其三，亲子依恋对一孩心理健康影响的作用机制研究。结果表明，亲子关系对心理健康具有显著的预测作用，引入情绪反应作为中介变量后，亲子关系对心理健康的标准化回归系数 β 下降，而且下降后的回归系数仍显著，情绪反应是亲子关系与心理健康之间的中介变量，起到了部分中介作用。引入生活质量作为中介变量后，亲子关系对心理健康的标准化回归系数 β 下降，而且下降后的回归系数仍然显著。生活质量是亲子关系与心理健康之间的中介变量，起到了完全中介作用。引入自尊作为中介变量后，亲子关系对心理健康的标准化回归系数 β 下降，而且下降后的回归系数仍然显著，自尊是亲子关系与心理健康之间的中介变量，起到了部分中介作用。引入自我意识作为中介变量后，亲子关系对心理健康的标准化回归系数 β 下降，而且下降后的回归系数仍然显著。因此，自我意识是亲子关系与心理健康之间的中介变量，起到了部分中介作用。引入社会期望作为中介变量后，亲子关系对心理健康的标准化回归系数 β 下降，而且下降后的回归系数仍然显著。因此，社会期望是亲子关系与心理健康之间的中介变量，起到了部分中介作用。

本书通过对一孩心理健康影响因素总模型的建构与分析，从中确定哪些因素对一孩的心理健康起着主要的影响作用。总的结论为：控制了其他变量后，一孩的心理健康水平无个体差异；一孩心理健康的总体水平与二孩的个体特征无显著关联；生活质量显著影响着一孩心理健康的总体水平，且影响作用最强；自我意识显著影响着一孩心理健康的总体水平，影响作用次之；亲子关系对一孩心理健康影响作用不再显著，被其他变量完全中介。针对总模型的结论我们从三个方面提出对策和建议，分别为：家庭层面应建立良好的亲子关系，父母共同参与；学校层面应建立良好的师生关系和同伴关系，促进一孩心理健康发展；社会层面应构建相关社会服务体系，助力父母亲子教育理念及行为的完善与实施。

目录 Contents

第一部分 绪论

第二部分 二孩生育意愿的研究

第三部分 二孩家庭一孩心理健康的理论分析

第五部分　亲子依恋对一孩心理健康影响的作用机制研究

第六部分　总模型分析与对策建议

第一部分　绪论

本部分主要是对本书的研究缘起和研究设计的概述，分为两个部分：一是引言，主要介绍研究的缘起和研究的价值与意义；二是研究设计，主要介绍研究设计和框架结构。希望通过本部分的介绍，使读者对整本书有框架性的了解，从而能够沿着作者的研究思路，阅读与分析本书的内容。

引　言

【内容提要】本章对生育政策背景进行了介绍，并分析了当前新生育政策下人们低生育意愿的原因。国内外相关的研究文献分析了相对丰富的独生子女研究内容，但对二孩家庭和多子女研究的文献相对较少，本章提出了本书的研究问题、研究价值和意义。

一、生育政策背景

顾稚子，匆忽长

丁酉冬月，吾妹降生，时至今日，不盈百日。吾由小至初，课业陡重，心怀忧虑，尤需关照。然妹占父母之时力，父母无暇伴我。母须哺乳，无暇出，寒假盈月，日待于家，不知外界之变。吾每坐于窗前，顾蓝天，唯叹息。母须顾妹，少与吾语。忆往昔，无妹之时，吾常与母语，其乐融融；叹如今，难相顾，无相知，常相争，母女之心相去愈远，悲乎！妹之来，家愈忙，父母亦无暇顾吾课业，吾需自学，无人查吾作业，无人为吾解惑，吾于学业，孑孓独行，常觉前路渺茫。形势使然，吾渐独立，此桑榆之得也。吾有一言，告天下父母：顾稚子，勿忽长，多与长语，多同长娱。若此，则二孩时代长子之大幸也！

欲成一拼图，必棱角相和。吾为成家和之图，锉己锐，更己缺，合于妹。吾喜静，须学于清净之地。然妹常哭，声甚大。吾忍之，于心告己：闹中取静，方为大静，心静则境静。徐之适妹哭，其声虽大，亦不扰吾。昔者，吾性莽撞，常致物坠地，无以为然。今者，坠物之响，常致妹惊，常致妹哭，吾遂甚谨，无有类事，吾妹安然，父母亦赞吾成大人矣！

吾好稚子，吾妹白白胖胖，脸挂笑容，憨态可掬，若自年画出。吾甚爱之，常与之戏。见其一笑，烦恼皆亡矣。吾常思，待其呼吾一声姊，吾必喜极而泣。吾每坐妹旁观之，心中必忖：其将来必美，必聪慧好学，必为吾之骄。今者，吾为姊，谨护吾妹。来者，姊妹必相携，相顾，相援，相伴。父母终会去吾，然吾有妹，妹亦有我。（“中国文明网”，2018）

这是一篇曾一度火遍全网的中学生作文。文中的主人公是一名 8 年级的学生，在她的妹妹出生后，她用文言文写了一篇作文《顾稚子，勿忽长》，充分表达了自己在妹妹出生后这一段时间的所感所想，达到了“10 万$^{+}$”的阅读与转载量。此文将小女孩在家有二宝之后，渴望被父母关注、不想被妹妹打扰和想要关心爱护妹妹，和妹妹相亲相爱的心理淋漓尽致地呈现在读者面前。作者用文言文非常委婉地表达了自己的内心世界，使很多二孩家长读后泪流满面。

在我国，自 1978 年实施计划生育政策以来，“一对夫妇只生育一个孩子”的政策持续了 30 多年，虽然传统观念秉承多子多福，但“独生子女”已成了人们习惯性的思维与概念。近年来，连续走低的生育率使得人口学家开始担心因独生子女政策而产生的人口结构变化、人口老龄化等社会问题。有研究者在 1995 年就提出，“一对夫妇只生育一个孩子”这项政策会造成家庭 4：2：1或 4：2：2 的家庭负担结构（涂平，1995）。2013 年，我国 60 岁以上的老龄人口占总人口的 14.9%，越来越多的研究者认识到我国人口面临的主要问题已不再是数量问题，而是关系到人口年龄结构及其衍生的相关问题。国家也在政策层面不断做出积极的响应，以改善人口结构（徐俊，2014）。2011 年 11 月，我国开始全面启动“双独二孩”政策，意味着父母双方均为独生子女，并已生育一子的，可再生育一子。2013 年，党的十八届三中全会审议通过的《中共中央关于全面深化改革若干重大问题的决定》中提到放开单独二孩政策，这标志着我国 30 多年来逐步形成的“独生子女时代”开始向“后独生子女时代”（或“非独生子女时代”）转变（风笑天，2014）。然而，研究者在对江苏省符合二孩生育政策妇女的生育意愿和生育行为进行调查时发现，在符合二孩生育条件的妇女中，四成妇女的生育意愿高于生育行为，六成妇女的生育意愿等于生育行为，尚没有妇女的生育意愿低于生育行为（茅倬彦，罗昊，2013）。针对湖北省城乡居民的调查表明，符合条件的家庭明确要生育二孩的只有 21.5%。基于 2013 年全国城乡居民生育意愿的调查表明（石智雷，杨云彦，2014），一孩家庭对生育二孩的时间安排，未确定的比例达 59.0%，接下来的三年计划生育二孩的比例分别为 20.5%、12.1% 和 8.4%。在湖北省城镇居民符合单独二孩政策的 4661 个家庭中，不愿生育二孩的比重高达 61.4%（张勇，尹秀芳，徐玮，2014）。随着全国各省市单独二孩政策的实施，以及符合条件的家庭申请生育二孩数量的公布，很多省份纷纷表示单独二孩政策遇冷（王广州，2015）。

单独二孩政策遇冷，表明了虽然政策允许符合条件的人生育二孩，但实际上人们生育二孩的意愿并不强烈。生育意愿是人们在特定条件下形成的关于生育行为的态度、看法和价值观念，它反映了人们对生育数量、性别、时间和质量的愿望和需求，在一定程度上影响着生育的决策（王记文，2018）。2015 年 10 月 29 日，党的第十八届中央委员会第五次全体会议审议通过了

《中共中央关于制定国民经济和社会发展第十三个五年规划的建议》。会议提出“全面实施一对夫妇可生育两个孩子政策”，这是继党的十八届三中全会单独二孩政策遇冷之后又一人口政策调整，标志着我国开始进入全面二孩时代。以往关于生育意愿的研究大多基于人口学特征和社会经济特征两个因素。相关研究表明，男性的生育意愿高于女性（方雅倩，聂欢迎，张天睿等，2015；王记文，2018），低龄群体的生育意愿高于高龄群体（王记文，2018），而中产阶级则表现为高龄群体的生育意愿高于低龄群体（田丰，2017），收入越低生育意愿越低（陈钟翰，吴瑞君，2009）。有研究者从三个理论基础分析了妇女的生育意愿和行为，即行为态度、主观规范和知觉行为控制，这三个层面很好地阐释了妇女在面对是否生育二孩的选择时受到多方面的影响，但这些影响均没有涉及家庭中重要的成员结构——一孩的影响作用。然而，新政策实施的开始阶段，容易对一孩产生影响，而这也是父母是否生育二孩的主要原因之一（辛斌，蓝雅歌，青木等，2015）。“一孩”通常指独生子女。当全面二孩政策开始实施，家庭中的第一个孩子将失去独生子女的身份。生育二孩会使一孩发生身份与角色的改变——由“独生子女”到“非独生子女”，从而会影响他们的心理反应。有调查表明，54.9%的人称在考虑是否生育二孩时，会考虑一孩的意见（王品芝，苏洁，2015）。一孩在二孩出生前后，容易产生不良情绪反应（陈斌斌，王燕，梁霁等，2016），特别是在母亲妊娠反应越来越明显与二孩出生后的100天时间内，最容易出现由于同胞竞争而产生的情绪障碍（宋梅，2015）。有研究对12个已有二孩或想要二孩的家庭中的一孩进行访谈时发现，在想要二孩的6个家庭中，有3个家庭中的一孩均明确表现出对二孩的拒绝与抵触；在4个已有二孩的家庭中，4个家庭中的一孩对二孩都表现出了不同程度的埋怨和嫉妒（李何丽，韩巍，张慧敏，2017）。网上相类似的报道也是屡见不鲜。

案例 1：铁西区 13 岁的小兵最近得知爸爸妈妈要再生一个孩子后，非常抗拒，甚至放话："有他就没有我，你们看着办。"一开始，小兵的父母只当这些都是孩子的气话，没想到，当小兵妈妈真怀上二孩后，小兵开始对爸妈不理不睬，还动不动发脾气。妹妹出生后，小兵还会偷偷地欺负妹妹，学习成绩也有所下滑。(《沈阳晚报》，2015)

案例 2：刘女士说她的女儿今年 8 岁，儿子 4 岁。"女儿一看到我们跟儿子亲热，就很不开心，几个月前还离家出走了。我们找了两个多小时，马上就要报警了，她才偷偷地回了家。后来我和女儿说，我们对你和弟弟一样好，当初要弟弟的时候，你也是同意的。我女儿却说，她现在不同意了，要我把儿子送给别人。"("东北新闻网"，2015)

案例 3：武汉 44 岁的肖女士和丈夫努力一年后终于怀上二胎，但 13 岁的女儿百般不愿意，相继以逃学、离家出走、跳楼等相威胁。在女儿尝试用刀片割伤手腕后，怀孕 13 周零 5 天的肖女士不得不含泪到医院终止了妊娠。("搜狐新闻网"，2015)

案例 4：为生二孩，一对父母在女儿的要求下写下保证书，向女儿承诺："我们保证永远第一喜欢我家大宝……"(《东方今报》，2015)

当然，不是每个孩子面对父母生育二孩时都会出现不愉快的心理。也有很多孩子非常期望并非常接纳家里有了小弟弟或小妹妹。但是在国家二孩政策推行初期，一孩遇到情绪波动等心理冲突也是一种必然。当家庭中的一孩在父母生育二孩前后出现消极等情绪问题时，如果不能及时调整，长期而言，在个体层面会影响一孩的心理健康；在家庭层面，一孩不良的心理反应也会成为影响父母生育二孩决策的重要因素之一；甚至从国家层面来看，一孩不良的心理反应不利于新生育政策的落实。

二、国内外相关研究

“一孩”本来指家庭中的第一个孩子。在“一对夫妇只生育一个孩子”的计划生育政策推行30多年来，“一孩”通常指“独生子女”。对独生子女的研究由来已久，在中国实行计划生育政策的几十年来，一孩就是家庭中的独生子女。

（一）独生子女研究的视角

1. 变量视角。在过去的几十年里，一些研究者探讨了独生子女作为计划生育的产物，他们自身具有哪些特征，不同的独生子女之间存在个体差异的影响因素是什么；另一些研究者则把独生子女作为一个主动的变量，来探讨独生子女的存在对家庭结构、社会问题等的影响。根据这些研究，从变量视角来分可分为两类。

一类研究将独生子女的特征作为因变量，即以独生子女作为研究对象。这类研究主要集中在独生子女的人格与个性、社会化与社会适应方面（肖富群，风笑天，2010）。人们一般认为独生子女具有较为负面的形象（风笑天，2010a），但并不是所有的独生子女都符合这一刻板印象。研究者从家庭环境、家庭教养方式、学校教育等方面进行探讨后发现，父母的文化程度影响儿童的人格养成；家庭教养方式与独生子女接纳度呈显著正相关；学校教育中，班主任的态度对独生子女的学习成绩和学习压力具有显著的影响作用；独生子女的伙伴关系对独生子女的人格发展具有正向影响作用（“中国独生子女人格发展”课题组，1998）。独生子女攻击行为与父母控制得分呈显著的正相关，父母控制越高，独生子女的攻击行为越高；家庭环境中亲密度、知识性、道德宗教观和组织性与独生子女攻击行为呈显著负相关，家庭环境亲密度、知识性、道德宗教观和组织性越高，独生子女的攻击行为越低；而矛盾性与独生子女的攻击行为呈显著正相关，家庭环境的矛盾性越高，独生子女的攻击性越高。由于独生子女家庭规模变小，家长角色身份的单一化，构成了独生子女早期社会化发展不足（陈洪岩，李军，杨世昌等，2014），父母对独生子女社会化过程中的独立性培养不足，理性指导不足，长远规划不足，这使得独生子女往往更容易形成依赖性、情绪化和耐挫性差的特点（肖富群，风笑天，2010）。

另一类研究将独生子女作为自变量，即以独生子女作为研究变量。一方面，独生子女与家庭之间的关系相互影响，由于家庭结构的变化，父母对独生子女的影响发生了变化；另一方面，由于独生子女的存在，对家庭结构、家庭成员间的互动、家庭教育、居住方式和父母角色，以及父母的心理与情感均会产生较大的影响。这类研究主要集中在独生子女对父母、家庭和社会的影响。独生子女的父母往往也容易存在一些心理障碍，如对子女过度关注，自身的焦虑感、孤独感和负罪感较强等（刘翔平，2004）。独生子女家庭的父母对子女的期望值也有所增加，因为对于他们而言，家庭中就一个孩子，不允许他们有子女教育失败的机会，通常子女教育的压力较大，所增加的教育投入也较大。独生子女是家庭中唯一的孩子，三口之家是最常见的家庭结构。独生子女的存在转变了父母与子女的家庭关系，传统的权威家庭通常变得更为民主，甚至变成了以独生子女为核心的家庭结构关系。父母与独生子女之间的互动，独生子女与祖辈之间的互动都显著增加。独生子女在家庭中拥有着独一无二的心理资源、经济资源和社会资源。家庭中从父母到祖辈都过度关注着独生子女，他们倾其所有为独生子女创造生活、学习条件，独生子女享有着家庭结构中最大程度的社会支持。在对独生子女的研究中，常常将其与非独生子女进行比较。由于家庭环境、教养方式以及父母关注程度的不同而使得独生子女与非独生子女之间存在不同的表现（陈洪岩，李军，杨世昌等，2014）。独生子女时代暴露出来的社会问题，如生育意愿低下、人口结构失衡、养老问题等，又倒逼着研究者、国家与社会重新思考计划生育政策。因此，2016 年，我国二孩政策的实施是对独生子女政策的反思与前进，有利于改善人口结构和促进因人口失衡而产生的各类问题的解决。

2. 对象视角。独生子女计划生育政策实施的 30 多年来，从一代独生子女到二代独生子女，经历了不同的时期。学术界关于独生子女的研究，根据不同的研究对象，对不同的群体进行了分析与比较，充分了解了某一群体独生子女的特征。

第一类研究是依据独生子女时代特征来划分，分为一代独生子女和二代独生子女。自独生子女政策实施以来，早期出生的一代独生子女已长大成人，他们已经离开学校，步入社会。研究发现，成年后的一代独生子女与非独生子女相比，更有可能与父母同住并得到父母较多的经济支持（宋健，2011）。在已婚并生育了的一代独生子女中，有一半左右是三代同堂（包蕾萍，陈建强，2005）。关于二代独生子女的研究文献，在中国知网中检索关键词“二代”和“独生子女”仅有约 30 篇相关文献。二代独生子女的个性特征表现为更在乎个人感受、思维独立、学习能力强、有较强的质疑精神、勇于表达自我，但听不得批评、常常固执己见、内心脆弱（刘芳，2010；邱关军，刘佳，2010）。二代独生子女的社会特征表现为与父母的关系从权威到朋友，父母在亲子关系中能够耐心说理；家庭与社会活动增加，父母能够经常带孩子外出活动，参加亲子交流。但因独生子女在家庭中被人照顾得更多，所以自我管理能力、社交能力、适应能力较差（李洪曾，杨智钧，2012；郝春冬，2012；迟毓凯，2013）。二代独生子女的生活习惯与心理状况，受一代独生子女父母的影响较大，他们对快餐和电子产品情有独钟，对晚睡习以为常（王向荣，2010；关颖，2010），不健康的生活方式长期影响着他们的身体和心理健康。

根据二代独生子女的年龄特征，现将国内外关于二代独生子女的研究理解为研究对象符合我们对独生子女年龄的规定。针对符合年龄段的二代独生子女的研究表明，独生子女与非独生子女相比，在心理依赖、情绪控制、行为问题方面得分高于非独生子女；在身体健康、人际关系、诚信和助人等方面优于非独生子女（包蕾萍，2011；祁正庆，2009；孙百才，仝辉，2009；陈洪岩，李军，杨世昌等，2014）。刘晓、程茜和李廷玉（2018）对幼儿的研究表明，二代独生子女内化性行为问题检出率为25.0%，外化性行为问题检出率为37.5%，总的行为问题检出率为37.5%，行为问题的检出率与性别、年龄、家庭环境有关，但与是否独生子女无关。

第二类研究是依据独生子女是否成年来划分，分为成年独生子女和未成年独生子女。独生子女在成年期与非独生子女是否存在差异，学界的研究结论无一致性。已有研究表明，独生子女在社会化初期可能存在与非独生子女的差异，但在社会化关键期发展后，独生子女与非独生子女之间并不存在差异（风笑天，2000）。有研究指出，青年独生子女在社会交往、社会责任感、消费生活与职业适应等方面相比于青年非独生子女存在不足（苏颂兴，1997）。而风笑天（2002）通过对青年独生子女的研究发现，青年独生子女与青年非独生子女在职业适应方面不存在显著差异。2005年，风笑天通过研究进一步发现，青年独生子女与青年非独生子女在工作、恋爱婚姻、人际关系、自我认知等方面不存在显著差异。这一研究结果与西方关于成年独生子女与成年非独生子女的社会适应不存在差异的结果一致（Blake，1981）。成年独生子女自尊水平与生活满意度均显著高于成年非独生子女，独生子女的主观幸福感和自尊水平表现出显著的性别和婚姻状况的差异（陈翠玲，冯莉，王大华等，2008）。王晓焘（2011）研究发现，成年独生子女的收入并不存在着性别之间的差异，而这种差异在非独生子女中显著存在。成年独生子女由于在家庭中需要承担的责任与义务增加，难免会出现工作与生活之间的冲突。

研究表明，成年独生子女的“工作—生活”冲突水平高于成年非独生子女，其生活资源比较丰富，而工作角色资源较缺乏（孙海涛，邢鸿飞，2014）。侯亚非等人通过对北京市20—30岁青年及其父母的调查发现，成年独生子女的生育意愿有所提高，但仍以生育一孩为主，二孩生育存在矛盾心理（侯亚非，马小红，2008）。针对未成年独生子女的研究主要在于探讨家庭因素对未成年独生子女在社会化形成过程中的影响，如赵会来（2006）在研究中指出，家庭关系的对抗性是导致独生子女性格内向、孤僻自卑，向攻击敌视方向发展的直接因素之一。

第三类研究是依据独生子女是否已婚来划分，分为已婚独生子女和未婚独生子女。风笑天（2011）根据对全国5大城市1216对已婚青年的调查，探讨了已婚青年独生子女中夫妻权力的关系。结果表明，在家庭经济收入管理方面，妻子的权力相对更大，但与是否独生子女没有关系，“双独夫妻”在做家务方面比“双非夫妻”以及“单独夫妻”表现得更为平等。吴瑞君和汪小勤（2009）通过对人口普查数据的研究发现，独生子女的婚姻总体较为稳定，但与非独生子女相比，一代低龄独生子女婚姻不稳定的比例较高；独生子女的婚姻稳定程度与就业状况、受教育程度等个人特征显著相关。王跃生（2017）基于5个省市一代独生子女家庭数据调查发现，亲代，特别是独生子女父母承担着子代的婚房提供和购置，多数子代对老年亲代的照料义务成为形式。在一代独生子女的未婚者中，亲子组成核心家庭是主导；在已婚者中，亲子独居和合住并存。相对于多子女家庭，独生子女与父母所组成的生活单位边界相对模糊，分中有合，合中有分（王跃生，2016）。通过对城市青年的婚恋调查研究发现，非独生子女比独生子女的理想婚龄更低一些（贾志科，风笑天，2018）。王跃生（2016）在中国家庭代际功能的研究中发现，随着一代独生子女的长大，女儿在代际功能关系中的作用提高，甚至具有不可替代性。

第四类研究是依据独生子女所处的学龄来划分，分为学龄前儿童、小学、中学、大学生独生子女。贾凤芹和刘电芝（2013）的一项关于独生子女大学生性别角色特质的研究表明，独生子女大学生性别未分化比例显著高于非独生子女大学生；男独生了女大学生双性化比例高于女独生子女大学生；来自城市的独生子女大学生女性化比例高于来自农村的独生子女大学生；担任过班干部的独生子女大学生双性化比例高。独生子女大学生 SCL-90 得分均显著低于非独生子女大学生，在 16PF 调查中，其稳定性、恃强性和兴奋性得分显著高于非独生子女大学生，忧虑性得分显著低于非独生子女大学生，其余无差异。这一结果表明，独生子女大学生在情绪控制方面没有非独生子女大学生好，而在消极情绪体现方面比非独生子女大学生更积极（张小远，俞守义，赵久波等，2007）。独生子女大学生由于在进入高校前对家庭的依赖性较大，进入大学阶段容易出现各种心理，甚至精神问题（刘云德，王胜今，尹豪等，1988）。但郑安云等人的研究进一步表明，在 16PF 的测量中，独生子女大学生兴奋性得分显著高于非独生子女大学生，而在忧虑性得分方面较低。在对数字搜索能力与适应能力的测试中，独生子女的数字搜索能力显著高于非独生子女，这表明独生子女的应对能力较强（郑安云，同雪莉，田兵权等，2009）。独生子女大学生的批判性思维能力显著高于非独生子女大学生，但从大一到大四，随着年级的升高，两类群体的批判性思维能力差异变小（张青根，沈红，2018）。在高中生独生子女父母的教养方式中，父亲偏爱和情感理解多于非独生子女，而母亲则是过于干涉和保护，但偏爱仍多于非独生子女的母亲。独生子女在成就动机中避免失败的成就动机少于非独生子女，即更积极（赵静，严保平，2018）。针对 4—9 年级的中小学生独生子女的研究表明，独生子女情绪适应各指标均明显好于非独生子女，但控制了相关的背景因素后，是否独生子女对儿童的情绪适应没有影响（苑春永，陈福美，王耘等，2013）。郝克明等人通过对 6 个省市 334 所中小学学生、家庭、教师的调查，以及对高中独生子女的访谈研究发现，独生子女拥有的学习条件、就读学校、与父母的交流和沟通均好于非独生子女；家长对独生子女的教育期望高于非独生子女；独生子女的生活自理能力低于非独生子女，而且随着年级增高，这种差距越大；独生子女的创新意识高于非独生子女；独生子女的营养状况好于非独生子女，但体质弱于非独生子女（郝克明，汪明，2009）。通过对 10—15 岁的中小学生调查发现，独生子女的劳动习惯、卫生习惯与自理能力与非独生子女存在显著差异，独生子女的智力水平显著高于非独生子女，且在气质类型上，独生子女合群性、多血质类型者高于非独生子女（崔伊薇，高文华，王桂英，1994）。此外，初中生的攻击行为受父母控制水平的影响（陈洪岩，李军，杨世昌等，2014）。初中生独生子女在行为问题和生活满意度方面均高于非独生子女，独生女亲社会行为显著低于非独生女（安芹，贾晓明，2009）。杨世炳等人对 408 名智力正常的中小学生、幼儿园大中班的儿童进行社会生活能力的研究表明，学龄前组中独生子女独立生活能力和自我管理能力显著低于非独生子女，而运动和交往能力显著高于非独生子女；中小学组中独生子女自我管理能力仍显著低于非独生子女（杨世炳，唐久来，吴德等，2003）。周德禄的研究表明，独生子女大学生的学历期望相对偏高，在就业方面具有较强的自信力，预期收入相对理性（周德禄，2009）。独生子女大学生的综合素质不比非独生子女差（杨涵钰，2009）。

第五类研究是依据独生子女所处的区域来划分，分为城市独生子女和农村独生子女。2005 年，全国 1％的人口抽样调查显示，6—18 岁独生子女中城市独生子女占比为 53.0％，农村独生子女占比为 19.2％（中国人口统计年鉴，2006）。独生子女计划生育政策的实施在城市和农村产生的反响稍有不同。相比于城市，农村家庭受多子多福的传统观念影响更大。而农村家庭由于家庭经济条件的有限性，对于那些非独生子女家庭而言，由于资源被稀释，独生子女所享受的生活与教育条件要优于非独生子女家庭。研究者对江苏、四川省1206名农村子女的研究表明，农村家庭独生子女的学校教育优势明显，表现为接受学校教育的层次更高，上重点学校的可能性更大，家庭教育投入更大等（肖富群，2011）。有研究者通过对农村小学生的行为调查发现，农村独生子女发生行为问题的风险低于非独生子女（余晓敏，吴汉荣，2012）。与有三分之二左右的城市已婚独生子女独立居住有明显不同的是，农村已婚独生子女与父母同住的比例都在80.0%左右（风笑天，2010b）。研究者通过对青岛农村的181名独生子女的调查发现，农村第一代独生子女大多数为男性，女性只占5.0%，这主要是因为农村的“一孩半”政策的影响，当家庭中第一个孩子为女孩时，大多数家庭还是选择了生育二孩（任银睦，冷静，柳宾等，2009）。刘小庆、周全丽和李越（2016）研究发现，农村大学新生独生子女在心理问题检测中，检出有重度心理问题的人数占农村独生子女总人数的12.4%，他们在焦虑、抑郁、自卑、社交退缩、性心理障碍和依赖因子上的得分显著高于其他人。

（二）独生子女心理的研究

对独生子女的研究涉及社会学、人口学、教育学和心理学等不同领域。心理学研究是独生子女研究的重要组成部分，心理学学科关于独生子女的研究主要是关于独生子女心理的研究，内容包括心理健康、心理与行为障碍、人际关系、人格发展和社会适应等。在研究文献中，国外的研究者通常将独生子女当作特殊儿童进行研究，他们认为只生一个孩子是不利的、不幸的，甚至是令人同情的。国内研究者通常将独生子女作为计划生育政策的产物进行研究。但无论哪种观点，对独生子女心理的研究通常有两种倾向。林崇德（1999）指出，对独生子女的认识目前存在两种偏向：一种是把独生子女说得一无是处，另一种是认为独生子女比非独生子女要好。

1. 独生子女是一种病。早在19世纪末，Hall就提出，独生子女本身就是一种疾病。包蕾萍（2011）研究得出，9—18岁独生子女群体的核心印象是依赖、任性、娇惯、自我中心、爱发脾气等，而非独生子女的群体核心印象是团结合作、成熟懂事、谦让、节约、宽容等。陈洪岩、李军和杨世昌等（2014）对独生子女和非独生子女初中生攻击行为进行调查发现，独生子女的攻击行为总分和口头攻击行为得分均显著高于非独生子女。黄俊官（2006）在研究中指出，独生子女在人格层面，缺乏意志力、胆小，缺乏恒心、固执、孤僻、自我中心、心理压力较大。而自我中心是较为突出的个性（李淑荣，1998）。独生子女在心理发展、社会适应等方面不及非独生子女（Blake，1981a；包蕾萍，2008）。刘松涛、张晓娟和芦珊等人（2018）通过对中学生独生子女与非独生子女的调查发现，独生子女在强迫因子、抑郁因子、焦虑因子、偏执因子和精神病性因子方面的得分显著高于非独生子女，独生子女心理健康状态显著差于非独生子女。刘会娟和赵章留（2017）通过对小学生的研究发现，独生子女中存在心理问题倾向的比例高于非独生子女，主要表现在学习焦虑和冲动倾向。贫困地区小学高年级学生中独生子女心理健康水平低于非独生子女（丁嫄，李雪平，2017），特别是在1980—1988年，独生子女政策开始实施的第一阶段（风笑天，2002；Jiao，Ji & Jing，1996）。

2. 独生子女的去妖魔化。Blake（1981a）研究指出，独生子女具有积极的人格和智力优势。随着独生子女政策的推行，20世纪90年代中期以来的主要观点为独生子女的心理健康水平优于非独生子女或无差异（“中国独生子女人格发展”课题组，1998；Chen & Liu，2014；Mancillas，2011；张兰君，何雯，2013）。祁正庆（2009）通过对608名7—9年级初中生学校适应感的比较研究发现，独生子女在学业负担感和人际关系方面好于非独生子女。孙百才和仝辉（2009）通过对小学生独生子女和非独生子女的研究发现，独生子女在身高、体重、心情和做事情态度方面优于非独生子女；非独生子女在视力、诚信意识、爱心、奉献精神和助人为乐方面优于非独生子女。余晓敏和吴汉荣（2012）通过对农村独生子女与非独生子女小学生行为问题进行研究，得出农村非独生子女发生行为问题的风险要高于独生子女的结论。龙文祥（1997）研究发现，独生子女的智力发展水平显著优于非独生子女，独生子女并非问题儿童。詹启生、程诺和李秒等（2017）对大学生的研究表明，在躯体化、焦虑、抑郁、自卑、社交退缩、性心理障碍、强迫、依赖与精神病倾向方面，独生子女大学生心理健康水平明显偏高。梁英豪、张大均和梁迎丽（2017）通过对全国 7017 名 3—6 年级小学生的研究发现，独生子女的心理素质好于非独生子女。7 年级独生子女的心理健康状况也比非独生子女要好。有研究者通过连续 7 年对大一新生的调查发现，独生子女大一新生心理健康水平整体优于非独生子女大一新生（黄龙，杭荣华，王雪琴等，2016）。相关研究表明：当独生子女现象较为普遍时，独生子女心理发展与非独生子女无显著差异，甚至优于非独生子女。30 多年来，学界关于独生子女心理特征的研究主要围绕这一特殊的社会产物有没有产生特殊的群体特征展开。这在关于一代独生子女研究的文献中也一直备受争论，研究结果复杂多维的原因之一可能是因为独生子女处于不同生命周期的差异，比如幼年期、童年期、青少年期以及青年期和成年期。独生子女是一个时代的产物，在产生之初和产生平稳期，社会、家庭包括独生子女本身都会产生不一样的心理；其二，可能因为受成熟因素的影响，不同年龄段的独生子女对其自身的认知不一样，从而产生不一样的心理特征；其三，学校教育作用，使得独生子女和非独生子女的差异缩小；其四，研究工具的选择不同，侧重于不同的心理反应，不同的心理特征在生命发展周期中的发展阶段不一致。

3. 独生子女心理研究的理论基础。（1）家庭资本理论。家庭资本是关于家庭收入、教育、职业、社会关系等指标的综合衡量，对儿童来说，它是一种先赋资本，为儿童提供各种有用的资源，与儿童身体、心理及认知发展有着广泛的联系。持这一理论的研究者认为，独生子女与非独生子女相比，其独自占有家庭中对子女投入的物质资源与心理资源，容易养成自我中心、不易满足等问题（苏颂兴，1996；林国彬，范存仁，万传文，1993）。这一理论表明，当家庭中的子女越多，越有可能共同分享家庭资源，在二孩时代，越是家庭中的未成年独生子女越可能产生不良的想法，从而影响他们的心理健康。也有研究表明，正因为资源投入的独有性，更有利于独生子女的成长与发展（黄莹等，2011；姜健，么加利，2010）。（2）家庭环境理论。家庭因素对子女心理健康水平、人格发展有着极其重要的影响和作用。持这一理论的研究者认为，独生子女被溺爱，使得独生子女在依赖性和情绪控制等方面存在不足（俞国良，董妍，2012；李晓驷，张育麟，张志军等，2001；曾荣，2008）。这一理论表明，独生子女由于被过度关爱而在依赖和情绪控制方面容易出现问题。因而，二孩时代，当未成年独生子女面对将要出现的弟弟或妹妹，情绪较难控制时，就会做出一些极端的行为，如央视网报道的 13 岁女孩以死相胁，父母含泪终止孕育二胎。也有研究认为，家庭环境氛围轻松，独生子女更容易获得快乐和关爱等（钱海燕，尚金奎，贡勇强，2011；黄莹，李燕，陈桂存等，2011）。（3）社会互动理论。社会互动也称社会相互作用或社会交往，它是发生于个体之间、群体之间、个体与群体之间的相互的社会行动的过程。持这一理论的研究者认为，独生子女缺少与家庭中兄弟姐妹的互动与交流，容易产生孤独感等情绪（徐丽华，陈登峰，傅文青等，2011；苏颂兴，1996）。郑方辉和金小红（2007）基于互动论视角分析了独生子女家庭互动结构单一容易使独生子女被父母溺爱，成为家中的“小皇帝”，容易造成独生子女的生活能力、社交能力和抗挫折能力缺乏，容易形成压抑、过度依恋、自私、孤僻和占有欲强等性格特征。也有研究认为，这种环境下独生子女更容易独立，积极向上（黄莹，李燕，陈桂存等，2011；风笑天，2003、2005）。总之，这些理论均认为，独生子女作为家庭中唯一的子女，他们的成长受家庭的影响较大，包括家庭中的资源优势、环境作用，以及在兄弟姐妹缺失的情况下，儿童与其照看者之间的情感互动会显得尤为重要。二孩家庭中的社会互动发生在家庭之中，与家庭资源和家庭环境有关。

（三）二孩政策下一孩的研究

独生子女政策实施 30 多年来，从单独二孩政策的试行到全面二孩政策的实施，这期间二孩出生率得到了一定程度的提高，由此关于政策调整期二孩的相关研究也逐渐增多。

1. 二孩政策对独生子女心理影响的研究。独生子女是政策性产物，生育政策变化初期对独生子女的心理影响较大，表现在直接和间接方面。（1）在独生子女政策初期，生育政策对独生子女的情绪产生负面效应，表现为政策后出生的独生子女负面情绪高于非独生子女，而政策前出生的对象无显著差异（Yang，Ollendick，& Dong et al.，1995；李晓驷，张育麟，张志军等，2001）。Jiao、Ji 和 Jing（1996）研究发现，20 世纪 80 年代前出生的独生子女与非独生子女在认知等方面无差异，而 80 年代后出生的独生子女与非独生子女在认知方面有差异。二孩政策放开后，长子女产生了各种不同的负面情绪反应，包括情绪障碍、个性转变、社会孤独和行为退化等（李何丽，韩巍，张慧敏，2017），过渡期前后的长子女占有欲的增强，脾气暴躁等情绪障碍，在二孩出生后 100 天内达到最高点（陈斌斌，王燕，梁霁等，2016；宋梅，2015）。一孩在独生子女时代，自信开朗，二孩出生后，在父母注意力分配到二孩的情况下，一孩容易产生自卑、无助的个性，嫉妒心变强，自我保护意识增强，不愿意参加集体活动，不愿意与人交流，甚至出现尿床、需要陪睡等退化性行为。（2）不同的生育政策下，子女的数目不一。多子女家庭中的老大在一定时期里也是独生子女。家庭环境等一系列重要的家庭变量对子女的心理具有显著的影响。有研究表明，家庭经济条件越好的家庭，一孩的同胞关系越好，发生同胞关系障碍的概率越低（张雪丽，2015）。在多子女研究中，出生顺序影响儿童早期的情绪发展（Brody，2004；Roskam，Meunier Stievenart，2015）。

2. 二孩家庭中一孩的研究。二孩政策实施以来，大多数研究是关于单独二孩政策下，家庭生育二孩意愿的研究（风笑天，李芬，2016；杨菊华，2015）和生育政策以及由政策衍生的教育研究等（陈友华，2016；王胜今，林盛中，2016；洪秀敏，马群，2017）。然而，父母生育二孩对一孩来说是其生命历程中重要的外部事件，特别是当独生子女政策不知不觉中改变了中国普通老百姓长期以来的传统生育观念、生育文化，甚至生活方式（风笑天，2014）时，他们所产生的心理体验更强。根据Lazarus和Folkman（1984）提出的情绪反应的认知评价理论，当个体对环境事件进行知觉后，会不断评价这一事件与自身的利害关系，从而产生特定的情绪反应。有研究者对二孩家庭中一孩的心理进行研究时发现，由于二孩的出生，一孩面临着家庭中心位置的变化，父母的聚焦性关注变成了多焦点关注，对一孩的冲击较大。

二孩生育政策调整后，伴随着一些符合政策的家庭中二孩的出生，独生子女的身份开始改变。由于新家庭成员的到来，一孩不仅原有的独生子女身份被剥夺，家庭资源的获得也需与人竞争，如何在竞争中获得优势，如何补偿身份剥夺的失衡，根据在决策过程中失去比得到更能带来负性情绪体验的理论，一孩发生身份转变，意味着他们失去原有的特殊身份，这种身份的失去是否会影响他们的心理特征的发展？家庭是儿童成长的重要环境，家庭环境对儿童的心理健康具有显著的影响。家庭环境理论认为儿童早期的家庭环境对儿童的心理健康、自我概念的形成等具有显著的影响，家庭环境包括与父母的关系和兄弟姐妹之间的关系等。二孩时代，一孩多了弟弟妹妹，家庭中的亲子关系、兄弟姐妹关系都有可能会影响一孩的心理健康，这是如何起作用的？社会互动理论认为，人是社会的人，在儿童社会化发展过程中，儿童需要在与他人互动过程中获得社会化发展，满足社会交往的需求。二孩出生后，在家庭中，一孩增加了与二孩的互动，这有利于他们的社会化发展和促进他们与他人建立亲密关系的过程，减少了孤独感，有利于心理健康的发展。因此，二孩家庭中一孩的心理健康水平可能高于仍是独生子女的一孩。相关研究文献中相对较少的关于二代独生子女心理特征的研究，并未突出他们的独特性以及作为时代产物的特殊性，研究的视角不同于对传统的一代独生子女的研究，研究结果相对复杂。这种特殊性在新生育政策的调整初期尤为突出。本书通过探讨他们的心理特征及其影响因素，从而在单独二孩向全面二孩过渡过程中，为促进未成年二代独生子女的良好的心理和社会适应提供经验数据和理论基础。本书也从多层面了解二孩时代一孩的心理，以期望有助于解决新政策推行过程中出现的相关问题，从而促进科学有效地落实新的生育政策。

三、研究的价值与意义

（一）学术价值与意义

1. 二孩时代，一孩心理发展变化的理论探索。二孩时代，一孩的身份从独生子女向非独生子女转变的过程中会经历认知预期、身份失去、地位竞争和心理适应四个时期。他们的心理会如何变化？本书通过深入的研究，建构出二孩时代一孩心理变化影响机制的理论模型。

2. 独生子女与非独生子女研究的进一步深入。从单独二孩政策开始实施，到全面二孩政策出台，这一政策调整期会产生新的一批同龄独生子女与非独生子女的自然混合体（风笑天，2014）。这种新的独生子女与非独生子女心理的研究可以进一步发展和深入独生子女研究。

3. 家庭环境理论作用机制的再探讨。由于几十年来的独生子女政策，家庭环境对儿童的心理与社会性发展的影响通常仅局限于家庭的社会经济地位，很少涉及兄弟姐妹的作用。而在二孩时代，特别是当二孩出生后，家庭环境从家庭结构到资源分配到社会互动都发生了巨大的变化，这些变化对一孩的影响机制如何，需要进一步分析与拓展。

（二）实践价值与意义

1. 二孩时代，有助于提高一孩心理健康和社会适应。“实施健康中国战略”是党的十九大报告中提出的国家发展战略之一，国家卫生和计划生育委员会、中宣部等22个部门印发了《关于加强心理健康服务的指导意见》，指出心理健康是影响社会经济发展的重大社会问题。二孩时代，保证每个孩子的健康成长，包括身体健康和心理健康，是国家与社会发展重要战略的重要构成。通过对一孩心理发展变化的研究，可以有针对性地创造条件，提出方案帮助他们顺利度过这一身份转型期，促进他们健康成长。

2. 有助于提高人们对独生子女和非独生子女认识的全面性和科学性。在以往的研究中，独生子女与非独生子女在某些方面存在较大的差异，社会各界希望通过研究，为青少年发展提供实践指导，善待差异，改进不足。在国家政策提倡生育二孩的同时，仍有部分家庭二孩生育意愿不强或没有，那么在家庭与社会中，同样会存在大规模的独生子女与非独生子女，他们的心理发展不仅关乎个体与家庭层面，也关乎国家与社会层面。生育政策调整期，对二代独生子女心理的研究有助于更全面地认识独生子女与非独生子女。

3. 有助于更好地落实新的生育政策。独生子女与非独生子女的心理发展与国家、社会、家庭以及其他多种因素密切相关，甚至会反过来影响父母的生育意愿。多层面了解二孩时代一孩的心理，有助于解决新政策推行过程中出现的相关问题，从而科学有效地落实新的生育政策。

研究设计

【内容提要】通过对整体的研究设计的介绍，提出分析框架，介绍研究对象的选择，阐述具体思路和概述了本书的各个部分的研究内容，达成对本书具有一个总体层面的概览。

一、分析框架与研究对象

本书的研究过程历时三年，从 2014 年开始研究父母的生育意愿起，到 2015 年开始进行二孩时代一孩的心理健康及其影响因素的调查研究，至 2016 年底完成了全部的调查。本书主要包含两个部分的研究内容，分别是围绕二孩生育政策调整期，对父母的生育意愿及其影响因素以及独生子女在身份转变过程中心理健康及其影响因素的探讨与分析。

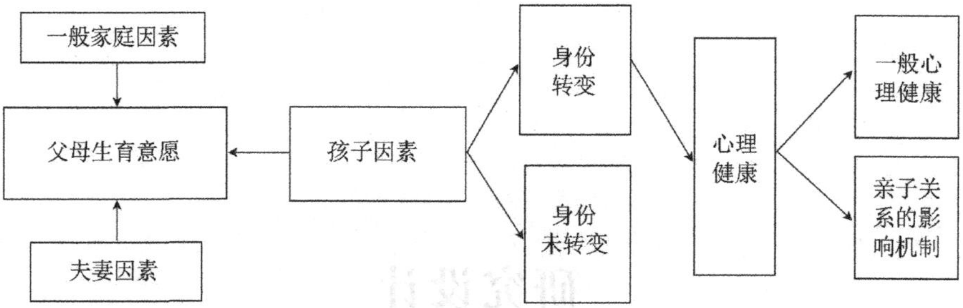

图 1.1　总体框架

（一）分析框架

1. 父母生育意愿研究。父母生育意愿的研究，主要了解其生育意愿的现状及从一般家庭、夫妻和孩子因素分析其生育意愿的影响因素。

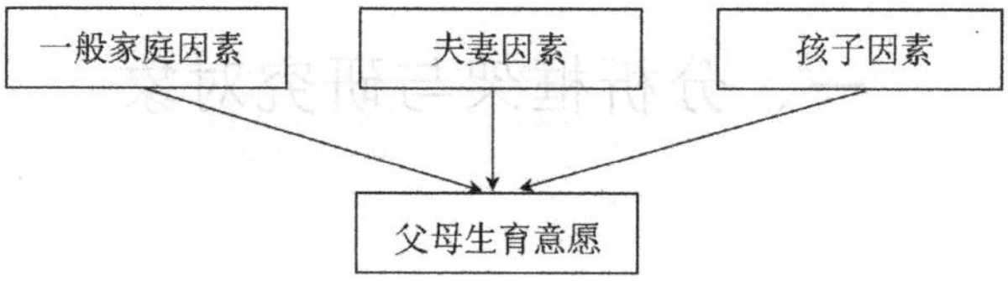

图 1.2　父母生育意愿

2. 一孩心理研究。一孩的心理研究，主要是在理论分析的基础上，分析一孩的一般心理健康和特定心理健康的研究，了解其心理健康现状，分析其心理健康的影响因素，从而再对家庭中生育二孩和家庭中没有生育二孩的一孩进行比较分析。最后进行总的讨论与分析，提出对策建议。

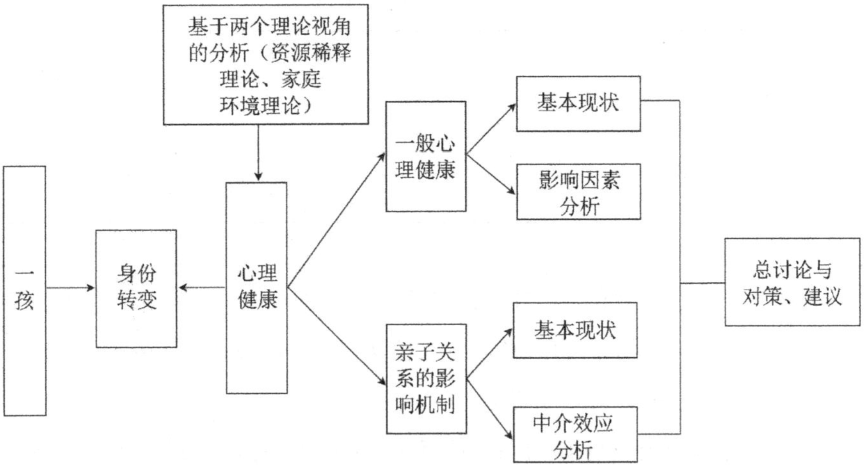

图 1.3 一孩心理研究

（二）研究对象

本书的主要研究对象为 18 岁以下的一孩及他们的父母。具体的调查对象为：

1. 父母生育意愿研究的调查对象。2015 年 12 月至 2016 年 3 月，通过偶遇法发放问卷，组织主试 3 人，分别以盐城市随机抽取的 5 所学校、5 个培训机构和 5 小区门口为主要调查地点进行偶遇式发放。首先询问被调查者是否已育有且只有一个孩子，再请育有一个孩子的父母填答问卷，共发放问卷 450 份，回收 420 份。删除无效问卷后，回收有效问卷 345 份，有效回收率 82.14%。基本情况如表 1.1 所示。①

① 注：本书表格中所列人数或样本数，均为实际填答人数。

表 1.1 父母生育意愿研究样本基本情况

性别	样本量	年龄（岁）			
		最小值	最大值	平均数	标准差
男	119	25	56	36.78	4.712
女	226	26	45	35.11	3.586

表 1 中，男性年龄的平均值为 36.78 岁，最大值为 56 岁，最小值为 25 岁；女性年龄的均值为 35.11 岁，最大值为 45 岁，最小值为 26 岁，均符合正常的生育年龄（风笑天，李芬，2016）。

2. 一孩心理研究。2015 年 12 月至 2016 年 12 月，通过典型抽样和整群抽样发放问卷。我们组织主试 7 人，分别以盐城市随机抽取的 5 所中小学校进行问卷发放，3—8 年级，每个年级抽取 4 个班，共发放学生问卷 650 份，回收问卷 600 份，删除无效问卷后，回收有效问卷 567 份，有效回收率 94.50%。基本情况如表 1.2 所示。

表 1.2 一孩心理研究样本基本情况

变量	水平	人数	百分比
性别	男	192	33.9
	女	360	63.5
	未填答	15	2.6
年级	3 年级	81	14.3
	4 年级	91	16.0
	5 年级	145	25.6
	6 年级	102	18.0
	7 年级	105	18.5
	8 年级	37	6.5
	未填答	6	1.1

由表 1.2 可知，抽样中女生多于男生，3 年级和 8 年级学生较少，4—7 年级学生居多。

二、基本思路与研究内容

（一）基本思路

未成年人的心理健康水平关系到国家未来人口素质的发展。我国实行“一对夫妇只生育一个孩子”的计划生育政策以来，学界一直在对独生子女心理特征以及新一轮生育政策调整期独生子女所具有的特殊性进行研究。本书希望通过对二孩政策初期一孩心理特征的研究，有效地为政策的进一步推行提供理论和经验支持，避免和减少生育政策调整带来的负面影响。通过文献回顾及分析，提出基本思路，具体如图 1.4 所示。

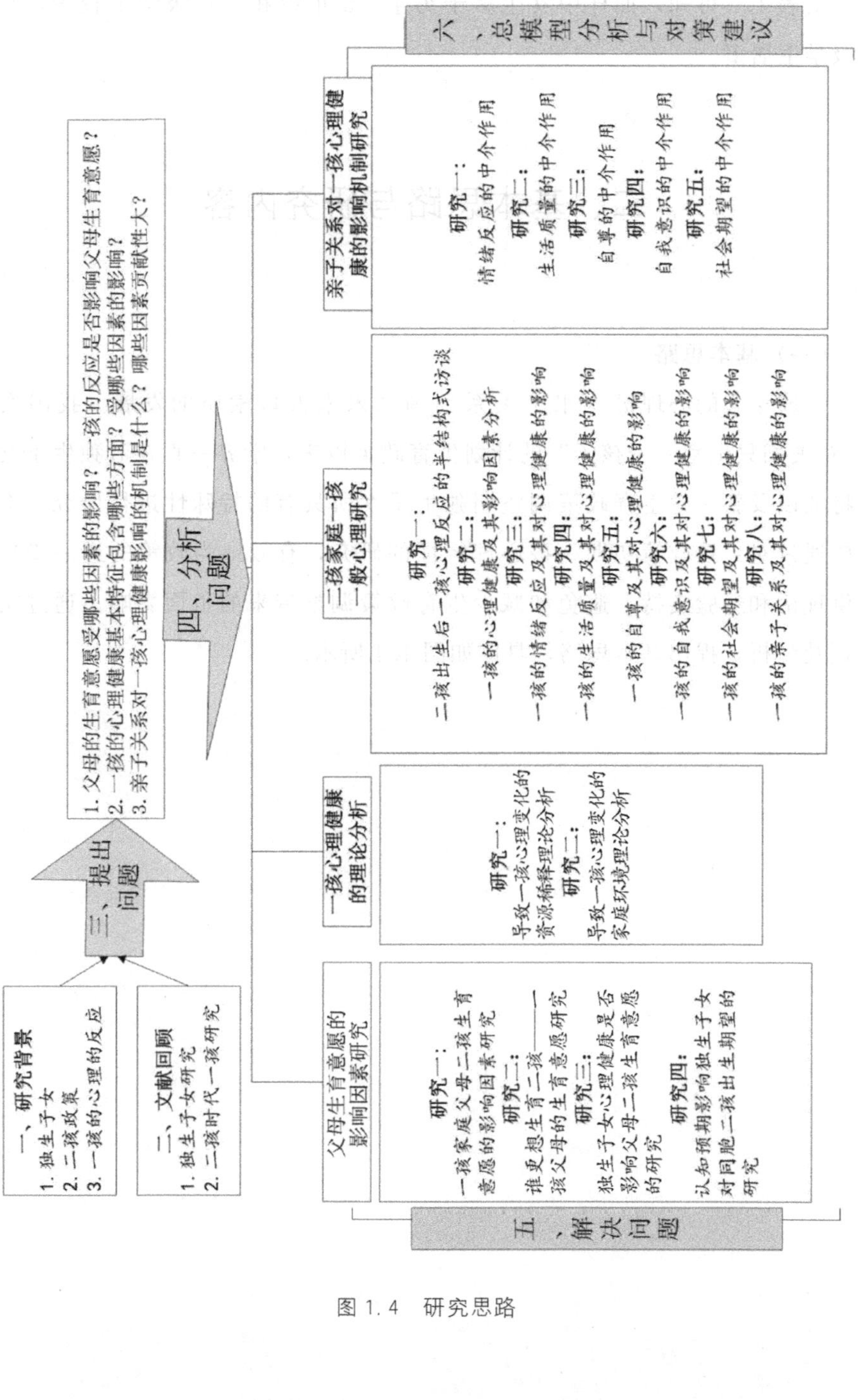
一、研究背景
1. 独生子女
2. 二孩政策
3. 一孩的心理的反应
二、文献回顾
1. 独生子女研究
2. 二孩时代一孩研究
三、提出问题
1. 父母的生育意愿受哪些因素的影响？一孩的反应是否影响父母生育意愿？
2. 一孩的心理健康基本特征包含哪些方面？受哪些因素的影响？
3. 亲子关系对一孩心理健康影响的机制是什么？哪些因素贡献性大？
四、分析问题
父母生育意愿的影响因素研究
研究一：
一孩家庭父母二孩生育意愿的影响因素研究
研究二：
谁更想生育二孩——一孩父母的生育意愿研究
研究三：
独生子女心理健康是否影响父母二孩生育意愿的研究
研究四：
认知预期影响独生子女对同胞二孩出生期望的研究
一孩心理健康的理论分析
研究一：
导致一孩心理变化的资源稀释理论分析
研究二：
导致一孩心理变化的家庭环境理论分析
二孩家庭一孩一般心理研究
研究一：
二孩出生后一孩心理反应的半结构式访谈
研究二：
一孩的心理健康及其影响因素分析
研究三：
一孩的情绪反应及其对心理健康的影响
研究四：
一孩的生活质量及其对心理健康的影响
研究五：
一孩的自尊及其对心理健康的影响
研究六：
一孩的自我意识及其对心理健康的影响
研究七：
一孩的社会期望及其对心理健康的影响
研究八：
一孩的亲子关系及其对心理健康的影响
亲子关系对一孩心理健康的影响机制研究
研究一：
情绪反应的中介作用
研究二：
生活质量的中介作用
研究三：
自尊的中介作用
研究四：
自我意识的中介作用
研究五：
社会期望的中介作用
五、解决问题
六、总模型分析与对策建议

图 1.4 研究思路

整个研究思路依据提出问题、分析问题和解决问题的逻辑过程展开。

（二）研究内容

1. 研究内容一：父母二孩生育意愿的影响因素研究。二孩政策实施以来，关于生育意愿的研究非常之多。本部分内容共分四个研究进行探讨。研究一，父母二孩生育意愿的一般影响因素研究；研究二，探讨夫妻之间谁更愿意生育二孩；研究三，一孩的心理健康是否影响父母的二孩生育意愿；研究四，一孩对二孩出生的认知预期是否影响其对二孩的出生期望。

2. 研究内容二：二孩家庭一孩心理健康的理论分析。二孩时代，一孩心理健康为什么会受到影响，本部分通过两个研究对二孩家庭中一孩的心理反应进行了分析。研究一，一孩心理健康的影响机制：基于资源稀释理论的分析，主要分析身份竞争中，由于资源的有限性而导致的一孩心理问题；研究二，一孩心理健康的影响机制：基于家庭环境理论的分析，主要分析弟弟妹妹的出现使得家庭结构和家庭中的关系发生变化，兄弟姐妹关系对一孩心理的影响。

3. 研究内容三：二孩家庭一孩心理健康及影响因素研究。一孩从独生子女的身份转变成了非独生子女，由于独生子女政策的长期影响，一孩还不能及时接受家庭结构、亲子关系等发生的变化，他们的心理将如何变化？受哪些因素的影响？本部分分八个研究。研究一，二孩出生后一孩心理反应的半结构式访谈。通过半结构式访谈详细了解二孩出生后一孩的心理反应，并根据访谈内容进行分析与整理；研究二，从总体层面了解一孩的心理健康现状及影响因素。主要从年级、性别、认知情况等进行分析；研究三，一孩的情绪反应及其对心理健康的影响。二孩的出生使得一孩最容易产生情绪上的反应，一些报道中出现的极端情况都是一孩在面对二孩时产生的情绪问题，生活中的情绪问题最容易影响一个人的心理健康。因此，本研究通过测量那些对二孩出生感受到情绪问题和不存在情绪问题的一孩的心理健康水平，并进行比较分析，希望能够从一孩的情绪调适做起，提高一孩的心理健康水平；研究四，一孩的生活质量及其对心理健康的影响。二孩的出生使得一孩的生活环境、资源分配等发生了变化，生活质量受到影响。生活质量的变化对一孩心理健康的影响程度如何？本研究通过测量及分析一孩的生活质量及其对心理健康的影响，希望能够通过提高一孩的生活质量，提高其心理健康水平；研究五，一孩的自尊及其对心理健康的影响。二孩出生后，一孩从家庭的中心位置退出，由于二孩年幼，家庭的中心偏移到二孩身上，从拥有到失去，一孩的自尊会受到怎样的影响？自尊对个体发展具有一定的影响，高自尊者往往具有更为积极的情感，能满意地看待自己，而低自尊者常常伴有负面情绪，更容易抑郁。自尊变化对一孩心理健康的影响程度如何？本研究通过测量及分析一孩的自尊及其对心理健康的影响，希望能够通过提高一孩的自尊，提高其心理健康水平；研究六，一孩的自我意识及其对心理健康的影响。二孩的出生使得一孩的自我意识发生变化，自我意识对个体发展具有一定的影响，自我意识是一种高度的自我注意的感知，是对个体存在的意识。一孩自我意识受哪些因素的影响？自我意识的变化对一孩心理健康的影响程度如何？本研究通过测量及分析一孩的自我意识及其对心理健康的影响，希望能够通过提高一孩的自我意识，提高其心理健康水平；研究七，一孩的社会期望及其对心理健康的影响。二孩的出生使得一孩更关心自己的行为是否符合社会期望从而获得父母的关注。一孩社会期望受哪些因素的影响？社会期望变化对一孩心理健康的影响程度如何？本研究通过测量及分析一孩的社会期望及其对心理健康的影响，希望能够通过提高一孩的社会期望，提高其心理健康水平；研究八，一孩的亲子关系及其对心理健康的影响。二孩的出生使得原有的家庭结构发生变化，特别是亲子关系的变化对一孩的影响最大，亲子关系对儿童的心理健康具有显著的影响。一孩与父母亲子关系的变化如何？受哪些因素的影响？亲子关系的变化对一孩心理健康的影响程度如何？本研究通过测量及分析一孩的亲子关系及其对心理健康的影响，希望能够通过提高一孩的亲子关系，提高其心理健康水平。

4. 研究内容四：亲子关系对一孩心理健康的影响机制研究。亲子关系是二孩出生后，一孩与父母关系变化最明显的关系。父母由于资源的有限性，常常在二孩出生后，影响和限制了其与一孩的亲子关系的建构。亲子关系影响一孩的心理健康，但这种影响的作用机制是什么，与其他的心理变量之间的关系如何？本部分分别从情绪反应、生活质量、自尊、自我意识、社会期望五个心理量探讨其在亲子关系中对一孩心理健康影响作用的中介作用，从而探讨亲子关系影响一孩心理健康的内在机制。

5. 研究内容五：总模型分析与对策建议。根据上述几部分的研究，我们分别探讨了情绪反应、生活质量、自尊、自我意识和社会期望对一孩心理健康的影响，还探讨了亲子关系全部或部分通过其他变量作用于一孩的心理健康。那么这些变量中，哪些对一孩心理健康的影响最大，哪些因素的影响被其他变量所稀释？本书希望可以通过建构总的回归模型对此进行分析与探讨，并在所有研究的基础上，提出全面二孩政策初期，如何提高一孩心理健康水平，促进两个孩子，甚至更多同胞子女共同成长的对策建议。

三、主要目标与学术创新

（一）主要目标

通过对二孩时代一孩心理的研究，描述一孩心理特征的基本现状，探讨其影响机制，为在全面二孩政策实施的初级阶段，关爱一孩的心理健康提供理论基础和经验参考。

（二）学术创新

1. 学术思想。以往的研究集中在二孩生育政策的调整有利于改变人口结构与规模，以及所带来的一些心理与社会问题方面。但还鲜有研究探讨二孩时代，二孩政策对一孩心理产生的影响。本书从三个理论观点进行剖析，并进行逐步的实证研究，探讨二孩家庭中一孩的心理及其影响机制。

2. 学术观点。一孩在二孩政策实施初期出现心理的不适应与分化。政策的调整有利于调整人口结构，如出生比、性别比、年龄结构比。但一孩因政策的调整而发生身份的转变，有没有可能发生其他改变、是否会发生其他改变等都可能影响他们心理特征的变化。本书主要假设有：(1) 良好的认知预期有利于一孩的心理健康；(2) 良好的家庭环境有利于一孩的心理健康；(3) 良好的情绪体验、自尊、生活质量、自我意识、社会期望有利于一孩的心理健康；(4) 在二孩出生后，亲子关系是首先发生变化的关系，特别是在同胞竞争中，亲子关系容易不平衡。因此，亲子关系对一孩心理健康的影响是如何发生的，本书通过对不同因素在亲子关系与一孩心理健康关系中的中介作用的分析与探讨，得出了一孩的情绪反应、自尊、生活质量、自我意识、社会期望部分或全部中介了亲子关系对一孩心理健康的影响。(5) 通过总模型的构建，结果发现生活质量、自我意识对一孩心理健康的影响作用的贡献率最大，且稀释了情绪反应、亲子关系、社会期望对一孩心理健康的影响。

第二部分　二孩生育意愿的研究

本部分通过四个研究，分析二孩时代家庭的二孩生育意愿。第一章从总体层面研究父母二孩生育意愿；第二章探讨家庭中父亲和母亲谁更愿意生育二孩；第三章探讨一孩的心理健康对父母二孩生育意愿的影响；第四章从一孩的认知预期探讨父母与一孩的沟通对一孩是否接纳父母生育二孩的影响。本部分希望通过这四个研究，为国家二孩政策的推行，创造良好的社会、家庭环境，为提升一孩心理健康水平提供理论参考。

第一章　父母二孩生育意愿及影响因素研究

【内容摘要】本章主要分析了二孩生育意愿中理想孩子数、实际想要孩子数、生育间隔、性别偏好，以及是否具有生育意愿和生育行为的影响因素。通过构建6个回归模型，分析了家庭中父母的性别、年龄，一孩的性别、年龄，以及家庭经济状况、父母是否独生子女情况、城市和农村等变量对父母二孩生育意愿的影响。研究结果表明，家庭经济因素仍是影响二孩生育意愿的绝对因素，特别是家庭经济收入达到11万元以上时，生育二孩的可能性显著高于5万元以下的家庭；女性的初育年龄越大，生育二孩的可能性越小；一孩为女孩的家庭，生育二孩的可能性越大，且希望二孩生育男孩。因此，父母二孩生育意愿受家庭中经济因素和女性生育年龄因素的影响，且二孩生育意愿中仍存在有显著的性别偏好。

一、问题提出

在记者采访的35对适龄夫妇里，约五成受访者计划生育二孩，约四成受访者表示坚决不生。大部分受访者计划生育二孩的原因是希望孩子有个伴儿，而经济压力、无人照顾、精力不够和顾及老大感受等则是不生育二孩的因素。

此外，还有部分受访者表示生不生育二孩看情况而定，他们的态度是不排斥，也不刻意要，顺其自然。

2013 年，党的中共十八届三中全会提出启动单独二孩政策，2015 年党的中共十八届五中全会进一步提出实施全面二孩政策。随着生育政策的接连调整，从单独二孩到全面二孩，国家从政策层面鼓励家庭生育二孩。学术界对二孩政策实施之后所产生的政策效应、社会效应以及家庭效应都表现出了极高的关注。二孩政策实施后从社会人口结构的变化，到生育率、生育意愿的相关研究在中国知网上超过 2800 篇。特别是针对二孩生育意愿的调查研究，可从下述几个方面进行概括。首先，二孩政策实施后，研究主要集中在生育二孩的意愿方面。这一系列的研究结果表明，大多数的人希望生育两个孩子，但在一孩家庭中，只有 35%—50%的家庭希望生育第二个孩子，也就是说，二孩政策推行一段时间以来，符合政策的家庭二孩生育意愿并不高（李晓宏，宋嵩，2013；韩雷，田龙鹏，2016；李翔，赵昕东，2019）。其次，是二孩生育的影响因素研究。研究表明影响二孩生育意愿的首要因素是家庭的经济因素，如家庭的经济收入、对教育的投入、住房保障等；在家庭的照料因素方面，大多数被调查者认为生育二孩存在着照料困难；还有女性个人年龄与生育能力等因素。这些研究结果表明，生育二孩并不仅仅是生与不生的问题，它还受到家庭内许多因素的影响。近来，随着对二孩生育意愿调查的逐步深入，研究者开始更广泛地关注家庭及家庭之外的因素，如家庭中的男性与女性对二孩生育意愿的影响，生活满意度、公共教育满意度、人口流动的影响等。这些研究结果表明，家庭二孩生育意愿的影响因素不仅局限于家庭内部。人们生活的社会环境、公共环境等均可能影响一个家庭的二孩生育意愿。以往的生育意愿调查大多针对妇女的生育意愿，国外研究者从家庭效用最大化理论、家庭角色理论、场域理论解释女性的生育意愿；国内研究者从成本—收益理论分析家庭的生育决策，从制度、社会、经济、技术四个层面研究生育的稳定机制，其中张霞和夏巧娟（2018）从正式制度、非正式制度、经济因素、女性个人因素层面分析了生育率下降的原因。本章主要从生育意愿的多个组成部分，如是否具有二孩生育意愿、生育的子女数、生育的性别偏好、生育的间隔等方面调查家庭的二孩生育意愿现状及影响因素。

二、数据测量与赋值

父母生育意愿研究的相关变量的测量，是根据调查对象的目的和要求，采用自编的问卷进行测量。

（一）自变量的测量

本章主要从个人背景、已生育状况来分析其对一孩家庭父母生育意愿的影响。

1. 个人背景的测量包括：性别、年龄、是否独生子女、经济水平、职业、地区。设置问题为："您的性别：①男②女""您的年龄""您和您配偶是否为独生子女：①单独②双独③双非""夫妻年收入总额：①5 万以下②5 万—7.99 万③8 万—11 万④11 万以上""您生活在：①城市②农村""您的职业是：①企业单位②事业单位③公务员④私人企业⑤服务业⑥个体经营⑦其他"。

2. 已生育状况包括：初婚到初育的时间间隔、初育一孩时的年龄。设置问题为："您结婚多长时间要的第一个孩子""您第一个孩子出生时您的年龄"。

（二）因变量的测量

对生育意愿的研究包括意愿生育数量、意愿生育性别和意愿生育时间。研究中在此基础上进行了扩展，测量了四个方面的内容对一孩家庭中父母二孩生育意愿的影响。

1. 生育意愿。通过两个问题来反映生育意愿，"您有生育二孩的意愿吗？①非常希望②比较希望③一般④比较不希望⑤非常不希望""您确定会有生育二孩的行为吗？①肯定有②可能有③说不清④可能不会有⑤肯定不会有"。

2. 孩子数。通过两个问题来反映，“您理想的孩子数是几个？”“您实际想要的孩子数是几个”。

3. 孩子的性别。通过两个问题来反映，“您希望第二个孩子的性别是：①男②女”“您理想的孩子性别结构是：①异性别②同性别”。

4. 两个孩子的理想时间间隔。问题为：“如果生育第二个孩子，你希望两个孩子之间相差几岁？”

三、结果与分析

（一）描述统计

通过对调查对象的基本情况及不同特征进行描述统计，二孩生育意愿的各个指标结果如下。

1. 调查对象的基本情况。通过对调查对象的基本情况进行描述与分析，结果如表 2.1.1 所示。

表 2.1.1　调查对象基本情况

类别	变量	水平	频数	百分比
个人背景	性别	男	119	34.5
		女	226	65.5
	独生子女家庭	单独	25	7.2
		双独	115	33.3
		双非	205	59.5
	家庭收入	5 万元以下	103	30.0
		5 万—7.99 万元	129	37.6
		8 万—11 万元	64	18.7
		11 万元以上	47	13.7

续表

<table>
<tr><td>类别</td><td>变量</td><td colspan="2">水平</td><td colspan="2">频数</td><td>百分比</td></tr>
<tr><td rowspan="4">个人背景</td><td rowspan="2">地区</td><td colspan="2">城市</td><td colspan="2">268</td><td>79.3</td></tr>
<tr><td colspan="2">农村</td><td colspan="2">70</td><td>20.7</td></tr>
<tr><td rowspan="2">职业</td><td colspan="2">体制内</td><td colspan="2">109</td><td>31.2</td></tr>
<tr><td colspan="2">体制外</td><td colspan="2">240</td><td>68.8</td></tr>
<tr><td>类别</td><td>变量</td><td>平均数</td><td colspan="2">标准差</td><td>最大值</td><td>最小值</td></tr>
<tr><td rowspan="2">已生育状况</td><td>初婚到初育的间隔年限</td><td>1.47</td><td colspan="2">0.98</td><td>7</td><td>0</td></tr>
<tr><td>初育时的年龄</td><td>26.23</td><td colspan="2">3.04</td><td>39</td><td>19</td></tr>
<tr><td>个人背景</td><td>年龄</td><td>35.68</td><td colspan="2">4.03</td><td>56</td><td>25</td></tr>
</table>

由表 2.2.1 可知，被调查者中，平均年龄为 35.68 岁，最大值 56 岁，最小值 25 岁；男性、女性的人数基本持平；单独家庭占 7.2%，双独家庭占 33.3%，双非家庭占 59.5%，整体上看夫妻二人为独生子女家庭与非独生子家庭基本持平；家庭年收入高收入者较少，而低收入者接近占三分之一。被调查者中，已生育一孩的父母，初婚到初育的间隔年限均值约为 1.5 年，最快的结婚当年就生，最慢的结婚 7 年后才生。初育时的年龄最小的为 19 岁，最大的为 39 岁。

2. 不同特征调查对象的理想孩子数与实际想要孩子数

通过对调查对象的理想孩子数与实际想要孩子数进行统计分析，结果如表 2.1.2 所示。

表 2.1.2　不同特征调查对象的理想孩子数与实际想要孩子数（个）

	水平	理想孩子数	实际想要孩子数
性别	男	1.81	1.57
	女	1.75	1.49
独生子女家庭	单独	1.76	1.52
	双独	1.75	1.50
	双非	1.78	1.52

续表

	水平	理想孩子数	实际想要孩子数
家庭收入	5 万元以下	1.68	1.42
	5 万—7.99 万元	1.78	1.54
	8 万—11 万元	1.78	1.50
	11 万元以上	1.91	1.66
地区	城市	1.78	1.51
	农村	1.75	1.53
初婚年龄	25 岁以下	1.76	1.57
	25—30 岁	1.79	1.51
	30 岁以上	1.75	1.49
初育年龄	25 岁以下	1.74	1.54
	25—30 岁	1.79	1.51
	30 岁以上	1.75	1.42

由表 2.1.2 可以看出，所有条件下的理想孩子数与实际想要孩子数均小于 2，实际想要孩子数均小于理想孩子数；男性理想和实际想要孩子数均高于女性；双非家庭理想孩子数大于独生子女家庭，而双独家庭实际想要孩子数小于单独和双非家庭；家庭收入在 11 万元以上者理想孩子数和实际想要孩子数均高于其他经济收入家庭；城市家庭理想孩子数高于农村家庭，实际想要孩子数低于农村家庭；初婚年龄在 25 岁以下的实际想要孩子数高于其他年龄（陈卫，靳永爱，2011）。

2. 不同特征调查对象的二孩生育意愿

研究中通过 5 个等级测量了一孩父母是否愿意生育二孩，下表中将“非常希望”“希望”合并为“希望”，将“非常不希望”“不希望”合并为“不希望”。不同特征调查对象的二孩生育意愿如表 2.1.3 所示。

表 2.1.3　不同特征调查对象的二孩生育意愿（百分比）

	水平	希望	一般	不希望
性别	男	33.3	50.9	15.8
	女	26.4	49.9	24.7
独生子女家庭	单独	32.0	44.0	24.0
	双独	30.2	47.4	22.4
	双非	27.1	50.2	22.7
家庭收入	5 万元以下	20.4	52.4	27.2
	5 万—7.99 万元	29.5	48.8	21.7
	8 万—11 万元	28.1	48.5	23.4
	11 万元以上	42.6	42.5	14.9
地区	城市	29.5	48.5	22.0
	农村	25.3	49.4	25.3
初婚年龄	25 岁以下	35.2	42.6	22.2
	25—30 岁	27.6	50.4	22.0
	30 岁以上	25.4	49.2	25.4
初育年龄	25 岁以下	32.0	45.7	22.3
	25—30 岁	27.5	50.5	21.0
	30 岁以上	20.8	50.0	29.2

由表 2.1.3 可知，男性希望生育二孩的比例高于女性，女性不希望生育二孩的比例高于男性；单独家庭希望生育二孩的比例高于其他两类家庭，而双非家庭不希望生育二孩的比例略高于其他两类家庭；家庭收入 11 万元以上的家庭近 50％希望生育二孩，而只有不足 15％的家庭不希望生育二孩；家庭收入 5 万元以下的家庭希望生育二孩的比例少于其他收入的家庭，不希望生育二孩的比例大于其他家庭；城市家庭希望生育二孩的比例高于农村家庭，而农村家庭不希望生育二孩的比例高于城市家庭；初婚年龄越小，希望生育二孩的比例越大；初育年龄越小，希望生育二孩的比例越大，初育年龄在 30

岁以上的，不希望生育二孩的比例明显高于 30 岁及以下年龄的群体。选择一般生育意愿的比例在各个维度的不同水平之间，均围绕在 50%上下波动。

3. 不同特征调查对象的二孩生育行为

研究中通过 5 个等级测量了一孩父母的二孩生育行为：①肯定有②可能有③说不清④可能不会有⑤肯定不会有。下表中将“肯定有”“可能有”合并为“有”，将“可能不会有”“肯定不会有”合并为“没有”。不同特征调查对象的二孩生育行为如表 2.1.4 所示。

表 2.1.4 不同特征调查对象的二孩生育行为（百分比）

	水平	有	说不清	没有
性别	男	36.4	27.2	36.4
	女	34.2	26.3	39.5
独生子女家庭	单独	44.0	28.0	28.0
	双独	37.7	25.5	36.8
	双非	32.4	27.1	40.5
家庭收入	5 万元以下	27.2	27.2	45.6
	5 万—7.99 万元	34.4	28.9	36.7
	8 万—11 万元	34.9	28.6	36.5
	11 万元以上	55.3	14.9	29.8
地区	城市	33.0	27.3	39.7
	农村	39.8	25.6	34.6
初婚年龄	25 岁以下	42.3	25.0	32.7
	25—30 岁	35.8	27.2	37.1
	30 岁以上	25.4	27.0	47.6
初育年龄	25 岁以下	41.5	24.8	33.7
	25—30 岁	33.8	27.9	38.3
	30 岁以上	16.7	25.0	58.3

由表 2.1.4 可知，男性选择有二孩生育行为的比例高于女性 2.2%，而选择没有的比例低于女性 3.1%，说明男性更愿意生育二孩；单独家庭选择有二孩生育行为的家庭比例高于其他两类家庭，且选择有二孩生育行为的比例高于选择没有二孩生育行为的比例；双独家庭选择有二孩生育行为的家庭高于双非家庭，但低于单独家庭；双非家庭选择没有生育二孩行为的比例高于选择有二孩生育行为的比例；家庭收入越高，选择有二孩生育行为的比例越高，选择没有二孩生育行为的比例越低；家庭收入 11 万元以上的家庭选择有二孩生育行为的比例高达 50%以上，而选择没有的比例低于 30%；城市家庭与农村家庭相比，选择有生育二孩行为的比例较低，低近 8%，选择没有的比例高近 5%；初婚年龄越小，选择有二孩生育行为的比例越大，而选择没有二孩生育行为的比例越小；初育年龄越小，选择有二孩生育行为的比例越大，而初育年龄在 30 岁以上的，选择有二孩生育行为的比例仅高于 15%，而选择没有的比例近 60%，且随着初育年龄的增长，选择有的比例越小。

4. 不同特征调查对象希望的二孩的性别

研究中测量了一孩父母希望生育二孩的性别，同时，将一孩父母希望一孩与二孩是否同性别进行统计后发现，希望异性别的占绝对多数，男性希望异性别的为 87.0%，女性希望异性别的为 84.2%；男性希望同性别的为 13.0%，女性希望同性别的为 15.8%。结果如表 2.1.5 所示。

表 2.1.5　不同特征调查对象的二孩生育行为（百分比）

	水平	男	女	异性别	同性别
性别	男	42.6	57.4	87.0	13.0
	女	40.0	60.0	84.2	15.8
独生子女家庭	单独	44.0	56.0	84.0	16.0
	双独	31.9	68.1	85.0	15.0
	双非	45.0	55.0	84.9	15.1

续表

	水平	男	女	异性别	同性别
家庭收入	5 万元以下	35.6	64.4	79.0	21.0
	5 万—7.99 万元	45.2	54.8	86.9	13.1
	8 万—11 万元	39.7	60.3	85.9	14.1
	11 万元以上	44.7	55.3	91.3	8.7
地区	城市	41.6	58.4	84.2	15.8
	农村	38.5	61.5	87.2	12.8
初婚年龄	25 岁以下	37.7	62.3	85.2	14.8
	25—30 岁	38.8	61.2	86.1	13.9
	30 岁以上	50.8	49.2	80.3	19.7
初育年龄	25 岁以下	38.6	61.4	89.0	11.0
	25—30 岁	38.9	61.1	82.7	17.3
	30 岁以上	66.7	33.3	87.5	12.5

由表 2.1.5 可知，在不同性别父母中，二孩想要女孩的比例均高于男孩；希望异性别的均占比 80%以上；无论是否独生子女家庭，希望二孩是女孩的比例均高于男孩；家庭收入为 11 万元以上的，希望二孩是男孩的比例高于其他家庭（5 万—7.99 万除外），而希望同性别的比例最低，家庭收入 5 万元以下者希望二孩是男孩的比例最低，而希望性别为女孩的比例最高。初婚年龄为 30 岁以上的，希望二孩是男孩的比例高于其他年龄；初育年龄为 30 岁以上的希望二孩是男孩的比例高于其他年龄，希望两个孩子同性别的则低于 25—30 岁之间的群体。

5. 两个孩子之间的理想间隔年限

研究中测量了父母希望生育二孩与一孩之间的时间间隔。我们将其分为三个阶段，3 岁以下为一个阶段，3—5 岁为一个阶段，5 岁以上为一个阶段。结果如表 2.1.6 所示。

表 2.1.6 不同特征调查对象期望的一孩、二孩生育间隔（百分比）

	水平	3 岁以下	3—5 岁	5 岁以上
性别	男	44.2	21.7	34.2
	女	48.2	34.2	17.5
独生子女家庭	单独	44.0	36.0	20.0
	双独	45.7	29.3	25.0
	双非	48.3	29.0	22.7
家庭收入	5 万元以下	44.7	29.1	26.2
	5 万—7.99 万元	52.7	28.7	18.6
	8 万—11 万元	48.4	26.6	25.0
	11 万元以上	36.2	38.3	25.5
地区	城市	47.8	30.2	22.0
	农村	44.4	27.8	27.8
初婚年龄	25 岁以下	46.3	31.5	22.2
	25—30 岁	45.7	30.2	24.1
	30 岁以上	52.4	27.0	20.6
初育年龄	25 岁以下	44.7	32.0	23.3
	25—30 岁	47.3	30.2	22.5
	30 岁以上	54.1	16.7	29.2

由表 2.1.6 可知，女性、男性均希望生育间隔在 3 岁以下的比例超过 40%，女性高于男性，且只有约 15%的女性希望两个孩子的生育间隔在 5 岁以上；不管哪类家庭，有 45%左右的家庭希望一孩与二孩的年龄间隔在 3 岁以下，而在 3—5 岁或 5 岁以上的在 25%左右；家庭收入在 11 万元以上的家庭对一孩、二孩年龄间隔的期望在三个年龄段中都在 30%左右，而其他三个收入区间的家庭则更希望孩子的年龄间隔在 3 岁以下；城市家庭与农村家庭对于孩子生育间隔理想化要求的比例差别不大；初婚和初育的年龄越大，希望孩子年龄间隔在 3 岁以下的比例越大。

（二）家庭生育意愿和行为影响因素的回归分析

本部分共建构六个模型来分析二孩生育意愿和行为的影响因素，分别为生育子女意愿数、生育子女行为数、生育间隔、是否具有生育意愿、是否具有生育行为和两个孩子是否同性别。其中，因变量为生育子女意愿数和生育子女行为数，生育间隔是连续变量，将生育意愿和生育行为的可能性和两个孩子是否同性别作为二分类变量，分为“希望生育”和“不确定或没有生育意愿或行为”，将“不确定或没有生育意愿或行为”赋值为0，将“希望生育”赋值为1。自变量主要考察填答者的性别，年龄，一孩性别，一孩年龄，是否独生子女（双独、单独、双非），家庭收入，女性初育年龄。地区则分为城市和农村，将“城市”赋值为0，“农村”赋值为1。将填答者性别“男”赋值为0，是否独生子女中“独生子女”赋值为0，其他均设置为哑变量，“家庭收入5万元以下”赋值为0，其他均设置为哑变量。是否具有生育意愿和生育行为回归模型为logit回归，结果如表2.1.7所示。

表2.1.7　家庭二孩生育意愿回归模型

	模型1	模型2	模型3
	生育意愿	生育行为	是否同性别
家长性别（男=0）	−0.157	0.051	0.140
家长年龄	0.068	0.032	0.001
一孩性别（男=0）	0.135	0.611** (1.842)	3.121*** (22.658)
一孩年龄	−0.032	−0.091	0.086
家长是独生子女（双独=0）			
单独	−0.290	−0.230	0.563
双非	−0.422	−0.545	0.240
家庭收入（5万元以下=0）			

续表

	模型 1	模型 2	模型 3
	生育意愿	生育行为	是否同性别
5 万—7.99 万元	0.543	0.412	0.563
8 万—11 万元	0.324	0.326	0.240
11 万元以上	1.046**	1.280**	−0.629
女性初育年龄	−0.099*	−0.147**	−0.472
区域（城市=0）	−0.284	0.305	−0.999
常数	−0.452	2.507	−3.815
N	339	339	329
LR chi2	14.396**	30.452**	57.662
-2*Log likelihood*	391.492	405.989	219.264
Pseudo R^2	0.042	0.086	0.161

注：* $p<0.05$，** $p<0.01$，*** $p<0.001$。

由表 2.1.7 可知，在二孩生育意愿回归模型中，家长性别、年龄、一孩性别、年龄、家长是否独生子女、是城市家庭或农村家庭，对二孩生育意愿的影响作用不显著；而家庭收入与女性的初育年龄对二孩生育意愿的影响作用显著。具体表现为：家庭收入在 11 万元以上的家庭与家庭收入在 5 万元以下的家庭相比，其二孩生育意愿的可能性是家庭收入 5 万元以下家庭的 2.846 倍（1.046^e）；女性初育年龄每提高 1 岁，二孩生育意愿降低 0.095 的可能性。在二孩生育行为模型中，家长的性别、年龄、是否独生子女、一孩的年龄以及区域对家庭的二孩生育行为无显著影响；而一孩的性别、家庭收入和女性初育年龄对家庭的二孩生育行为具有显著影响。具体表现为：一孩性别为女的家庭二孩生育行为的可能性是一孩性别为男的家庭的 1.842 倍；家庭收入在 11 万元以上的家庭具有二孩生育行为的可能性是家庭收入在 5 万元以下的家庭的 3.597 倍；女性初育年龄每增加 1 岁，其生育二孩行为的可能性减少 0.137。由此可见，经济收入是家庭二孩生育意愿与行为的重要影响因素，一孩是女孩的家庭生育二孩行为的可能性也显著高于一孩是男孩的家庭；女性的初育年龄是影响二孩生育的重要因素。两个孩子是否同性别的显著影响因素仅体现在一孩为男孩的家庭。具体表现为：一孩为女孩的家庭与一孩为男孩的家庭相比，希望是异性别的可能性高达 20 多倍。

理想孩子数、实际想要孩子数以及生育间隔均为连续变量，其回归模型为线性回归，结果如表 2.1.8 所示。

表 2.1.8　家庭二孩生育意愿回归模型

	模型 4	模型 5	模型 6
	理想孩子数	实际想要孩子数	生育间隔
家长性别（男＝0）	－0.028	－0.056	－0.679
家长年龄	0.015	0.014	0.040
一孩性别（男＝0）	0.035	0.026	－0.300
一孩年龄	－0.023	－0.019	－0.106
独生子女（双独＝0）			
单独	－0.038	－0.019	0.077
双非	－0.014	－0.019	0.252
家庭收入（5 万元以下＝0）			
5 万—7.99 万元	0.108	0.130	－0.475
8 万—11 万元	0.095	0.076	－0.100
11 万元以上	0.226**	0.238*	0.111*
女生初育年龄	－0.014	－0.017	－0.187
区域（城市＝0）	－0.035	0.020	－0.089
常数	1.741***	1.560***	9.495***
F 值	1.194	1.036	1.615
R^2	0.039	0.034	0.052
校正 R^2	0.006	0.001	0.020

注：* $p < 0.05$，** $p < 0.01$，*** $p < 0.001$。

由表 2.1.8 可知，家长的性别和年龄、一孩的性别和年龄、家庭是否独生子女、女性初育年龄、城市家庭和农村家庭，对理想孩子数、实际想要孩子数和生育间隔均无显著影响。而家庭收入对这个三变量均具有显著影响，主要表现为家庭收入在 11 万元以上的家庭其理想孩子数比家庭收入在 5 万元以下的家庭多 0.226 个，实际想要孩子数多 0.238 个，生育间隔长 0.111 岁。

四、讨论与结论

（一）讨论

1. 家庭经济因素的绝对影响作用。经济因素是决定生育意愿变化的根本性因素之一，生育成本已经成为家庭选择是否生育孩子时的重要影响因素（贾志科，罗志华，2018）。资源稀释理论认为，一个家庭中的子女越多，在资源相对固定的情况下，子女所平均的资源就越少。随着兄弟姐妹数量的增加，每个子女所分配到的资源就会减少，这样不利于子女教育等资源的获取（Blake，1981b）。在当今社会，每个家庭都十分注重对子女的资源投入，特别是当家庭中仅有一个孩子的时候，资源的消耗基本集中在孩子身上。当家庭中资源有限，特别是经济资源有限时，父母通常会选择只生一个孩子，这样才能保证孩子所需要的教育资源、生活资源的供给。所以，对一般家庭而言，是否选择生育二孩，更多的要考虑家庭的经济收入。只有当经济收入达到一定水平后，才会考虑生育二孩，且经济收入的影响非常强大，几乎影响了生育意愿的所有方面，包括生育孩子数、生育间隔、生育意愿和行为等。这一结果与以往研究中的结果存在一致性，即经济收入越高，越有可能生育二孩。但以往的研究中并未明确提出当经济收入达到什么水平时，才能够在更大程度上提高家庭生育二孩的可能性。

2. 女性初育年龄的影响作用。女性在生育子女的时候，需要具有一定的生育能力，且女性的生育周期较男性生育周期短，受限于生理因素的影响，当女性达到一定年龄时，生育的意愿就会减少。以往的研究表明，女性的年龄越大，生育意愿越小（李翔，赵昕东，2019）。本章研究显示，被调查者的年龄对生育意愿没有显著影响，但女性的初育年龄影响作用显著。出现这一结果可能受以下两方面影响：其一，因为在本章研究中，被调查者中有妻子和丈夫，所以被调查者的年龄没有仅限于女性的年龄；其二，用女性的初育年龄来分析更接近生育调查，因为现代女性晚婚晚育，甚至不婚不育的女性也占有一定比例，已育女性已具有生育条件，而生不生育二孩与她们的年龄的相关性更大。所以本章研究结论中女性初育年龄对二孩生育意愿的影响更能够体现出女性年龄对生育意愿的影响，且女性初育年龄越大，生育二孩的可能性越低，这与以往的研究结果具有一致性。因为，女性的生育能力和生理因素，随着年龄增长，会限制其生育的可能性。

3. 一孩性别的影响作用。“传宗接代”的传统文化观念仍然影响着人们的生育决策（张亮，2011）。有研究者通过对2011年“中国社会状况综合调查”的数据分析发现，农村居民意愿生育性别方面更偏好生男孩（张兴月，张冲，2015）。也有研究认为，随着时代的进步，许多只育有“一个女孩”的家庭，生育性别偏好在弱化（赵玉佩，童莉娇，陈小乔等，2015）。但本章研究表明，一孩为女孩的家庭更具有可能性生育二孩且希望生育两个不一样性别的孩子。本章研究与以往大多数研究结果一致，在中国，特别是在中国农村、社会保障不完善、工作不稳定的群体中，生养儿子仍是社会大众的性别偏好，除了传宗接代，养儿防老也仍是人们意识中的养老模式。所以家庭中的一孩如果是女孩，人们更容易去生育二孩，且希望能生个儿子。

（二）结论

针对一孩家庭中父母的生育意愿，本章研究主要探讨了理想孩子数、实际想要孩子数、孩子的生育间隔，以及是否具有生育意愿、是否具有生育行为和两个孩子的性别是否相同等6个方面。研究发现，家庭经济因素影响除孩子性别选择之外的所有方面，且表现为家庭收入只有达到 11 万元以上时才具有显著的积极影响。而女性的初育年龄在生育意愿与生育行为方面具有显著的影响，初育年龄越大，生育意愿和行为的可能性越小。一孩的性别影响了家庭的生育行为和对二孩的性别选择，一孩为女孩的家庭，二孩生育行为可能性增加，且选择孩子为不同性别的可能性也有所增加。

第二章　谁更想要二孩：家庭、环境和一孩的影响

【内容摘要】本章基于随机发放的348份育有一孩的男性或女性的有效填答问卷数据，总结了二孩生育意愿和谁更想生育二孩的现状，同时从总体、男性层面、女性层面分别建构了二孩生育意愿的oprobit回归模型。结果表明，“二孩生育意愿”和“谁更想生育二孩”最重要的影响因素主要来自于父母主观上对二孩生育影响因素的认同。一孩禀赋的认同程度越高越有利于增强男性的二孩生育意愿，但越不利于增强女性的二孩生育意愿；家庭禀赋的认同程度对总体、男性和女性的影响作用均是负向的，认同度越高，倾向于二孩生育的意愿越小；环境禀赋的认同程度越高，家庭总体上以及男性层面倾向于二孩生育的意愿越小。年龄只对男性二孩生育意愿存在显著的正向预测作用；而经济收入只有在超过11万元时，对男性和家庭总体的二孩生育意愿具有显著的正向预测作用，对女性的二孩生育意愿的影响作用不显著。本章还探讨了“谁更想生育二孩”影响因素的mlogit模型。结果表明，环境禀赋和家庭禀赋的认同程度对谁更想生育二孩的影响作用显著。这一结论告诉我们，在推动二孩生育政策，提高二孩生育意愿的大背景下，我们既要关注家庭因素，又要关注来自家庭中一孩的心理等方面的因素，以及来自整个社会环境中的生育意愿和生育水平的提高，以达到促进生育意愿和提高生育行为的目的。

一、问题提出

2013 年，党的十八届三中全会提出启动单独二孩政策；2015 年，党的十八届五中全会进一步提出实施全面二孩政策。二孩生育政策的推行旨在实现人口规模与结构的均衡发展，这是党和国家在推进社会事业改革创新领域做出的重大决策。但在全面二孩政策推行以来，符合政策家庭的二孩生育意愿并不高，大约在 50%（李晓宏，宋嵩，2013；韩雷，田龙鹏，2016）。生育行为的发生与生育意愿有关，为避免“低生育率陷阱”，研究者一直以来都很重视对生育意愿现状和影响因素的研究。结果发现，生育意愿的影响因素大致体现在以下方面：家庭经济因素、传统观念因素、家庭因素、个人因素、人口政策因素等（陈志华，肖汉森，陈倩等，2014；薛继亮，张建武，2013；韩雷，田龙鹏，2016）。在二孩政策实施前，关于生育意愿的关注点较多，如生育个数、生育申请、生育意愿、性别偏好等（王军，王广州，2013；陈宇，邓昌荣，2007；郑真真，2011；张晓青，黄彩虹，张强等，2016；庄亚儿，姜玉，王志理等，2014），研究结果表明，调查中理想的生育个数较低，不足 2 个。在二孩政策实施后，开始了专门针对二孩生育意愿的研究（张晓青，黄彩虹，张强等，2016；风笑天，李芬，2016），被调查者主要集中于符合单独二孩政策的人群（马小红，顾宝昌，2015；张勇，尹秀芳，徐玮，2014），且主要以符合条件的育龄妇女为主（罗淳，许庆红，戴琼瑶，2014；张丽萍，王广州，2015）。但二孩生育将会改变整个家庭的结构，它是一种家庭决策行为。生育意愿的选择，不仅仅是育龄妇女的意愿与选择，还包括家庭中丈夫的意愿与选择（Puur，Olah & Tazi-Preve，et al.，2008）。将生育意愿的调查从家庭整体需要进行调查的研究发现，具有二孩生育意愿的家庭比例最低，为 17.4%，不愿生育二孩的家庭总体比例最高，达 60.4%（风笑天，李芬，

2016)。这一现象说明，实际生育意愿远比单一的育龄妇女个体的生育意愿要复杂得多或者说低得多。因此，以育龄妇女为单一的生育意愿调查对象，可能忽视了家庭决策中丈夫的二孩生育意愿，这在某种程度上低估或高估了关于新的二孩时代的生育意愿。也有研究表明，性别对于生育计划的影响十分显著，相比女性而言，男性有明确生育计划的可能性更高（李翔，赵昕东，2019)。也有研究者（风笑天，李芬，2016；侯亚非，马小红，2008）从家庭层面进行调查，但并没有体现出家庭中男性与女性在二孩生育意愿中的具体情况及影响因素，这并不利于鼓励二孩生育的一些相关举措的宣传与推进。同时，在国家推行二孩政策的背景下，研究家庭的二孩生育意愿更具有时代意义，本章研究主要调查家庭中二孩生育意愿，以及男性与女性谁的二孩生育意愿更强，受哪些因素的影响等。

二、数据测量与赋值

本章研究中的变量测量通过自编的问卷对已拥有一个孩子的家庭中的父母进行测量。

（一）二孩生育意愿的测量

首先，通过问题“您希望生育二孩吗？①非常希望②比较希望③一般④比较不希望⑤非常不希望”，测量调查对象的二孩生育意愿。这种数据类型被称为“顺序数据”，在模型选择中，采用 order probit 模型。

其次，通过问题“家庭中谁更愿意生育二孩？①男方想要②女方想要③双方都想要④双方都不想要”，测量家庭中谁的二孩生育意愿更强烈。在谁更愿意生育模型中，“男方想要”赋值为 1，“女方想要”赋值为 2，“双方都想要”赋值为 3，“双方都不想要”赋值为 4。

（二）二孩生育影响因素的测量

本章研究通过问题“你认为现阶段影响你生育二孩的主要原因有：工作压力、住房条件、照顾时间、多子多福观念、养儿防老观念、教育投入、经济投入、长辈态度、一孩的态度、一孩的学校表现、一孩的情感依赖、一孩的心理健康、一孩的消费现状、亲戚生育二孩、同事生育二孩、朋友生育二孩、邻居生育二孩”，对二孩生育影响因素进行了调查。对每一项问题以“1—5”分的5点量表进行评定，1表示“非常同意”，2表示“比较同意”，3表示“一般”，4表示“比较不同意”，5表示“非常不同意”。在回归模型中，分别赋值为4，3，2，1，0分。

对二孩生育意愿影响因素进行主成分因子分析，KMO值为0.908；Bartlett's半球检验的值为4478.015，df=136，$p<0.05$；因子分析的三个因子，总解释率为69.329%；克伦巴哈检验系数为0.916，具有一定的信度。

表2.2.1 二孩生育意愿影响因素因子分析矩阵

项目	共同度	一孩禀赋	家庭禀赋	环境禀赋
一孩的态度	0.688	0.818		
一孩的学校表现	0.756	0.837		
一孩的情感依赖	0.782	0.849		
一孩的心理健康	0.744	0.787		
一孩的消费现状	0.722	0.762		
工作压力	0.493		0.644	
住房条件	0.655		0.742	
照顾时间	0.577		0.740	
多子多福观念	0.489		0.604	
养儿防老观念	0.519		0.650	
教育投入	0.699		0.806	
经济投入	0.646		0.755	
长辈态度	0.431			0.548

续表

项目	共同度	一孩禀赋	家庭禀赋	环境禀赋
亲戚生育二孩	0.882			0.915
同事生育二孩	0.917			0.939
邻居生育二孩	0.912			0.930
朋友生育二孩	0.874			0.910
特征根		7.353	2.638	1.795
方差贡献率（百分比）		24.028	23.654	21.647
累积方差贡献率（百分比）		24.028	47.682	69.329

因子分析的结果表明，二孩生育意愿影响因素的主要成分可以分为三类，分别将其命名为：一孩禀赋，包括一孩的态度、一孩的学校表现、一孩的情感依赖、一孩的心理健康、一孩的消费现状等；家庭禀赋，包括工作压力、住房条件、照顾时间、多子多福观念、养儿防老观念、教育投入、经济投入等；来自外在的环境禀赋，包括长辈态度、亲戚生育二孩、同事生育二孩、邻居生育二孩、朋友生育二孩等。其中长辈态度，在实际的因子分析中由家庭因素变成了一种外在环境因素，是外在环境禀赋测量项目之一。

（三）其他影响因素

一孩的性别，一孩的年龄，被调查者的性别，年龄，家庭收入，职业体制（体制内、体制外）。

三、结果与分析

（一）二孩生育意愿的基本现状

1. 二孩生育意愿现状。采用 5 点量表对家庭二孩生育意愿进行调查，结果如表 2.2.2 所示。

表 2.2.2　二孩生育意愿频数表

	样本量	您希望生育二孩吗？				
		非常希望	比较希望	一般	比较不希望	非常不希望
男	120（100）	19（15.8）	21（17.5）	61（50.8）	14（11.7）	5（4.2）
女	228（100）	22（9.7）	37（16.2）	109（47.8）	36（15.8）	24（10.5）
总体	348（100）	41（11.8）	58（16.7）	170（48.8）	50（14.4）	29（8.3）

注：括号内为百分数。

由表 2.2.2 可知，男性回答“非常希望”和“比较希望”的人数共为 33.3%，而女性回答“非常希望”和“比较希望”的人数共为 25.9%。回答“比较不希望”和“非常不希望”的分别占男性的 15.9%和女性的 26.3%。总体上，回答“非常希望”和“比较希望”的人数共占 28.5%，而回答“比较不希望”和“非常不希望”的共为 22.7%。大多数人保持在两可之间。

对性别和生育二孩意愿进行卡方检验发现，卡方值为 7.522，df＝4，p＝0.111＞0.05，这一结果表明，性别与希望生育二孩的态度没有显著相关。对不同群体进行卡方检验发现，男性群体生育意愿的卡方检验显著，卡方值为 77.67，df＝4，p＜0.001，表明男性群体内是否生育二孩的意愿存在差异。女性群体生育意愿的卡方检验显著，卡方值为 114.237，df＝4，p＜0.001，表明女性群体内是否生育二孩的意愿存在差异。总体上，不同二孩生育意愿的卡方检验差异显著，卡方值为 190.069，df＝4，p＜0.001。

2. 谁更想生育二孩现状。对谁更想生育二孩进行频数统计，结果如表 2.2.3 所示。

表 2.2.3　谁更想生育二孩频数表

	样本量	谁更想生育二孩？			
		男方想	女方想	男女双方都想	男女双方都不想
男	120（100）	37（30.8）	27（22.5）	26（21.7）	30（25.0）

续表

	样本量	谁更想生育二孩?			
		男方想	女方想	男女双方都想	男女双方都不想
女	222 (100)	68 (30.6)	51 (23.0)	28 (12.6)	75 (33.8)
总体	342 (100)	105 (30.7)	78 (22.8)	54 (15.8)	105 (30.7)

注：括号内为百分数。

通过对谁更想生育二孩的意愿进行调查发现，男性认为家庭中男女双方都不想要二孩的百分比为25.0%，女性认为家庭中男女双方都不想要二孩的百分比为33.8%，而男、女方认为都想要的百分比分别为21.7%和12.6%。由此可见家庭中女方的生育意愿要低于男方。对“性别”和“谁更想生育二孩”进行卡方检验，结果发现卡方值为7.759，df=4，$p=0.101>0.05$，这一结果表明，性别与谁更想要二孩没有显著相关。对不同群体进行卡方检验发现，对女性群体而言，她们认为谁更想生育二孩，在男方想要、女方想要、都不想要和都想要之间存在显著的差异，卡方值为23.658，df=3，$p<0.001$。但对男性群体而言，他们认为谁更想生育二孩，在男方想要、女方想要、都不想要和都想要之间不存在显著的差异，卡方值为2.513，df=3，$p>0.05$。总体上，谁更想生育二孩在男方想要、女方想要、都不想要和都想要之间存在显著的差异，卡方值为20.550，df=3，$p<0.001$。

（二）二孩生育意愿影响因素的oprobit模型建构

在家庭中二孩生育意愿的总模型中引入一孩的性别、一孩的年龄、调查对象的性别、调查对象的年龄、家庭收入、职业体制以及主观认同的二孩生育意愿影响因素，包括对一孩禀赋、家庭禀赋、环境禀赋的认同；因变量为二孩生育意愿，分为五个水平：①非常希望②比较希望③一般④比较不希望⑤非常不希望，分别赋值为4分，3分，2分，1分和0分，以此建构oprobit模型，结果如表2.2.4所示。

表 2.2.4　家庭二孩生育意愿 oprobit 模型

	模型 1	模型 2	模型 3
	总模型	男性	女性
性别（男=0）	−0.219* (0.126)		
年龄	0.0299* (0.0172)	0.0500** (0.0251)	0.0163 (0.0246)
一孩年龄	0.0292 (0.030)	−0.0116 (0.047)	0.0540 (0.040)
一孩性别（女=0）	−0.0728 (0.118)	0.127 (0.216)	−0.0992 (0.145)
家庭收入（5 万元以下=0）			
5 万—7.99 万元	0.208 (0.145)	0.453* (0.270)	0.174 (0.177)
8 万—11 万元	0.205 (0.173)	0.206 (0.299)	0.172 (0.218)
11 万元以上	0.418** (0.194)	0.709** (0.328)	0.234 (0.249)
职业体制（内=0）	0.186 (0.130)	0.280 (0.225)	0.148 (0.163)
生育二孩影响因素的认同			
一孩禀赋	−0.00745 (0.0147)	0.0843*** (0.0274)	−0.0470** (0.0183)
家庭禀赋	−0.0438*** (0.0148)	−0.0640** (0.0260)	−0.0486** (0.0192)
环境禀赋	−0.0309** (0.0131)	−0.0712*** (0.0229)	−0.0102 (0.0167)
N	340	117	223
LR chi2	51.71**	34.26**	33.00**
Log likelihood	−444.306	−135.94	−296.842
Pseudo R^2	0.0550	0.1119	0.0527

注：* p< 0.05，** p< 0.01，** p< 0.001。

由表 2.2.4 可知，模型 1 是家庭总体上二孩生育意愿的 oprobit 模型。模型 1 中，性别的回归系数为−0.219，p<0.05，表明控制了其他因素

后，与男性相比，女性更加不倾向于生育二孩。控制了其他因素后，被调查者年龄的效应为正，$p<0.05$，表明年龄越大的调查对象越倾向于希望生育二孩，但两者都在0.05水平显著。

模型1中，一孩的年龄和性别因素对家庭中二孩生育意愿的影响作用均不显著。

模型1中，控制了其他因素后，家庭经济收入的影响作用只体现在经济收入在11万元以上的家庭的二孩生育意愿显著高于家庭收入在5万元以下的家庭。

模型1中，调查对象的职业的体制性质对家庭中二孩生意愿的影响作用不显著。

模型1中，在主观认同的二孩生育影响因素的测量中，对一孩禀赋影响作用的认同程度不能显著影响家庭的二孩生育意愿，但对家庭禀赋影响作用的认同效应显著，认同程度越高倾向于二孩生育的意愿越小。同样，对环境禀赋影响作用的认同效应显著，认同程度越高倾向于二孩生育的意愿越小。

由表2.2.4可知，模型2是男性二孩生育意愿的oprobit模型。

模型2中，控制了其他因素后，男性的年龄效应为正，表明年龄越大的调查对象越倾向于希望生育二孩。

模型2中，一孩的年龄和性别因素对男性二孩生育意愿的影响作用均不显著。

模型2中，控制了其他因素后，家庭经济收入对男性二孩生育意愿的影响显著，具体表现为家庭收入在11万元以上时，男性的二孩生育意愿显著高于家庭收入在5万元以下的男性。

模型2中，男性的职业体制性质对他们二孩生意愿的影响作用不显著。

模型2中，在主观认同的二孩生育影响因素的测量中，男性对一孩禀赋影响作用的认同程度显著影响他们的二孩生育意愿，认同程度越高倾向于希望生育二孩的意愿越强烈；对家庭禀赋影响作用的认同效应显著，认同程度越高倾向于二孩生育的意愿越小；同样，对环境禀赋影响作用的认同效应显著，认同程度越高倾向于二孩生育的意愿越小。

由表 2.2.4 可知，模型 3 是女性二孩生育意愿的 oprobit 模型。

模型 3 中，一孩的年龄和性别因素对女性二孩生育意愿的影响作用均不显著。

模型 3 中，家庭经济收入对女性二孩生育意愿的影响作用不显著。

模型 3 中，女性的职业体制性质对她们二孩生育意愿的影响作用不显著。

模型 3 中，在二孩生育影响因素认同度的测量中，女性对一孩禀赋影响作用的认同程度显著影响她们的二孩生育意愿，认同程度越高倾向于希望生育二孩的意愿越小；对家庭禀赋影响作用的认同效应显著，认同程度越高倾向于二孩生育的意愿越小；同样，对环境禀赋影响作用的认同效应不显著。

总之，家庭中二孩生育意愿模型分析的结果表明，整体上年龄、家庭经济收入和主观层面的二孩生育意愿影响因素认同程度对二孩生育意愿的影响作用显著。但年龄只对男性二孩生育意愿存在显著的正向预测作用，而经济收入只有在超过 11 万元时，对男性和家庭总体上的二孩生育意愿具有显著的正向预测作用，但对女性二孩生育意愿的影响作用不显著。对二孩生育意愿影响因素的认同中，一孩禀赋的影响作用的认同程度越高越有利于增强男性的二孩生育意愿，但越不利于增加女性的二孩生育意愿；家庭禀赋影响作用的认同程度对家庭总体、男性和女性的影响作用均是负向的，认同度越高，倾向于二孩生育的意愿越小；环境禀赋的影响作用的认同程度越高，在家庭总体上以及男性层面倾向于二孩生育的意愿越小。

（三）谁更愿生育二孩影响因素的 mlogit 模型

在家庭中谁更愿意生育二孩的总模型中引入被调查者的性别、被调查者的年龄、一孩的性别、一孩的年龄、家庭收入、职业体制以及主观认同的二孩生育意愿影响因素，包括一孩禀赋、家庭禀赋、环境禀赋；因变量为谁更愿生育二孩，分为四个水平：①男方更希望②女方更希望③男女双方都希望④男女双方都不希望。结果如表 2.2.5 所示。

表 2.2.5　谁更愿生育二孩多分类变量 mlogit 模型

	模型 1	模型 2	模型 3	模型 4	模型 5	模型 6
	①—④	②—④	③—④	①—②	①—③	②—③
性别（男＝0）	－0.157	－0.332	－0.796**	0.175	0.639*	0.464
	(0.322)	(0.340)	(0.372)	(0.331)	(0.362)	(0.385)
年龄	0.0584	－0.0192	0.0649	0.0775*	－0.00655	－0.0841
	(0.0433)	(0.0479)	(0.0497)	(0.0467)	(0.0473)	(0.0533)
一孩年龄	0.0665	0.156*	－0.0298	－0.0891	0.0963	0.185*
	(0.0761)	(0.0844)	(0.0899)	(0.0806)	(0.0855)	(0.0950)
一孩性别（女＝0）	－0.0918	－0.0843	－0.0475	－0.00746	－0.0443	－0.0368
	(0.295)	(0.316)	(0.357)	(0.315)	(0.354)	(0.377)
家庭收入	－0.00812	0.290	0.200	－0.298	－0.208	0.0904
	(0.355)	(0.376)	(0.451)	(0.381)	(0.454)	(0.476)
	0.180	－0.00379	0.733	0.184	－0.553	－0.737
	(0.433)	(0.487)	(0.502)	(0.485)	(0.500)	(0.555)
	0.183	0.367	0.397	－0.183	－0.213	－0.0300
	(0.483)	(0.514)	(0.591)	(0.502)	(0.572)	(0.610)
职业体制（内＝0）	－0.0405	－0.348	0.271	0.308	－0.312	－0.620
	(0.324)	(0.364)	(0.377)	(0.359)	(0.370)	(0.411)
一孩禀赋	0.0468	0.0108	－0.0150	0.0360	0.0617	0.0257
	(0.0371)	(0.0391)	(0.0449)	(0.0399)	(0.0455)	(0.0481)
家庭禀赋	－0.0950**	－0.0274	－0.116**	－0.0676*	0.0213	0.0890*
	(0.0385)	(0.0394)	(0.0463)	(0.0403)	(0.0454)	(0.0483)
环境禀赋	－0.0678**	－0.0453	0.0129	－0.0225	－0.0806**	－0.0581
	(0.0331)	(0.0347)	(0.0391)	(0.0352)	(0.0394)	(0.0416)
常数	－0.516	0.237	－0.977	－0.753	0.461	1.214
	(1.523)	(1.631)	(1.806)	(1.603)	(1.764)	(1.896)
N	333	333	333	333	333	333

续表

	模型 1	模型 2	模型 3	模型 4	模型 5	模型 6
	①—④	②—④	③—④	①—②	①—③	②—③
LR chi2	46.30**	43.16**	46.30**	46.30**	43.16**	46.30**
$PseudoR^2$	0.0513	0.0471	0.0513	0.0513	0.0471	0.0513

注：* $p<0.1$，** $p<0.05$，*** $p<0.01$。

由表 2.2.5 可知，谁更愿生育二孩多分类变量 mlogit 模型表明，模型 1 中，控制了其他因素后，家庭禀赋影响二孩生育的认同程度每高 1 分，家庭中男方愿意生育二孩者（相对于都不愿意）的概率降低 9.1%（$1-e^{-0.0950}$）；环境禀赋影响二孩生育的认同程度每高 1 分，男方愿意生育二孩者（相对于都不愿意）的概率降低 6.6%（$1-e^{-0.0678}$）。

模型 2 中，控制了其他因素后，女方愿意生育二孩者的概率与都不愿意生育二孩者的概率在 0.05 水平均无显著差异。但一孩年龄的影响作用在 0.1 水平边缘显著，一孩的年龄越大，女方愿意生育二孩者的概率相比于都不愿意者的概率要高。

模型 3 中，控制了其他因素后，都有意愿生育二孩者（相对于都不愿意）的概率受被调查者的性别和家庭禀赋认同度影响。具体为，女性对家庭中夫妻双方都有意愿生育二孩者（相对于都不愿意）的概率的影响小于男性对家庭中夫妻双方都有意愿生育二孩者的影响，且差异显著。家庭禀赋影响作用的认同程度越高，都愿意生育二孩者（相对于都不愿意）的概率减少 11.0%（$1-e^{-0.116}$）。

模型 4 中，控制了其他因素后，女方愿意生育二孩者的概率与男方愿意生育二孩者的概率在 0.05 水平均不存在显著差异，但被调查者的年龄和家庭禀赋影响作用的认同程度在 0.1 水平边缘显著，具体为被调查者年龄越大，男方愿意生育二孩者的概率相比于女方愿意生育二孩者的概率越高，家庭禀赋认同程度越高，男方愿意生育二孩者的概率相比于女方愿意生育二孩者的概率越小。

模型 5 中，控制了其他因素后，男方愿意生育二孩者（相对于都愿意生育二孩者）受性别和环境禀赋认同度的影响，女性回答男方愿意生育二孩者（相对于都愿意生育二孩者）的概率小于男性回答男方愿意生育二孩者，且在 0.1 水平显著。环境禀赋认同度越高，男方愿意生育二孩者（相对于都愿生育二孩者）的概率越小。

模型 6 中，控制了其他因素后，女方愿意生育二孩者（相对于都愿意生育二孩者）受一孩年龄的影响显著（$p<0.1$），具体表现为一孩年龄越大，女方愿意生育二孩者（相对于都愿生育二孩者）的概率越大。家庭禀赋认同度越高，女方愿意生育二孩者（相对于都愿生育二孩者）的概率越大。

总之，决定家庭中谁更愿生育二孩的影响因素主要表现在男性和女性对环境禀赋和家庭禀赋的认同程度。其他因素的影响作用不显著。

四、讨论与结论

（一）讨论

1. 二孩生育意愿的分析。通过卡方检验，结果发现二孩生育意愿在男性与女性之间无显著差异。但希望生育二孩的男性（33.3%）比例高于希望生育二孩的女性（25.9%），总体上希望生育二孩的比例（28.5%）高于不希望生育二孩的比例（22.7%），大多数人对生育意愿持中间态度（48.8%），要提高二孩生育的意愿，更多地需要从这部分持中立观点的群体出发，制订方案，提高他们的生育意愿。

对二孩生育意愿的 oprobit 回归方程分析表明，经济收入只在超过 11 万元时，对男性和总体上的二孩生育意愿具有显著的正向预测作用，但对女性二孩生育意愿的影响作用不显著。这一结果表明，男性在二孩生育选择方面，当具有较好的经济条件时，他们倾向于生育二孩的概率才会显著提高，而女性对二孩生育的选择受经济收入的影响作用不显著。在我国的家庭中，传统的观念还是以男性养家为主，如果承受的经济压力大，他们二孩生育的意愿较小。

影响二孩生育因素的认同中，家庭禀赋的认同程度对家庭总体、男性和女性的生育意愿均具有显著的负向预测作用。家庭禀赋认同所测量的项目有工作压力、住房条件、照顾时间、多子多福观念、养儿防老观念、教育投入、经济投入。这些项目认同程度的得分负向预测生育二孩的概率，也就是说在当前的家庭中，人们对于所测量的项目更多地是感受到一种压力，这些压力感受越大，他们生育二孩的选择压力就越大，越倾向于减少二孩生育的意愿。

影响二孩生育因素的认同中，生育环境禀赋的认同程度对总体和男性的生育意愿具有负向的预测作用，认同程度越高，倾向于二孩生育的概率越小。生育环境禀赋所测量的项目有长辈态度、亲戚生育二孩、邻居生育二孩、同事生育二孩、朋友生育二孩。以往的研究表明，人们的生育意愿普遍较低，单独二孩政策实施期间明确要生育二孩的比重只有 21.5％（石智雷，杨云彦，2014）；二孩政策普遍实行以来，只有 14％的人提出二孩生育申请（风笑天，李芬，2016）。生育环境禀赋使得大多数人选择和大家一样的行为，选择二孩生育的可能性较小，这种作用尤其在男性和家庭总体上表现突出。

影响二孩生育因素的认同中，一孩禀赋的认同程度对男性和女性的生育意愿的预测作用的方向是不同的，认同程度越高，男性倾向于生育二孩的概率越大，而女性倾向于生育二孩的概率越小。一孩禀赋的项目主要测量的是一孩的态度、一孩的学校表现、一孩的情感依赖、一孩的消费现状以及一孩的心理健康。出现这一结果的原因可能是女性更倾向于从一孩个体去关注他们的健康，而男性更关注一孩与二孩之间的相互关系并以此来判断他们的需要。女性可能会认为，再生一个孩子后，她对一孩的关爱可能会变少，从而影响一孩的受教育质量、生活水平和心理健康等，而男性则可能认为，再生一个孩子会增加一孩的同伴关系，给他们带来快乐，长大了还能互相有照应等。这些既与男女两性的思维模式有关，也与家庭中男性与女性的角色有关。

女性更关心生活的细节，而男性更关注生活的全面性与均衡性。

其他因素中，只有男性被调查者的年龄影响他们的二孩生育意愿的选择，年龄越大，越倾向于生育二孩，而女性则没有出现这种现象。由于受生育周期的影响，女性年龄越大，她们生育二孩的可能性越受到限制，但男性受限制小，他们更想搭上二孩生育的顺风车，再生育一个孩子，而且男性人到中年时他们的经济收入相对较高，经济压力相对较小，选择生育二孩的意愿较年轻男性强。

2. 谁更想生育二孩的分析。通过卡方检验，结果发现谁更想生育二孩在男性与女性之间无显著差异。但在男方想生、女方想生、男女双方都想生和男女双方都不想生的比例上存在显著差异。男方更想要二孩的比例（30.7%）大于女方更想要二孩的比例（22.8%）；男女双方都不想要二孩的比例（30.4%）大于男女双方都想要二孩的比例（15.8%）；男女双方都想要二孩的比例最低。总体上，虽然男女双方都想要二孩的比例较低，但男方更想要、女方更想要二孩的比例加起来超过50%，虽然有一方可能不想要，但比起都不想要，这部分群体仍是我们推行二孩政策，提高二孩生育率的主要工作对象。

通过对谁更想生育二孩的回归方程分析表明，对家庭禀赋的认同程度越高，男方、女方以及男女双方都有生育二孩意愿的概率就越低。这一结果表明，人们觉得当前的家庭条件越不满足理想的二孩生育条件，越不想生育二孩。但实际上家庭收入、职业体制以及一孩的性别和一孩的年龄对家庭中谁更愿生育二孩的影响作用均不显著。这一结果表明，二孩生育政策期，是否要生育二孩主要取决于人们主观上对家庭禀赋的认同程度，越是认同，越担心所要承受的压力而不愿生育二孩，这尤其体现在男性的二孩生育意愿方面。

（二）结论

二孩生育意愿和谁更想生育二孩的最重要的影响因素主要来自于男女双方主观上对二孩生育影响因素的认同。一孩禀赋的认同程度越高越有利于增强男性的二孩生育意愿，而越不利于增加女性的二孩生育意愿；家庭禀赋的认同程度对总体、男性和女性的影响作用均是负向的，认同程度越高，倾向于二孩生育的意愿越小；环境禀赋的认同程度越高，家庭总体上以及男性层面倾向于二孩生育的意愿越小。年龄只对男性二孩生育意愿存在显著的正向预测作用；而经济收入只有在超过 11 万元时，才对男性和家庭总体的二孩生育意愿具有显著的正向预测作用，但对女性的二孩生育意愿的影响作用不显著。同时“谁更想生育二孩”影响因素的 mlogit 模型表明，环境禀赋和家庭禀赋的认同程度对谁更想生育二孩的影响作用显著。这一结论告诉我们，在推动二孩生育政策，提高二孩生育意愿的大背景下，我们既要关注家庭因素，又要关注来自家庭中一孩的心理和学校表现等因素，以及来自整个大环境的生育意愿和水平的提高，以达到促进生育意愿和行为的目的。

第三章　一孩身心健康影响父母二孩生育意愿的研究

【内容提要】本章采用问卷调查法，考察了一孩的身心健康对父母二孩生育意愿和可能生育行为的影响。结果发现，一孩的心理健康显著影响父母的二孩生育意愿和可能的生育行为，一孩的心理越健康，父母的生育意愿和可能的生育行为的可能性就越大；而一孩的身体健康对父母的二孩生育意愿和可能的生育行为的影响作用不显著。最后，从科学养育，培养健康稳定人格特征的一孩；积极沟通，培养积极乐观接纳心态的一孩；自我提醒，成为关注孩子同等成长的父母三个方面提出了教育对策，以期在二孩政策实行初期为意愿生育二孩的家庭与一孩进行有效沟通提供参考。

一、问题提出

一直以来，女性的生育意愿都是人口学和社会学关注的重点。由于20世纪80年代以来“一对夫妇只生育一个孩子”的计划生育政策的实施，30多年来，女性的生育观念和行为都发生了重大的变化。2016年1月1日起实施全面二孩政策以来，关于女性的生育意愿、家庭中的生育意愿及其影响因素的研究再次成为人口学关注和研究的重要话题。从生育主体而言，通常将年龄、性别、教育程度、工作性质作为主要的分析变量。结果表明，年龄越大，二孩生育意愿越低，男性比女性具有更高的二孩生育意愿；教育程度越高，二孩生育意愿越高；工作性质越好，越愿意生育二孩。从家庭层面而言，主要研究经济收入、孩子照料、家庭文化等对二孩生育意愿的影响。结果表明，家庭经济收入越高，二孩生育意愿越高；孩子有人照料，二孩生育意愿越高；家庭文化氛围越好，二孩生育意愿越高。从心理与社会环境层面的研究表明，个人的生活满意度越高，具有二孩生育计划的可能性就越高；主观幸福感和公共教育满意度越高，二孩生育意愿就越高。然而上述这些研究没有充分考虑到二孩政策实施后，二孩生育首先改变的是家庭结构，家庭由计划生育时代的三口之家，转变为四口之家。家庭中的一孩首先要面临着身份的改变。因此，研究在父母二孩生育意愿发生时，是否考虑过一孩在面临二孩出生前的一系列心理变化很有必要。有研究表明，在父母是否考虑生育二孩时，有42.56%的家长都害怕生育二孩会对一孩的成长不利，因此在生育二孩的问题上十分慎重（张弛，沈怡，祁健媛，2019）。在面对二孩出生时，并不是所有的一孩都会产生不适，而是那些自身具有困难型气质，如消极、情绪管理能力差的一孩，才会在面对二孩出生时出现适应和应对困难（Chess & Thomas，1989）。父母在生育二孩准备时也会考虑到一孩的情况，如年龄、性别、对二孩的接纳度等。但二孩的出生首先给一孩带来的是心理上的冲击，这种心理上的反应会不会影响到父母的二孩生育意愿和计划中的二孩生育行为？本书中的第二章探讨了一孩禀赋对父母二孩生育意愿的影响，结果表明，一孩的影响作用在整体层面不显著，但一孩禀赋的认同程度越高越有利于增强男性二孩生育意愿，但越不利于增加女性的二孩生育意愿。本章的研究，是希望通过构建模型专门分析一孩的心理健康和身体健康是否影响父母的二孩生育意愿。

二、数据测量与赋值

（一）数据测量

本章的数据来源于2015年12月至2016年3月，对家庭中拥有一个孩子的348位父母的测量。采用自编的问卷测量了一孩及其父母的基本情况以及相关测量变量，如一孩的性别、一孩的年龄，以及问题：1. 您有二孩生育的意愿吗：①非常希望②比较希望③一般④比较不希望⑤非常不希望；2. 您是否确定会有生育二孩的行为：①肯定有②可能有③说不清④可能不会有⑤肯定不会有；3. 您认为您一孩的心理健康水平如何：①不好②比较不好③一般④比较好⑤好；4. 您认为您一孩的身体健康水平如何：①不好②比较不好③一般④比较⑤好。

（二）变量赋值

自变量，性别，将“男”赋值为0，“女”赋值为1；一孩的心理健康水平，将“比较好”与“好”合并，赋值为1，将“一般”“比较不好”“不好”合并，赋值为0；一孩的身体健康水平，将“比较好”与“好”合并，赋值为1，将“一般”“比较不好”“不好”合并，赋值为0。

因变量，生育意愿，将“非常希望”和“比较希望”合并，赋值为1，将“一般”“比较不希望”“非常不希望”合并，赋值为0；生育行为，将“非常希望”和“比较希望”合并，赋值为1，将“一般”“比较不希望”“非常不希望”合并，赋值为0。

三、结果与分析

（一）一孩不同心理健康水平父母的二孩生育意愿

一孩的心理健康水平不同，父母的二孩生育意愿的具体情况如表 2.3.1 所示。

表 2.3.1　一孩不同心理健康水平父母的二孩生育意愿的频数（百分比）

	总	非常希望	比较希望	一般	比较不希望	非常不希望
不太健康	128	11（8.6）	16（12.5）	68（53.2）	19（14.8）	14（10.9）
非常健康	220	30（13.6）	42（19.1）	103（46.8）	31（14.1）	14（6.4）
总	348	41（11.8）	58（16.7）	171（49.1）	50（14.4）	28（8.0）

由表 2.3.1 可知，当一孩心理不太健康时，父母非常希望和比较希望生育二孩的百分比仅为 20%左右；而当一孩心理非常健康时，父母非常希望和比较希望生育二孩的百分比为 32.7%。对“一孩心理健康水平”和“父母二孩生育意愿”进行卡方检验，结果发现卡方值为 6.196，$df=4$，$p=0.185>0.05$，这一结果表明，一孩心理健康水平与父母二孩生育意愿没有显著相关。

一孩的心理健康水平不同，父母可能的二孩生育行为的具体情况如表 2.3.2 所示。

表 2.3.2　一孩不同心理健康水平父母可能的二孩生育行为的频数（百分比）

	总	肯定有	可能有	说不清	可能不会有	肯定不会有
不太健康	128	15（11.7）	15（11.7）	38（29.8）	30（23.4）	30（23.4）
非常健康	220	45（20.5）	46（20.9）	55（25.0）	47（21.3）	27（12.3）
总	348	60（17.2）	61（17.5）	93（26.8）	77（22.1）	57（16.4）

由表 2.3.2 可知，当一孩心理不太健康时，父母肯定有和可能有二孩生育行为的比例为 23.4%；而当非常健康时，父母肯定有和可能有二孩生育行为的比例为 41.4%。对“一孩心理健康水平”和“父母二孩生育行为”进行卡方检验，结果发现卡方值为 13.749，df=4，p=0.008<0.05，这一结果表明，一孩心理健康水平与父母二孩生育行为具有显著相关。

（二）一孩不同身体健康水平父母的二孩生育意愿

一孩的身体健康水平不同，父母的二孩生育意愿的具体情况如表 2.3.3 所示。

表 2.3.3　一孩不同身体健康水平父母的二孩生育意愿的频数（百分比）

	总	非常希望	比较希望	一般	比较不希望	非常不希望
不太健康	59	3（5.1）	10（16.9）	29（49.2）	8（13.5）	9（15.3）
非常健康	289	38（13.1）	48（16.6）	141（48.9）	42（14.5）	20（6.9）
总	348	41（11.8）	58（16.6）	170（48.9）	50（14.4）	29（8.3）

由表 2.3.3 可知，当一孩身体不太健康时，父母非常希望和比较希望生育二孩的百分比仅为 20%左右；而当一孩身体非常健康时，父母非常希望和比较希望生育二孩的百分比为 30%左右。对“一孩身体健康水平”和“父母二孩生育意愿”进行卡方检验，结果发现卡方值为 6.839，df=4，p=0.145>0.05，这一结果表明，一孩身体健康水平与父母二孩生育意愿没有显著相关。

一孩的身体健康水平不同，父母可能的二孩生育行为具体情况如表 2.3.4 所示。

表 2.3.4　一孩不同身体健康水平父母可能的二孩生育行为的频数（百分比）

	总	肯定有	可能有	说不清	可能不会有	肯定不会有
不太健康	59	8（13.6）	6（10.2）	12（20.3）	20（33.9）	13（22.0）

续表

	总	肯定有	可能有	说不清	可能不会有	肯定不会有
非常健康	289	52 (18.0)	55 (19.0)	81 (28.0)	58 (20.1)	43 (14.9)
总	348	60 (17.2)	61 (17.5)	93 (26.8)	78 (22.4)	56 (16.1)

由表 2.3.4 可知，当一孩身体不太健康时，父母肯定有和可能有二孩生育行为的比例为 23.8%；而当一孩身体非常健康时，父母肯定有和可能有二孩生育行为的比例为 37.0%。对“一孩身体健康水平”和“父母二孩生育行为”进行卡方检验，结果发现卡方值为 8.741，df＝4，p＝0.068＞0.05，这一结果表明，一孩身体健康水平与父母二孩生育行为没有显著相关。

（二）一孩身心健康水平对父母二孩生育意愿和行为的回归分析

虽然在卡方检验时，一孩的身心健康水平与父母二孩生育意愿和可能的生育行为没有关联，但为探讨一孩的心理健康和身体健康对父母生育意愿和生育行为的影响，现将一孩的性别、一孩的年龄、心理健康和身体健康水平全部引入 logit 回归方程，结果如表 2.3.5 所示。

表 2.3.5　二孩生育意愿回归模型

	模型 1	模型 2
	生育意愿（否＝0）	生育行为（否＝0）
一孩性别（男＝0）	0.047	0.355
一孩年龄	0.030	−0.029
一孩心理健康（不太健康＝0）	0.590*	0.764***
一孩身体健康（不太健康＝0）	0.345	0.547
常数	−1.923	−1.499**
N	347	347
LR chi2	6.83	16.968
-2Log likelihood	409.437	431.800
Pseudo R^2	0.019	0.048

注：$^{*}p<0.05$，$^{**}p<0.01$，$^{***}p<0.001$。

由表2.3.5可知，在回归模型中，全部变量纳入后，一孩的性别和年龄对父母二孩生育意愿和行为没有显著的影响，一孩的身体健康水平对父母二孩生育意愿和行为也没有显著的影响。一孩的心理健康对父母二孩生育意愿具有显著的影响。具体表现为，一孩的心理非常健康时父母的二孩生育意愿是心理不太健康的一孩父母的二孩生育意愿的1.805倍；且一孩的心理健康水平对父母可能的二孩生育行为的影响作用也很显著，具体表现为，心理非常健康的一孩父母可能的二孩生育行为是心理不太健康的一孩父母二孩生育行为的2.147倍。由此可见，一孩的心理健康显著影响着父母二孩生育意愿和可能的生育行为。

四、讨论与结论

（一）一孩心理健康水平对父母二孩生育意愿的影响

党的十九大报告文件和相关部门都十分关心全民的心理健康，致力于构建平和健康的社会。随着心理健康对人的重要性的宣传和实践的开展，人们越来越重视人的心理健康。孩子是家庭的中心，不管是生一个，还是生两个，对于家长而言，孩子的健康，尤其是心理健康显得尤为重要。手心手背都是肉，两个孩子都能健康成长才是家长最大的心愿。据报道，网友“滴答”日前在网上晒出自己和老公写的“保证书”，他们考虑生个二宝，但是首先得向8岁半的女儿保证“永远第一喜欢我家大宝”，这才得到了大宝的允许。（《广州日报》，2015）。对家长而言，生育二孩很大程度上也是为了给一孩增加个伴儿，风笑天（2018a）在研究中指出，一孩育龄人群的二孩生育动机已经从传统的“为家庭生孩子”“为自己生孩子”转变为“为孩子生孩子”。因此，家长在考虑是否生育二孩的意愿层面，从基本需要的满足，是否有经济能力来抚养两个孩子到了更高需要的满足，即希望两个孩子相亲相爱，结伴成长。如果一孩对父母生育二孩产生的情绪波动比较大，或是一孩本来就是一个心理脆弱的孩子，父母充分考虑孩子的情况和意见有利于孩子的成长和家庭的和谐。本章研究显示，一孩的心理健康对父母二孩生育意愿具有显著的影响作用，结果充分表明，父母生育二孩时充分考虑一孩的心理感受是应该和必须的。但也不是说父母就不能生育二孩了，而是应在考虑生育二孩的同时，提高一孩的心理健康水平和对二孩的积极的认知预期。

（二）一孩心理健康水平对父母二孩生育的可能行为的影响

一孩的心理健康不仅影响父母的二孩生育意愿，也影响父母二孩生育的可能行为。这对一个家庭来说，既是一件好事，也是一件应该引起重视的事。更多的父母开始关注一孩的心理健康，这是一种时代的进步，也是国家和社会提倡的全民心理健康发展体系中的重要构成。孩子是国家的未来，生育政策的调整是希望有更多的孩子健康成长，参与到国家建设中来。父母不应等到二孩出生后，才发现没有关注到一孩在这个过程中的心理适应情况。因此，本章研究中的父母对可能的二孩生育行为考虑到一孩的心理健康是一件非常可取之事，如何才能在生育二孩的同时，又能考虑到一孩的心理感受，提前做好一孩的心理调适显得非常重要。

（三）一孩身体健康水平对父母二孩生育意愿和可能的生育行为的影响

一个孩子的身体健康水平对一个家庭来说是最重要的幸福指数。健康的孩子、幸福的家庭使夫妻双方更容易想要更多的孩子。然而，虽然研究显示健康的一孩父母有正向趋势想要二孩，但并没有发现一孩的身体健康水平对父母二孩生育意愿与行为有显著影响。这可能是因为，如果一孩身体严重不好，父母正常情况下都会希望能再生一个健康的孩子，既能养儿防老，也能帮衬着一孩过上正常的生活。这在计划生育时代，就有相关政策允许这样的家庭能够多生一个孩子。健康的一孩对一个家庭来说必然是一件幸福的事，所以更有可能增加父母的二孩生育意愿和行为。一孩的出生早在二孩之前，青年男女初为父母时应接受有关生育方面健康知识的宣传与教育。国家在推行二孩政策的同时，也要进一步加强对女性生理健康的关注和对女性在孕产期健康的关心，不管是初孕还是再孕，妇幼保健部门都应加大健康卫生安全知识的宣传力度，助力生育家庭都能生育出健康的宝宝。因此，一孩的身体健康水平对父母二孩生育意愿和可能的生育行为没有显著差异。

五、教育建议

（一）科学养育，培养健康稳定人格特征的一孩

家庭教育在当今社会显得尤为重要，父母生育孩子后的重要任务是教育孩子。在面对父母二孩生育问题时，并不是所有的一孩都会出现心理问题。处于不安全的亲子关系、自我中心的一孩才会因为父母将要生育二孩而出现焦虑、妒忌和愤怒的情绪，当他们感知到父母将要生育二孩的时候会出现一些不愉快的体验，甚至极端的行为。父母在养育子女的过程中要遵循科学养育，首先，从一孩出生开始，就要构建良好的亲子关系，不溺爱、不放任、不专制，培养一种民主和谐的亲子氛围。其次，在儿童社会化发展过程中，要有意识地培养除了亲子关系之外的其他社会关系，如同伴关系、兄弟姐妹关系等。特别是想育有二孩的家庭，要去独生子女中心化，让一孩在成长过程中逐步意识到，有兄弟姐妹是正常的家庭结构，兄弟姐妹是他成长过程中必然的玩伴和家人，学会接受拥有弟弟妹妹的现实，并学习做哥哥姐姐的角色。最后，在平时养育一孩的过程中，父母要以身作则，形成宽容、悦纳的家庭氛围，并在与他人的交往过程中提高自身的社会化程度（风笑天，2015），更好地与他人建构好社会关系，特别是对于那些自身也是独生子女的父母，要学会调整育儿观念，培养一孩健康的人格特征。

（二）积极沟通，培养积极乐观拥有接纳心态的一孩

在养育一孩的过程中，首先，要注意建构良好的亲子关系，培养一孩健康的人格特征，也要在准备孕育二孩的初期就积极与一孩进行沟通交流，让一孩意识到在这个家庭中将要出现一个小弟弟或小妹妹，这是一种普遍和正常的现象，让他们从独生子女意识中转化过来。其次，通过积极、正确的沟通交流，让一孩感觉到他也是家庭决策者中的一员，父母尊重自己的意见，他们会高度参与进来，对那些持有疑虑的一孩，要通过交流让其形成足够的安全感和信任感。最后，一孩从独生子女向非独生子女过渡，会对二孩产生很多假想，如将他们假想成朋友，假想成竞争者，作为家长要能够理解孩子的这些正常心理，并给予正确引导，积极支持与信任。从而使一孩能够在积极层面形成更多的期待，接纳可能到来的二孩。

（三）自我提醒，成为关注孩子同等成长的父母

在一孩如何面对二孩可能出生的问题上，首先，家长自身也要特别注意自己的行为举止、态度和认知。对于孩子而言，父母才是他们最重要的社会支持，不管家长在沟通中多么强调有兄弟姐妹的好处，一孩首先需要的还是父母对他们的好。家长要做孩子身后无条件的支持者，才能给一孩足够的安全感。其次，父母在备孕二孩的过程中，尤其是在孕产期，更要特别注意自己与一孩的日常接触，关注自己的言行，要从一孩的视角去思考他们对即将出生的二孩可能产生哪些想法，要避免在二孩还未出生时就让一孩对二孩产生防御和妒忌心理。要很明确地告诉一孩，你有多爱他，即使有了弟弟妹妹，他在父母心中也永远都是最好的孩子，父母会一直喜欢他。特别不能做的一件事是——用可能出生的二孩来威胁一孩，使其听话懂事。这样，在一孩的潜意识中就会将二孩视为自己现在地位的威胁者，不利于他们接纳即将出生的二孩。最后，作为父母，当二孩出生后，更要践行自己的诺言，同等对待两个孩子，甚至可以有倾向性地化解一孩心中的顾虑，多把一孩的积极性调动起来，让其一起参与到弟弟妹妹的成长中来，让一孩获得成就感、喜悦感和安全感。

第四章　认知预期影响独生子女对同胞二孩出生期望的研究

【内容提要】本章研究采用问卷调查法，以 349 名儿童为被试，考察了一孩的认知预期对同胞二孩出生期望的影响。结果发现，消极的认知预期显著负向预测独生子女对同胞二孩出生的期望；积极的认知预期显著正向预测一孩对同胞二孩出生的期望；年龄越大的儿童越不希望父母生育同胞二孩。最后从独生子女自身心理素质的培养、亲子沟通和家庭教育生态三个方面提出教育建议，以提升儿童对同胞二孩出生的积极认知水平和期望。

一、问题提出

2015 年，党的十八届五中全会决定，全面实施一对夫妇可生育两个孩子的政策。这是继党的十八届三中全会单独二孩之后又一人口政策调整。全面二孩政策实施以来，二孩人口出生率并未达到预期水平。目前大多数关于单独二孩政策下二孩生育意愿的研究表明，家庭二孩生育意愿受生育成本的影响（闫玉，张竞月，2019；郑真真，2009），受女性工作—生育冲突的影响（曾远力，闫红红，2018；刘婷婷，2018；风笑天，2018b），以及受生育观念、家庭结构的影响（方大春，裴梦迪，2018；洪秀敏，朱文婷，2017）。近来，有研究者开始关注家庭中的其他人对家庭二孩生育意愿的影响，如祖辈支持、祖辈生育偏好对家庭生育意愿的影响（靳永爱，赵梦晗，宋健，2018；风笑天，2018c）。风笑天（2018a）在研究中指出，育龄人群生育二孩的动机已由传统的为家庭生育孩子转变成为孩子生育孩子，并指出从子女抚育和教养角度分析并制定相应的政策或许更有利于全面二孩政策的推行。传统的观念认为，生育二孩会给独生子女一个伴儿，可以减少独生子女环境所带来的弊端。然而，父母是否生育二孩对一孩来说是其生命历程中重要的外部事件，特别是当独生子女政策不知不觉中改变了中国普通老百姓长期以来的传统生育观念、生育文化，甚至生活方式时（风笑天，2014），他们所产生的心理体验更强。“凡事预则立，不预则废”，这一经典名句告诉我们，对任何事情有预先的认知与准备更容易成功，没有预先的认知与准备则难以成功。心理预期与认知方式显著影响着人的心理健康（杨洁敏，张蜀，袁加锦等，2015）。全面二孩政策初期，为了能让独生子女对同胞二孩的出生形成良好的认知期望，做父母的需要与独生子女进行必要的沟通。

社会互动理论认为，独生子女缺少与家庭中兄弟姐妹的互动与交流，容易产生孤独感等心理（徐丽华，陈登峰，傅文青等，2011；苏颂兴，1998）。父母在表述生育二孩的动机时也从为家庭生育转变成为孩子生育孩子，希望能给独生子女生个相互支持的伴儿（风笑天，2018a）。对于独生子女而言，这将会在他们的生命历程中构成新的社会关系——同胞关系。研究表明，同胞关系包含着积极方面，如爱与亲密（Feinberg，Solmeyer & McHale，2012）。积极的同胞关系个体会将同胞兄弟姐妹视为支持者、陪伴者，能够预测适应性行为的发生（Fraley & Tancredy，2012）。在父母生育二孩前，独生子女对同胞关系的认知预期通常来自于父母与他们关于二孩生育的沟通，以及来自于独生子女对周围同学或朋友的兄弟姐妹的感知。在本章研究中，通过测量父母与独生子女沟通时独生子女的积极认知预期，来预测在全面二孩时代独生子女对同胞二孩出生的期望。因此，形成本章研究的假设1：积极的同胞关系认知预期能够增加独生子女对同胞二孩的期望。资源竞争理论认为，当家庭资源有限时，子女越多，资源被稀释的比例就越大，每个子女所拥有的资源就越少。资源竞争理论认为，冲突是由于特定资源在不同的人之间产生争夺而产生的。研究表明，同胞关系也包含消极方面，即冲突与竞争（Feinberg，Solmeyer & McHale，2012）。独生子女容易对即将出生的同胞二孩产生资源竞争假设，从而在内心产生冲突。为了获得没有竞争的安全感，他们往往选择不希望父母生育二孩。以往的研究大多集中在有限的家庭经济资源被多子女稀释，然而对于儿童而言，心理资源的稀释才是他们最在意与担心的。本章研究中假设独生子女对其心理资源被稀释时的消极认知预期能够影响其对同胞二孩出生的期望。因此，形成假设 2：消极的同胞关系认知预期能够降低独生子女对同胞二孩的期望。

二、数据测量与赋值

（一）测量数据

2016 年 1 月 1 日，全面二孩政策开始施行，2016 年 3—5 月，我们在盐城市中小学，对 400 名独生子女进行问卷调查，回收问卷 380 份，有效填答问卷 349 份，有效率填答率为 91.8%。被试中，男 173 人，女 176 人，平均年龄 9.713 岁，标准差 2.199 岁。

（二）变量设定

自变量：性别、年龄和认知预期。在问卷中测量了两个性别水平，男和女，将“男”设定为 1，“女”设定为 0；年龄为连续变量。在问卷中通过 4 道题测量独生子女的认知预期，分别为：1. 爸爸妈妈曾说过“不听话就给我生个弟弟妹妹”这样的话：①不符合②一般③符合；2. 爸爸妈妈说过会生个小宝宝陪我一起玩：①不符合②一般③符合；3. 我很羡慕家里有弟弟或妹妹的小朋友：①不符合②一般③符合；4. 爸爸妈妈说喜欢其他小朋友时，我会难受：①不符合②一般③符合。其中，1 和 3 是父母在与独生子女进行二孩生育沟通时，对其同胞二孩的认知建构；2 和 4 是独生子女在日常经验中通过观察对他人同胞兄弟姐妹得到的感知。对独生子女认知预期的 4 道题进行因子分析，结果分为两个因子，1 和 4 聚合为一个因子，被命名为消极认知预期，分越高消极认知水平越高；2 和 3 聚合为一个因子，被命名为积极认知预期，分越高积极认知水平越高。累积概念为 58.9％。

因变量：对同胞二孩出生的期望。在问卷中通过问题：是否希望妈妈再生个小宝宝：①是②否，来进行测量，将“否”赋值为 0，“是”赋值为 1。

三、结果与分析

（一）独生子女认知预期与同胞二孩出生期望现状

通过调查，我们对独生子女的认知预期和是否希望妈妈生育二孩进行描述统计，结果如表 2.4.1 所示。

表 2.4.1　独生子女认知预期和同胞二孩出生期望描述统计

	样本量	平均数	标准差	最小值	最大值
积极认知	349	4.025	1.329	2	6
消极认知	349	4.707	1.206	2	6
对同胞二孩的期望	349	0.4413	0.497	0	1

由表 2.4.1 可以看出，消极认知的最低分为 2 分，最高分为 6 分，平均分为 4.707，分越高消极认知水平越高；积极认知的最低分为 2 分，最高分为 6 分，平均分为 4.025，分越高积极认知水平越高。对独生子女关于同胞二孩

出生期望的人数进行频次统计发现，没有同胞二孩出生期望的独生子女为195人，占55.9%，有同胞二孩出生期望的独生子女为154人，占44.1%，不希望的人数大于希望的人数，且超10%。

（二）独生子女对同胞二孩出生期望的回归分析

将性别、年龄和认知预期引入回归方程，结果如表2.4.2所示。

表2.4.2　独生子女对同胞二孩出生期望的回归方程（不期望=0）

	变量赋值	回归系数	标准误	Z值	显著性
性别	男=1	−0.189	0.244	−0.77	0.440
年龄		−0.096	0.055	1.73	0.083
消极认知		−0.331	0.106	3.13	0.002
积极认知		0.790	0.106	−7.43	0.000
常数		−1.322	0.729	−1.81	0.070
N		349			
LR chi2		82.60			
Prob>chi2		0.000			
Log lihood		−198.192			
Pseudo R^2		0.1725			

由表2.4.2可知，独生子女年龄对同胞二孩出生期望的影响在0.1水平显著，具体表现为年龄越大期望的可能性越小（$e^{-0.096}$），也就是说，控制了其他变量后，年龄每增大1岁，希望父母生育二孩的可能性就下降0.082。独生子女对同胞二孩出生存在消极认知，得分越高越不期望父母生育二孩的可能性越大（$e^{-0.331}$），也就是说，控制了其他变量后消极认知的得分每高1分，希望父母生育二孩的可能性就减少0.292。独生子女对同胞二孩出生存在积极认知，得分越高，期望父母生育二孩的可能性就越大（$e^{0.790}$），也就是说，控制了其他变量后积极认知的水平每高1分，希望父母生育二孩的可能性就在此前基础上提升1.2倍，换句话说，积极认知水平越高，期望父母生育二孩的

可能性就越大。不同性别的独生子女对同胞二孩出生的期望不存在显著性差异。

四、讨　论

（一）年龄影响独生子女对父母生育二孩的期望

随着年龄的增长，独生子女在家庭中享有的独特的中心位置的时间就越长，享有家庭所给予的全部资源，包括经济资源、心理资源的时间就越长，因此，独生子女对家庭给其自身所带来的利好的一面格外注重，包括家庭的中心位置、父母对其独一无二的关注、独享的物质资源等。随着年龄的增长，儿童的认知发展能力也在增长，他们害怕因二孩的出生会给自身的既得利益带来损耗，害怕资源被抢和竞争（于志英，2019）。因此，排斥父母生育同胞二孩的可能性就会增大。而年龄较小的儿童他们的认知比较简单，希望能够获得陪他一起玩的同伴，所以他们更希望父母能够生育二孩。有研究也得到了同样的结论，4 年级学生比 5 年级学生更想要弟弟或妹妹（于志英，2019）。

（二）认知预期影响独生子女对同胞二孩出生的期望

认知过程决定选择偏好。二孩时代，父母与子女的沟通方式会影响独生子女对同胞二孩出生的认知。这种认知一方面可以是积极的，认为二孩的出生可以增加同胞互动，相互陪伴，相互友爱，形成这一认知的独生子女对同胞二孩出生的期望概率显著高于这一认知水平较低的独生子女，这验证了假设 1，支持了互动理论。而资源竞争假设只会增加独生子女对二孩出生的消极认知，特别是当父母在沟通时用二孩的出生来增加独生子女的竞争意识的认知时。研究结果表明，独生子女消极认知水平越高越不希望父母生育二孩，这也验证了假设 2，支持了资源竞争理论。

五、教育建议

（一）构建父母与独生子女的良好沟通，减少独生子女潜在的消极认知

是否生育二孩是家庭系统的重大决策，一般影响父母二孩生育意愿的因素更主要的体现在经济因素。然而，在父母决定是否生育二孩前，容易忽略当前家庭中独生子女的情绪。网络媒体报道了那些屡见不鲜的因为独生子女不能接受父母再次怀孕或不能接受二孩的出生而出现的一些极端行为。为什么会出现这样的情况？这些都值得引起父母的高度重视并进行反思。因此，如何在备孕二孩前跟一孩进行沟通显得尤为重要。一方面，沟通可以表现出在是否生育二孩这一问题上，对一孩的充分尊重，让一孩产生自己被重视的感知，特别是对于年龄较大的孩子，当他们体验到被尊重，就不容易在认知预期中对即将到来的二孩产生排斥。另一方面，沟通的时候要注意积极引导。二孩政策的实施在国家层面，是一件利国利民的好事，对于独生子女而言也是一件好事，可以在互动层面给独生子女带来陪伴、同胞情谊，以及如何学会与人相处等。而且父母要坚定地告诉孩子，即使有了弟弟妹妹，爸爸妈妈也一样爱他，还多了一个人来陪他，而不是家长以此来造势，让独生子女因担心竞争而顺从父母要求，制造潜在焦虑。因此，父母通过与独生子女的良好沟通，让独生子女对同胞二孩的出生产生积极的认知预期有利于增加独生子女对同胞二孩出生的期望。

（二）培养独生子女的适应性，提升独生子女积极认知的能力

由于长期适应了独生子女生活，家庭中如果有二孩出生，对独生子女而言是一个存在潜在竞争焦虑的事件。这种对潜在事件进行的认知称为心理预期，利用心理预期这一事前调节策略进行适应性认知训练能够有效地降低事件发生后对个体的影响（杨洁敏，张蜀，袁加锦等，2015）。培养独生子女的

适应性认知可以从三方面入手。首先，培养独生子女良好的心理品质。有研究表明，独生子女对二孩的排斥更多与个体自身的心理品质有关，如独生子女由于被溺爱而养成的自我中心、不懂分享、依赖性强和耐挫力低等。其次，培养独生子女同胞共情能力。可以从多渠道引导孩子加入二孩家庭的活动中来，培养孩子的共情能力，通过与二孩家庭的相处，可以使独生子女产生积极的情感体验。对于年龄较小的孩子，可以通过绘本阅读，引导独生子女对同胞二孩的积极预期；对于年龄较大的孩子，可以通过同伴交往进行引导。最后，提高独生子女社会化水平。社会学家认为人是社会的人，需要在社会生活中与他人互动形成特定的角色。独生子女政策实施 30 多年来，使得家庭中的独生子女都习惯了这一特定的身份和角色，但随着二孩政策的推行，独生子女角色必然要发生转变。因此，家庭要让独生子女充分认识到，家庭就是最小的社会结构，家庭中的第一个孩子也要在基本的社会化的过程中，学会接受有弟弟妹妹的现实，并学习做哥哥姐姐的角色（风笑天，2015）。

（三）营造良好的家庭教育生态，培养独生子女健康的家庭氛围认知

从子女成长的角度而言，父母等家庭成员之间的关系、家庭环境氛围、亲子关系、父母教养方式等都是家庭教育生态系统的主要构成部分。首先，父母要保持健康的婚姻关系。父母要学会解决夫妻间的冲突与矛盾，给独生子女营造良好的家庭氛围。有研究表明，父母的婚姻质量越高，儿童接纳自己同胞弟妹的程度就越高，即同胞关系越好（Szabo，2012）。越好的父母关系和家庭环境氛围越容易使独生子女获得安全感，并对家庭中的二孩出生产生良好期望。其次，建构良好的亲子关系。安全型亲子关系的青少年具有更高的同理心、宽容心、愧疚感和更低的嫉妒水平（Muller，Judd & Yzerbyt，2005）。良好的亲子关系会增加独生子女的安全感和同理心，对同胞二孩的出生更容易形成积极的认知和较高的期望水平。父母在与独生子女日常互动过程中要民主、有序，多鼓励和信任独生子女。父母要采用科学合理的教养方式，采用民主、正面的方式引导独生子女对同胞二孩的积极认知，从而以积极的心态迎接同胞二孩的出生。最后，拓展独生子女的同伴关系。良好的同伴关系有利于独生子女获得陪伴的愉悦感，减少孤独感。同伴关系的建构有利于独生子女对与同龄人交往的向往，有利于对同胞二孩的向往。父母要鼓励独生子女多与同伴交流、玩耍，积极创造机会为孩子建构良好的同伴交往氛围。

第三部分　二孩家庭一孩心理健康的理论分析

本部分旨在通过一定的理论基础，分析二孩家庭中一孩的心理健康产生的机理。本部分共分为两个章节的内容，第五章基于资源稀释理论分析二孩出生过渡期一孩心理健康形成的机理；第六章基于家庭环境理论分析二孩家庭一孩心理健康形成的机理。

第五章　二孩出生过渡期一孩心理健康形成机理分析

——基于资源稀释理论

【内容提要】全面二孩生育政策实施的初期阶段，家庭中二孩的出现容易使一孩将二孩视作既得利益的竞争者和原有中心地位的替代者，从而产生剥夺感、无奈感、不安全感、孤独感和失落感等心理问题。本章研究基于资源稀释理论，从经济资源、心理资源、社会资源和时间资源等维度分析了二孩家庭中一孩心理问题的影响机制。希望父母能够充分厘清一孩心理问题产生的原因，积极应对，构建良好的家庭育儿环境，促进一孩的健康发展。

一、问题提出

2016 年，我国实施全面二孩政策，结束了实施 30 多年的独生子女政策。对大多数人而言，新政策的实施来得有些突然，很多家庭并未做好准备，主要表现为两个方面：家长没有准备好和一孩没有准备好。研究者从家长是否准备好的角度研究了父母二孩生育的意愿和行为，结果表明，家庭中的经济资源、时间资源等是影响父母二孩生育意愿的主要因素（洪秀敏，朱文婷，

2017；李婷，苏俐，张星光，2015；穆滢潭，原新，2018；徐浙宁，2017）。然而，关于一孩是否准备好，已有的研究还鲜有探讨（钟慧萍，2016；陈斌斌，王燕，梁霁等，2016）。二孩的出生，对于一个家庭而言，一方面享受着新生命降生所带来的喜悦；另一方面却并未注意到家庭结构的改变给一孩带来的影响。家庭中原来的一孩发生了从“独生子女”向“非独生子女”的身份转变。众所周知，独生子女一代是时代与历史的产物，在过去30年多年对独生子女的研究中，几乎所有的研究都肯定了独生子女所享有的独一无二的经济资源和心理资源（徐浙宁，2017）。国外关于多子女家庭的研究表明，由于家庭资源的有限性，孩子数量越多，家庭中可分配给每个孩子的资源就越少，从而会影响他们的教育获得，甚至认知发展（Jaeger，2009；Downey，2001）。本章基于资源稀释理论，探讨二孩家庭中一孩心理问题产生的机理，在二孩政策实施之初为构建美好的家庭环境，促进一孩的健康发展提供分析框架。

二、资源稀释理论及其相关研究

二孩的出现对于整个家庭而言是一种压力生活事件，它会给一孩及整个家庭带来心理压力和威胁，容易导致家庭成员产生各种消极心理和行为变化（Stewart，1990）。弗洛伊德精神分析理论十分强调二孩过渡期，对于一孩来说，二孩的出生通常会使其经历一个创伤期（Freud，1946）。在出现二孩的家庭中，一孩会因为这一事件产生行为问题和心理不适应（Kramer，2002）。家庭资源的有限性是二孩出生后家庭首先要面对的压力源。Blake最先研究了家庭资源与孩子发展之间的关系，提出了将家庭资源分为家庭经济资源、社会资源、时间资源和心理资源（Downey，1995；Blake，1981b）。家庭的基本资源包括经济财富和父母的时间与精力（杨菊华，2011）。当一个家庭的资源有限，子女越多，资源被稀释的比例就越大，每个子女所拥有的资源就越少。多子女家庭由于资源的有限性，子女通常只能获得较少的教育资源（Anastasi，1956；Blake，1981b；Cheung，2003）。子女数量多，不仅对他们的认知能力具有负面的影响，同时对教育获得具有显著的负面影响，而这只能用资源稀释理论进行解释（Jæger，2009）。家庭资源对子女影响的研究大多集中在有限的家庭经济资源被多子女稀释，从而降低了每个子女所能享受的教育资源，特别是对于经济困难的家庭。然而家庭资源是一个全面整体的概念，包括经济资源、心理资源、社会资源和时间资源，以往关于家庭资源对子女影响的研究也仅仅局限于孩子认知能力的发展和教育获得，而较少关注家庭资源还可能对子女的心理产生影响，这种影响不仅仅是因为心理资源的稀释。同样，以往的研究中，对家庭资源有限性的考虑是平均分配到每个子女身上进行的讨论，这似乎是一个公平的话题，但就我国现阶段的独生子女而言，这似乎又是一个不公平的现象。独生子女政策的实施，虽然学术界对其褒贬不一，但它在不知不觉中，改变了中国普通老百姓长期以来的传统生育观念、生育文化，甚至生活方式（风笑天，2014）。独生子女政策实施了 30 多年，家庭中的一孩早已习惯了独生子女身份，习惯了独享家庭中的资源，二孩的到来，不仅会稀释他们本应享受的经济资源，还在其他方面稀释了禀赋于他们的其他资源，使得他们难以接受二孩这个不速之客，从而产生心理上的不适应。

三、不同类型家庭资源影响一孩心理健康的作用机理

家庭资源是多维立体的，不同的资源对一孩的心理健康可能会产生不一样的影响。但这些资源被稀释之后是如何影响一孩心理发展的？特别是在二孩政策实施之初，家庭资源的稀释是一孩在身份转变过程中产生特定心理问

题的机制之一。

(一)经济资源稀释的影响:“被抢走”的剥夺感

经济是一个家庭得以运行的基本保障,家庭资源的分配形式、每个子女获得的资源多寡取决于家庭财富的总量和家庭结构(Blake,1989)。研究表明,父母想不想生育二孩的影响因素中,家庭经济是主要的影响因素(洪秀敏,朱文婷,2017)。二孩的出生使得家庭经济资源被稀释,原本属于一孩的家庭物质资源会被二孩分享。这对生下来就被赋予全部家庭资源的一孩来说,使他们在心理上受到了冲击,从“拥有”到“失去”会使他们产生害怕、焦虑的心理。当独生子女面对即将出现的二孩时,害怕某种物品被抢走的人数占到了6.6%(钟慧萍,2016)。

1.教育资源难再精英化。经济资源对多子女教育投入的影响最大。兄弟姐妹的增多会稀释家庭中每个孩子获得的教育资源,并抑制孩子的教育发展(叶华,吴晓刚,2015;Lu & Treiman,2008;张月云,谢宇,2015)。在全民都非常重视教育的时代,教育是父母对子女最大的投资。不管是什么社会阶层的父母,都希望自己的子女不要输在起跑线上。一个家庭也许不懂什么是好的教育,但父母愿意为了孩子尽自己最大的努力,让孩子接受与同等条件下其他家庭孩子一样的教育,让孩子接受可能的最好的教育。特别是对中产阶层家庭而言,从幼儿园开始,他们就择名校、选名师,让孩子接受各种各样的才艺培训等。这里的每一笔花费都是一笔不小的支出。尤其是对那些已经接受过精英教育的孩子,如果因为二孩的出现,使他们不能再继续接受较好的教育,一孩就脱离了原有的优质教育环境和场域,从高处跌落,因此产生的所有不愉快,在一孩的心里需要寻找一个原因。这一归因容易指向于父母生了二孩。他们认为正是因为二孩的出现,抢走了本属于他们的一切,剥夺了他们独享一切优厚资源的权利,且这个新出生的小生命将会是他们在很长一段时间内的教育资源的竞争者,继而产生了危机感。

2.生活资源难再品质化。有研究表明,生活资源可作为社会分层的实际测量指标,生活资源的拥有水平反映着人的社会阶层(刘祖云,戴洁,

2005）。随着生活水平的提高，人们对生活资源的消费和需要总会在现有生活水平上力求品质的提高。计划生育时代的“优生优育”留给普通家庭的印象就是生育一个子女可以在生活上给予其足够好的照顾。当二孩出生后，由于家庭经济资源的有限性，必然要将现有的生活资源同样分配给二孩。甚至就整个家庭而言都会缩减开支，减少品质化支出，多了必需化的消费。对一孩而言，他的吃、穿、住、用、行等方面较二孩出生前，均受到影响。通过与其他同龄的没有生育二孩的家庭中的一孩相比较，他们失去了原有的自信和优势，他们不能再随意买吃的，不再炫耀家长又给他们买了什么玩具等。一孩容易因此产生自卑的心理，他们甚至会妒忌那些家里没有生育二孩的同伴，从而在学校产生学习和行为问题。原来可以很容易实现的小愿望，现在因为二孩的出现，原有的一切对现在的他们来说显得有点奢侈，甚至有点不合理。他们或许向父母抗争过，但父母也无奈，因为家里的经济能力有限；他们或许没有向父母抗争过，因为他们认为，他们不再是父母的唯一。他们把这一切都怪罪在二孩的出现上。有研究指出，当一个人的生活资源能够满足其基本需要，生活状况就正常；当一个人的生活资源不仅能满足基本生活需要，还能满足更多的需要时，那么其生活状况就是优裕的（古洪能，金禹，2017）。由于二孩的出生，一孩从优裕的生活状况，回到正常的生活状况，容易产生“被剥夺”的不适应心理。

（二）时间资源稀释的影响：“被替代”的无奈感

儿童成长的生命历程，离不开父母长时间的陪伴。有研究表明，时间压力与经济压力一样，影响着父母的二孩生育意愿（张勇，尹秀芳，徐玮，2014）。Kimmel 和 Connelly 研究发现，母亲照料孩子的时间随子女数量的增加而增长，这在中国更为明显，照料未成年子女的任务通常落在母亲的肩上。然而一个人的时间是有限资源，既不可重复利用，也不可再生（郑真真，2017）。二孩出生后，父母抚养一孩所消耗的时间资源将会减少。

1. 与父母单独相处的时间难以被保证。陪伴是亲子交流最简单有效的方式。有研究表明，二孩出生后，父母陪伴一孩的时间减少。也有很多父母对此感到愧疚，自从生了二孩以后，他们已经很少有时间单独陪伴一孩。儿童期亲子关系是其社会与心理能力发展的基础，安全的亲子关系有助于一孩积极面对同胞出生所引起的压力（Hart & Behrens，2013）。当父母陪伴的时间难以保证时，一孩容易产生不安全感。在无父母陪伴的时候，他们一方面失落难过，另一方面又不得不接受或直接面对父母陪伴二孩时的快乐时光。如果这种情况经常出现，一孩容易感觉自己是家庭中多余的分子，甚至有的一孩会表达说“二孩才是和你们一家的，我是多余的”。但他们又无力挣扎，改变不了二孩存在于这个家庭中的事实，一孩认为自己被二孩所替代，他们感到无奈，有的孩子甚至忍受不了，通过一些出格的行为引起父母的关注。

2. 与父母单独相处的时候难免被干扰。在独生子女时期，一孩是家庭的中心，父母与一孩相处的时间充足，且父母时时刻刻的陪伴让一孩非常具有安全感。父母在一孩需要的时候出现，养成了安全型依恋的亲子关系。当二孩出生后，由于父母的时间资源被稀释，一方面难以保证有足够的时间陪伴一孩，另一方面，即使在单独陪伴一孩的过程中，由于二孩年幼，父母也会经常性地挂念着二孩，或是当二孩有需求时，父母有可能立马就不再属于一孩。因此，一孩常常用一种退行性的行为来保护这种失去。让自己成为父母的一个小麻烦，让自己成为一个长不大的小孩，他们可能表现出类似婴儿或者较低年龄段儿童的行为，其目的是得到父母的关注和奖赏（Wagner，1998）。他们认为这样就能够与二孩在父母陪伴时间的竞争上居于同等重要的位置，从而获得父母的陪伴。诸多的研究显示，一孩的退化行为随着第二个孩子的出生而迅速出现（Dougherty，Smith & Olino，et al.，2013；Dunn & Kendrick，1982）。

（三）心理资源稀释的影响：“被抛弃”的孤独感

家庭中的心理资源与物质资源是相联系与统一的。以往的研究大多集中于物质资源稀释对多子女家庭中一孩的影响。父母与幼儿之间建立的情感纽带是幼儿社会和情绪能力发展的重要基础（Bowlby，1969）。该理论也可以解释二孩家庭过渡过程中儿童的心理发展情况（Bowlby，1969；Whiteman et al.，2011)。父母的爱与关注是子女所能体验到的最主要的心理资源。

1. 爱与关注不再聚焦。父母对独生子女的关注被称为聚焦性关注。形成聚集性关注的影响因素主要是家庭中仅此一子女，无人可替，唯一子女是家中关注的中心。聚焦性关注是独生子女父母与非独生子女父母与孩子关系的主要区别（陈一心，王玲，2006)。曾经独享父母关注的一孩面对关注被二孩分享，容易产生情绪失控和行为问题。马斯洛的基本需要理论表明，爱是人类的基本需要。美国心理学家莱蒙在《排行学》一书中就“出生排序对性格的影响”做过系统分析：从心理层面来讲，每个人都想得到更多的爱与关注，孩子也会本能地想办法保护自己的既得利益。在一个家庭中，父母对孩子的关注是爱的指向性聚集。获得父母聚集性关注的儿童有着强烈的归属感和安全感（陈一心，王玲，2006)。由于二孩的出生，父母的注意力需要分配一部分给二孩，一孩敏感地察觉到父母对自己的关注被分配，他们在家庭中的中心地位不保，由于二孩更为年幼，需要耗费父母更多的注意资源，这使得指向于一孩的关注减少，影响了一孩对父母关爱的知觉。从中心位置到被边缘位置化，既得利益难以保障，一孩体验到的是不安与被抛弃、被替代的感受。

2. 爱与关注不再及时。在独生子女时代，一孩因为没有第二个孩子排挤他在父母心中的位置，父母总是通过无微不至的照顾表达着对他的关爱（陈一心，王玲，2006)。一孩享受着随时随地的照顾，独享着父母的爱护，他的需求总能够及时得到满足。这种正性的积极的反应，强化了一孩对父母的爱的感受就是有求必应，从而具有强烈的归属感和占有感。而当二孩出生后，由于父母的精力有限，在照顾多子女时，常常发生时间资源竞争。一孩的需求难以得到及时满足。固有的情感联结与依恋关系得不到及时强化，一孩开始怀疑父母是否还爱自己，是否把对自己的爱全部给了二孩。这时由于二孩的出生，一孩体验到父母对自己的爱不再及时，因而产生负性情绪的强化。这样会使他们产生父母归属感危机，认为父母不再关爱他们，他们也不再是父母的唯一，他们的身份与关注被二孩所排挤，从而产生强烈的孤独感。

（四）社会资源稀释的影响："被忽视"的失落感

人际网络理论认为，社会关系是影响身心健康的关键原因（李建新，2007）。人际网络影响个体心理健康的主要机制有三个：社会支持理论、社会规范理论和资源获取理论（姚远，张顺，2016）。通常我们所说的家庭是指原生家庭，原生家庭包括父母及子女两代人。在中国，家庭通常与一个家族及亲朋好友相互关联。虽然在经济上，每个原生家庭与其他人之间相互独立，但在其他方面，他人对一个家庭的影响较大。在一个家庭中，对独生子女的关注是聚焦性的，与家庭有关系的其他人，也常常给予一孩以肯定和无条件地支持与关注。当二孩出生后，由于社会资源的有限性和选择性，本应支持一孩的社会资源被稀释。

1. 物质支持被区别。虽然物质上的过度满足不利于儿童心理的发展，但儿童的思维较简单，用来判断一个人喜不喜欢他，常常是看这个人是不是经常给他带来物质上的满足。独生子女时代，一孩是家庭中的焦点，所有的人都围绕着他。除了父母，爷爷、奶奶、叔叔、阿姨，父母的亲戚朋友对一孩也常常是有求必应，或者经常赠送一些礼物，以表达对一孩的爱。一孩在收到礼物时，所体验到的快乐强化了他的认知。而当家里有了二孩之后，这些与家庭有关的社会资源与一孩的互动通常变得具有选择性，因为这个家庭中有了两个孩子，当两个孩子都可以进行互动时，提供社会支持的人通常会对其提供的资源进行选择与分配。同样是收到礼物，一孩的心思很敏感，即使被赠予相同的礼物，一孩也会在心理上产生不满足，"凭什么二孩一生下来就拥有和我一样好的礼物"；若是礼物不一样，一孩更会在心里难以承受，总觉得二孩的礼物比他的要好；最难过的是，二孩有礼物，而一孩没有礼物时，一孩简直失落到了极致。在认知层面，他会感觉世界一下子都变了，原来那些围绕着他的人，忽视了他的存在，不再看到他的需要，不再爱他，而只爱二孩，只关心二孩需要什么。他们产生了妒忌与敌意，他们也会产生回避行为，与那些本来互动融洽的社会资源产生主动性隔离。

2. 情感支持被忽视。情感支持有助于儿童的精神健康（肖莉娜，梁淑雯，何雪松，2014）。情感支持是社会资源存在的另一社会功能，它比物质支持更容易且更频繁地发生。一孩在独生子女时期，不仅享受着父母独有的爱，也受到来自其家庭以外成员的宠爱。他们用言语和非言语的方式表达着对一孩的关爱与喜欢，他们甚至调和着家庭中父母与子女之间的矛盾。二孩出生后，吸引了更多与家庭有关的社会他人的注意。他们争抢着逗弄二孩、拥抱二孩、夸奖二孩，全然忘记了一旁等着他们关注和交流的一孩。一孩开始黯然神伤，久而久之，和二孩在一起时，家里来客人、路上遇熟人，他们会自动躲避，不愿意与人搭话。他们“被忽视”的心情油然而生。有的儿童为了吸引关注，甚至出现一些退行性行为，他们哭闹、发脾气，故意人来疯，甚至欺负二孩。即使引来的情感与关注是负面的，他们也会洋洋自得，乐此不疲。有研究表明，来自朋辈的情感支持会降低大学生的不安和抑郁水平，有利于大学生的心理健康（胡文燕宗，像恒次，杨文洁等，2011）。若一孩的情感支持得不到满足，他们容易产生焦虑、不安和被忽视的心理，不利于其健康成长。

四、结　语

家庭是儿童成长的生态环境，根据生态发展观，儿童的心理与行为是人与环境相互作用的结果，生态系统中不同子系统的相互作用促进了人的发展（桑标，席居哲，2005）。生命早期的教育与经历对儿童日后的成长具有决定性的影响，家庭作为儿童最重要的生活、生长环境和社会支持系统，对儿童的心理健康水平具有重要的作用（杨芷英，郭鹏举，2017）。Magnusson 和 Stattin（1998）根据“人—境交互作用论”提出人的心理发展受环境因素和个体因素的共同影响。二孩时代，二孩家庭结构发生了改变，家庭环境的复杂性相比于独生子女家庭显著增加。家庭中二孩出生后，由于家庭资源被稀释，一孩容易出现一些心理问题。就一孩本身而言，他们乐于接受二孩的到来，但由于家长在二孩出生后，对家庭的经济资源、时间资源、社会资源分配不当，容易使一孩将二孩强化为既得利益的竞争者，以及原有家庭中属于一孩的中心地位的破坏者。一孩产生的不安与焦虑、剥夺与失落，其实缘于家庭中父母与他人在二孩出生后所表现出来的行为反应。因此，要想减缓二孩出生后一孩出现的心理问题，家庭才是一孩心理健康“自我”修复的原动力。家长要对经济资源、时间资源、社会资源和心理资源等方面的分配做出科学合理的规划与调整；同时，要积极关注一孩的需求与表现，善于引导孩子，培养孩子学会分享，积极参与同胞互动，养成健康良好的心态。家长要在一孩与二孩之间搭建平衡状态，不能顾此失彼，应做到“顾稚子，勿忽长”。

第六章　二孩出生过渡期一孩心理反应形成机理分析
——基于家庭环境理论

【内容提要】全面二孩政策实施初见成效，促进了很多家庭生育二孩的行为。二孩出生后，家庭结构、家庭氛围、家庭关系等方面都会发生变化。这些变化对一孩来说容易构成压力体验，使他们产生不适应。本章基于家庭环境理论，从家庭结构、家庭关注点和家庭氛围三个维度的变化，分析一孩产生心理反应的机理。最后从构建良好的父母—子女关系、创设良好的家庭氛围、帮助一孩学习新的社会化能力三个方面提出对策，以期帮助一孩顺利渡过二孩出生后的过渡期，建立良好的心理反应机制，构建和谐家庭，进一步推动二孩政策的实施。

一、问题提出

随着全面二孩政策的推行，越来越多家庭中的一孩将会面临弟弟妹妹的出生。而对于在一个家庭只能生育一个孩子的计划生育政策实施了 30 年多年的中国，家庭中第一个出生的孩子早已适应了他们作为独生子女的中心地位。在大多数家庭中，已经形成了稳定的父—母—子三者之间的核心家庭结构，独生子女是这一家庭结构中的核心。这在一定程度上体现了一孩成长过程中的优势视角——资源独享，关系简单且稳定。针对独生子女的研究表明，这种家庭对一孩的养育会存在几个方面的不足，一是家庭往往为独生子女提供超出平均生活水平的物质待遇，从而容易形成独生子女自我中心的自私心理；二是家庭对独生子女教养方式往往存在宠溺模式，从而使一孩在认知和遵守社会规范时产生障碍；三是这种家庭中的孩子从小缺少童年伙伴关系和天然的集体环境，因而容易产生非正常的心理早熟等现象（韩玉蓉，2006）。全面二孩政策的放开，使得一孩需要在成长过程中，突然地接受一个和他具有同等重要位置的家庭成员。许多临床心理学家和理论家认为，一孩在这一过渡期将会产生较大的压力和成长过程中的发展危机（Dunn，1988）。因为二孩的出生首先改变的是家庭结构，以及家庭中父母与子女的关系。对于一孩而言，由于二孩的出生，家庭中父—母—子的三角形关系变成了父—母—子—子之间的多维关系，这些变化可能会给一孩造成心理和生活中的压力，从而使他们在这一时期产生难以调整和适应的心理反应。在许多家庭中，由于二孩的出生，家庭环境的质量会有所下降。Kowaleski-Jones 和 Dunifon（2004）在研究中指出，由于二孩的出生，一孩的情感支持会显著下降，甚至有研究者指出，二孩的出生对家庭环境的影响可能会和父母离婚产生同等的效应（Me-naghan & Parcel，1995）。二孩政策的推行有利于国家人口结构的调整，有利于社会的发展。但在面临二孩出生的过渡期，了解家庭环境对一孩产生的心理反应有利于对其进行适时调整，以保证在二孩政策推行的过程中，提前关注一孩的心理健康。有研究表明，在二孩出生前的孕产期，父母增加对一孩的情感支持有利于避免与一孩产生的亲子关系的中断（Richardson，1983）。

二、家庭环境理论及其相关研究

家庭环境是由家庭成员生活的社会氛围和心理道德观念构成的。家庭环境是个体最早接触的微观系统，在这个微观系统中，父母与子女的关系相互影响（Shaffer & Kipp，2007）。国内外研究者对于家庭环境没有一个明确的定义，但对家庭环境的测量维度从不同的视角有不同的测量内容。有研究者从家庭的内在稳定性、社会经济地位、支持和冲突维度测量了家庭环境对青少年心理调适的影响。结果表明，家庭环境是青少年心理调适的显著预测变量，特别是家庭关系对青少年的积极心理特征具有一定的重要性（Sbicigo & Dell'Aglio，2012）。有研究者将家庭环境划分为家庭物质环境和家庭精神环境。家庭物质环境主要指家庭物理环境、家庭经济环境、家庭噪音环境、家庭文化环境等；家庭心理环境主要指家庭心理氛围，如父母对子女的教养方式、对子女的教育期望、家庭结构、家庭成员间的关系、父母的文化素养等（鲍立铣，魏龙华，2001）。也有研究者在对独生子女社会化的家庭影响因素的研究中提出，家庭的结构模式、经济状况、亲子关系、教养方式等家庭环境对独生子女社会化的影响（韩阳，于辛瑞，2018）。蒋逸民（2007）通过对国外中小学生家庭环境影响因素的文献综述研究，将家庭环境从三个层面进行划分：家庭环境的结构维度、家庭环境的参与维度和家庭环境的资本维度。有研究者在研究中测量了家庭的基本环境对儿童情绪调节的影响，包括家庭的嘈杂度、家庭社会经济地位和家庭结构，以及家庭互动。结果表明，家庭结构和互动对儿童情绪调节具有显著的影响（刘航，刘秀丽，郭莹莹，2019）。也有直接针对家庭环境的问卷测量，考察其对子女多个方面的影响。在家庭环境的研究中，不管是从哪个角度进行划分，都离不开两个重要的构成部分，一是家庭结构环境，包括家庭规模、人员构成以及家庭经济状况；二是家庭互动环境，包括亲子关系、兄弟姐妹关系和教养方式。二孩时代，从家庭结构到家庭互动，摆在一孩面前的家庭环境发生了变化。研究认为父母关系，居住迁徙，弟弟妹妹的出生等这些家庭和社会环境的变化会引发儿童的问题行为（Cavanagh & Huston，2006；Bernardi，Harkonen & Boertien，et al.，2013）。

三、不同家庭环境变化影响一孩心理反应的分析

家庭环境既简单又复杂，简单是因为仅在一个家庭内部发生，复杂是因为家庭中的所有因素皆是环境中的内容。国外研究指出，家庭环境对有同胞手足的一孩影响较多，国内由于“一对夫妇只生育一个孩子”的计划生育政策，使得绝大多数家庭中的孩子都是独生子女，没有同胞手足，关于家庭环境的研究也多集中在其对独生子女各个方面影响的研究。全面二孩政策实施一段时间以来，很多家庭生育了二孩，家庭结构发生了变化，家庭的关系也不再单一，这对一孩的心理反应会产生一定的影响。

（一）家庭结构变化的影响：一孩的拓扑场域被打破

场域是诸种客观力量被调整定型的一个体系，是某种被赋予了特定引力的关系构型，也是一个冲突和竞争的空间（布尔迪厄，华康德，2015）。二孩的出生首先导致家庭结构的变化，由之前的三口之家，转变成了新的四口之家。由于家庭结构的变化，一孩日常生活的场域中突然多了一个小生命，这对他们来说是重大的生活事件，生活场域发生了变化。有研究表明，弟弟妹妹的出生容易引起一孩的心理问题与行为问题（Cavanagh & Huston，2006）。

1. 一孩的家庭生态系统平衡被打破。家庭是建立在生物属性基础上的社会“微组织”，是父母与子女形成的团体（费孝通，1981）。家庭是一个生态系统，自从一孩出生以后，家庭的生态系统由原来年轻夫妇的两口之家，变成了拥有一个子女的三口之家。在这个生态系统中，一孩显然是家庭生态系统的关键构成环节。一孩出生后，家庭的一切活动都在这个生态系统下井然有序地开展了若干年。一孩也在这个系统中逐渐形成了自己的生活方式、生活习惯，日常所能触及的范围在他的生活世界里形成了一个重要的场域。一

个人形成的场域，通常是处于各种相对位置之间的一个客观的关系网络，是由场域中的每个人按照一定的逻辑要求共同建设的。在家庭中，一孩所形成的生态场域就是与父母的关系场，当二孩出生后，在一孩的场域系统中增加了互动对象，家庭生态系统进一步扩大和延展，他们原有的父母—子女的平衡被打破。在短暂失衡的状态下，一孩更容易产生生活与心理上的不适应，为了获得新的平衡，他们通常会做出一些特别的行为来防御这种焦虑与不安，这就导致了儿童的问题行为或心理问题的产生。因此，生活中或媒体报道出来的典型事件并不是个别现象，而是在这一特定阶段，一孩所表现出来的防御性反应。

2. 一孩稳定的父—母—子关系被重构。处于童年期的长子女能否完成角色转变带来的挑战似乎更加令人关切（刘婷婷，2017）。有研究表明，二孩出生后潜在地改变了家庭中的其他方面，如一孩与父亲和母亲的关系（Volling，2012）。二孩出生不仅意味着家庭规模、家庭结构发生了变化，由之前的三口之家扩展为四口之家，同时意味着家庭关系格局开始复杂化。在家庭生态系统中，不仅存在着夫妻关系、亲子关系，还存在着同胞手足的关系。家庭系统理论认为，家庭成员之间的关系有一种有机联结，相互渗透、相互影响，任何一个部分的变动都将引发其他部分以及整体系统的关联反应（Bowen，1974）。二孩出生后，迫使原有的亲子关系做出改变（刘婷婷，2017）。一方面，二孩出生后，一孩与父母的亲子关系不再稳定不变，经常受到父母与二孩互动的影响。从时间层面而言，由于父母需要与二孩互动，与一孩的亲子互动必然减少，这就可能对与一孩的亲子共处产生影响，从而使一孩产生心理失衡与焦虑；从情感层面而言，父母与二孩的互动可能会减少与一孩情感互动的需求和质量，在与父母相处时，一孩能够敏锐地觉察到这种变化，从而产生不安全感。另一方面，父母与一孩的亲子关系也会受到一孩与二孩的互动关系的影响。在父母的思想意识中，两个同胞兄弟应该相亲相爱、互相喜欢，甚至有很多父母认为二孩年幼，一孩更应该懂事，照顾礼让弟弟妹妹。一旦存在这样的想法，当一孩与二孩在互动过程中产生冲突与矛盾时，父母与一孩的互动交流就会出现不良反应，从而影响一孩与父母亲子关系的质量。而同胞之间的互动将会长期延续，父母如果处理不当，会增加二孩出生后家庭关系场域中一孩的心理场域的失衡。

3. 一孩作为“兄长”的社会责任被加强。二孩出生后，家庭中个体的角色和功能被重新分配。一孩由家庭中的独生子女和唯一的孩子转变成了家庭中二孩的“哥哥或姐姐”的身份。虽然由于刚出生的二孩可能会引起一孩的嫉妒和竞争，一孩容易对二孩心生一些不愉快，也可能使同胞关系受损（Hashim & Ahmad，2016），但这并不妨碍一孩作为“兄长”的角色在父母和社会他人心目中的定义。有些家庭，甚至在生育二孩之初父母就设想了一个兄弟姐妹和谐共处、相互帮助、共同成长的美好画面。在中国古代，有长兄如父的传统思想。而这一思想，虽然随着时代的进步被逐步淡化，但有研究表明，对于年龄较大的一孩来说，面临着显性的和隐性的一孩身份即是“兄长和家长”的身份。一孩在家庭中被要求具有哥哥姐姐的行为规范，要在日常行为中起到表率作用。甚至很多时候要帮忙照看弟弟妹妹，帮助弟弟妹妹学习一些他们尚未接触过的事物，“哥哥姐姐”是一孩第一个具有相对重要地位的角色。而在隐性层面，由于父母日渐年迈，特别是对于那些一孩和二孩年龄相差较大的家庭而言，当父母老去，二孩还未长大，一孩对二孩在情感和道德上不仅仅是一种兄弟姐妹之亲情，还隐含了一丝类似于父母与子女之间的养育之情（陆杰华，韦晓丹，2017）。就连在《中华人民共和国婚姻法》中都有规定，有负担能力的兄、姐，对于父母已经死亡或父母无力抚养的未成年的弟、妹，有扶养的义务（全国人大法规库，2005）。这无形之中增加了一孩的社会压力，特别是对于年龄较大的一孩而言，成年后的焦虑被提前支取，这容易引起他们心理上的不适。当前二孩家庭中的一孩与传统多子女家庭中的一孩对弟弟妹妹的接受程度也不一样，传统多子女家庭中的一孩较早地接受了父母给他所树立的哥哥姐姐的角色，能够自然而然地适应他的身份。全面二孩政策实施之初，很多家庭并没有计划要生育二孩，也没有提前注重培养一孩的哥哥姐姐角色意识，因此突然之间多了一个弟弟或妹妹，对一孩来说是难以适应的，更不用说还要承担由这个角色而带来的社会责任。

（二）家庭关注点变化的影响：一孩的中心位置被弱化

二孩出生后，家庭关系中除了出现了亲子关系竞争外，最为明显的是一孩在这个家庭中的中心位置发生了变化。一孩由独生子女期间全家人的关注中心到二孩出生后被关注的核心被弱化，他们在这期间经历着冲突与矛盾，失落与妒忌。

1. 一孩在家庭中的中心位置被转移。一孩在独生子女时期，享受的是家庭的聚焦性关注（伏干，2019），他们处在关注的聚光灯下，全身闪耀着自信与满足。在与父母的亲子关系建构中，形成的父—母—子的关系简单且稳定，父母都会围绕着他形成互动关系。然而二孩出生后，家庭中的三角结构变得多维且复杂，父母的关注点从一孩身上转移到二孩身上，在家庭中形成了两个子女的双中心化。这本应是一种平衡，父母将子女同等对待，但对一孩而言，他们从聚光灯似的家庭中心，慢慢过渡到双中心，由明到暗，即使从光学原理讲也要经历一个适应期，何况对于其长久形成的自我中心化的心理体验。这个时候，父母通常也不能很好地认识到一孩的心理变化，以及一孩接纳二孩成为双中心的时候需要的认知过程。父母在一孩还是独生子女的时候并没有把“不能将孩子作为家庭的中心”这句话放在心上，当二孩出生后，他们发自内心地认为二孩出生分散了一孩的中心地位，是为了一孩好，是正常现象。殊不知，在一孩已有的成长岁月中，由于父母的过度关注，一孩已经在心里留下了难以改变的刻板印象——我就是家庭的中心，现在中心位置的偏移和失去都是因为二孩的出现。他们会把认知失调后的情绪发泄到二孩身上。如果说，双中心中的一孩还能够接受中心位置被分享，但在有些不当处理一孩、二孩关系的家庭中，二孩出生后，父母会将所有的关注点都齐刷刷地聚焦到二孩身上，这不仅强化了一孩与二孩的隔阂，也不利于二孩的成长。在二孩出生后的一段时间内，父母会因忙于照顾这个孩子而在一定程度上减少了对第一个子女的关注，特别是母亲与长子女互动的主动性可能会显著降低（刘婷婷，2017）。

2. 一孩在家庭互动中的情感支持被差别。有研究表明，在二孩出生后，一孩从父母那获得的情感支持会显著下降（Kowaleski-Jones & Dunifon，2004）。在家庭互动中，亲子关系本来就是一个难以把控的情感联结。手心手背都是肉，每个孩子都是父母的心头肉，但在处理问题时，很难有父母能够将一碗水端平。有研究表明，在许多家庭中父母不可能完全一样地对待家庭中的每个孩子（Jeannin & Vanleeuwen，2015）。一孩由于长期获得父母的情感支持，即使在二孩出生后，他们对父母情感支持的期待仍然很高。但是当与二孩发生冲突时，父母会根据子女的年龄特征、长幼特征等不同方面，表现出不由自主的差别对待。有研究指出，父母的差别对待，包括生活待遇上的差别和父母处理同胞之间冲突的差别，往往是引起同胞之间冲突的直接诱因（陈斌斌，赵语，韩雯等，2017）。二孩还未出生前，父母对一孩的情感需求通常是有求必应，当二孩出生后，原有的情感联结和依恋关系得不到及时强化，一孩容易产生负性情绪体验，一孩在情感支持层面，会发生纵向地同自己曾经获得的支持相比较。从最初的无时无刻地、从不间断的情感满足，到二孩出生后，唯有通过竞争表现才能获得父母的关注和支持，这在心理上形成了较大的自尊受损的消极体验。同时，一孩也会在横向上，产生同胞间的比较，当发现父母对二孩的关注远甚于自己时，将产生极度的失落感和竞争感。一孩通常将二孩作为自己从父母那里获得情感支持的竞争者，他们希望能够得到父母更多的关注，这样父母对二孩的关注就有可能会减少（Mchale，Updegraff & Jackson-Newsom，et al.，2000），这使他们获得心理上的满足感。有研究甚至指出，由于二孩的出生，一孩降低了对父母依恋的安全感（Teti，Sakin & Kucera，et al.，1996），相反父母还增加了对一孩的控制、禁止、严厉命令和对抗等（Baydar，Hyle & Brooks-Gunn，1997；Doss，Rhoades & Stanley，et al.，2009）。

3. 一孩在日常生活中的物质满足被缩减。家庭经济因素是影响父母生育二孩的首要因素。当一个家庭中新增了人口，而家庭总体收入难以在短时间内增长时，每个家庭成员的物质生活质量将会受到一定程度的影响。独生子女时期一孩可以独享家庭中的资源，特别是物质资源，对于独生子女而言，父母通常都会最大程度地满足他们的物质需求。二孩出生后，日常生活开支大幅增加，原有的关于家庭的日常开支不同程度的发生缩减，这对成人而言，尚且可以理解，可对于一个习惯了以往生活方式的一孩而言，他们不能够理解，也不太能够接受他们的物质要求被限制，从有到无更容易使一孩产生心理上的不适感。马斯洛的需要层次理论指出，生存需要是人的第一需要，包括吃、穿、住、行。一孩的物质需要被缩减，他们会认为是由于二孩的出生而导致了他们连最基本的需求都不能被满足，甚至是剥夺了他们原有的权利，这就会产生剥夺感。他们会因此迁怒于二孩，迁怒于父母的决策，从而做出一些极端的，或是退行性行为，以引起父母的关注以满足其需求。对于一孩而言，他们还会产生同伴比较，那些与他们同龄的孩子，由于父母没有生育二孩，他们的日常消费没有受到影响。在比较中，一孩发现了消费差距，他们变得不再自信，甚至可能有些自卑。因为父母的二孩生育，他们失去了本应属于他们的在同伴比较中的优势，因此会出现情绪低落等心理反应。

（三）家庭氛围变化的影响：一孩的生活环境被挑战

有研究表明，二孩出生后，家庭环境的质量会下降（Volling，2012）。家里新增了一员，必然会占据一定的空间环境，也会因为二孩的出生家里多了一个需要被照顾的对象，父母容易顾及不到一孩的感受，一孩原有的常规生活将被打破。

1. 一孩的日常生活环境变嘈杂。在二孩刚出生的将近一年里，由于家里新添了一员，产妇和婴儿都需要人照料，这个时候非家庭成员就会增多。有的家庭会雇用月嫂或保姆帮忙照顾，原有的三口之家的拓扑场域被打破，这对一孩来说非常的不适应。即使不请月嫂或保姆来帮忙的家庭，也会请家中的长辈来帮忙，家庭环境噪声增加。家庭环境嘈杂度是重要的家庭环境物理特征的反映，包括家庭环境中的噪声大小、拥挤程度以及家庭环境的组织性与条理性（曾从周，赵振国，刘文博等，2014；刑晓沛，李苗苗，阴桐桐，2018）。由于新生儿的出生，家庭噪声增大；由于新生儿的出生，家庭中非家庭成员增加，拥挤程度增加；由于新生儿出生，家庭中的常规秩序被打乱。这一时间一孩很难适应，容易产生情绪化反应。在高嘈杂度和低秩序性家庭环境中，儿童的情绪和行为常常难以调控。有研究者认为，一方面，可能是在这种情境中，儿童对日常的渗透于生活中的隐性和显性的家庭规划难以遵守；另一方面，在这种家庭环境中，家庭成员之间更倾向于获得消极的反馈信息（Kowaleski-Jones & Dunifon，2004），并以消极的方式处理与加工（Valiente，Lemery & Reiser，2007）。如果这时候，有关一孩言行方面的事件反映到父母面前，容易激怒父母，从而影响父母处理问题的态度，进一步影响亲子关系，使得一孩不能理解，也难以控制自己的情绪和行为，形成一个不良循环，影响一孩的心理健康。二孩会在很长一段时间内需要人照顾，父母在这一段时间内也很少会关注到家庭环境中的组织性和秩序性。生活环境的嘈杂不仅是噪声层面，还体现在环境中混乱的秩序方面。这些都可能会给一孩造成心理上的不适。

2. 一孩的日常生活空间被挤占。日常生活空间包括“日常生活”和“空间”两个部分。其中，日常生活是指人们每天都重复进行的，带有一定地域文化特色的生活。空间是指人们生产或创造的各种场所（潘可礼，2016）。对于一孩而言其在家庭中的日常生活空间就是其家庭中居住的空间。可以将一孩在家庭中的日常生活空间分为居住空间、学习空间和活动空间。由于二孩的出生，一孩的居住空间可能发生变化。一种情况是在二孩出生前，一孩可能与父母共处一室，但由于年幼的二孩需要父母更多的照顾，一孩不得不从父母的房间中搬出来，独自居住一室，甚至与爷爷奶奶同住；另一种情况是一孩之前可能拥有自己的房间，由于二孩的出生，家里添置了很多物品，一些不太常用的物件可能就会被安排到一孩的房间，占用了一孩所住卧室的空间。也许一孩对空间的概念不是很强烈，但对环境的变化却十分敏感，特别是从父母房间搬出，从心理上会经历一段时间的“断乳期”，难以适应，而当休息的空间挤满杂物，也容易引起一孩的不舒服感。学习需要一个安静舒适的空间环境，但由于二孩出生后，家庭环境中的噪声环境增加，一孩在学习时，容易受到噪声的干扰，影响其学习时的情绪。有的家庭，一孩甚至没有固定的学习房间，只能在公共区域学习，环境噪声大，还不停有人走来走去，严重影响一孩的学习环境和学习状态，从而使其生成不良的情绪反应。由于二孩的出生，家庭空间的人均面积减少，一孩的活动空间也会减少。当二孩需要的玩具越来越多，需要的空间越来越大时，一孩的活动空间被挤占的比例就越来越大。当二孩的生活用品在家中随处可见，有时候一孩只能退避到自己的房间进行活动。这些都可能会引一孩的不满与情绪化反应。

3. 一孩的日常生活惯习被破坏。惯习通过将过去的各种经验结合在一起的方式，每时每刻都作为各种知觉、评判和行动的母体发挥其作用，从而有可能完成无限复杂多样的任务（Bourdien，1998）。惯习就是某种习惯性行为与倾向。一孩在家庭中的日常生活惯习被破坏可以从四个方面进行分析。第一，表现在饮食方面。民以食为天，儿童期对吃有着异乎寻常的兴趣，而且对营养的要求也很高。二孩出生前，父母有时间、精力照顾到一孩的饮食，他们精心为一孩准备一日三餐，还时不时会带一孩到外面去吃他们喜欢的食物。二孩出生后，父母在时间和精力上都显得十分有限，他们疲于工作与照料更小的孩子，虽然也是准备一日三餐，但往往容易忽略一孩的喜好与营养。再加上二孩从喂食到学会自己独立吃饭，这中间要经过很长一段时间的学习与适应，同在一个饭桌上，二孩笨拙的吃饭场景也会影响到一孩吃饭时的感受。第二，表现在学习方面。学习是一孩生活中的一种常态，特别是对于中小学生而言，每天放学回家都会有一定的家庭作业时间。在二孩没有出生前，父母通常陪伴、辅导、检查一样不会少；二孩出生后，父母对关注一孩学习的时间投入变少，甚至只在形式上参与了一孩的学习，每天只是简单问问作业写了没有。甚至有一孩反映，他们很难安静地学习，因为二孩会时不时的调皮地来找哥哥姐姐玩，这样影响了他们的作业质量和效率。长此以往，不仅影响一孩学习时的情绪状态，也会影响一孩的学习成绩。第三，作息时间方面。有研究表明，在二孩出生的过渡期，一孩容易出现睡眠问题，包括入睡准备时间增加、易醒等（Field & Reite，1984）。人对休息的环境通常具有一定的要求，如安静、舒适。二孩出生前，一孩基本形成了一定的适合自己的作息规律和环境，父母也会在固定的时间点提醒一孩休息，并为他们准备好温馨舒适的休息环境。二孩出生后，特别是当二孩仍在婴儿期，父母忙于照顾二孩，对一孩的作息规律要求放松，有时疏于提醒，影响了一孩的作息规律和生物节律。有时候，也难免由于二孩的深夜啼哭吵醒一孩，影响了一孩的睡眠质量。如果不加注意，时间一长，容易影响一孩的身体健康，也可能会引发一孩的睡眠问题。第四，同伴交往方面。有研究表明，有弟弟妹妹的一孩在二孩出生后的6个月和更长的过渡期，他们的同伴交往能力比没有二孩家庭中的一孩发展要差（Alter，1996）。同伴交往是一孩正常的日常社会性发展的需要，在与同伴交往中，一孩习得了社会化交往的能力。一孩同伴交往的空间，可能在室外，如进行各项体育活动，也可能在室内，如玩各种玩具和游戏。由于二孩的出生，特别是二孩还在婴儿期时，父母对一孩在家的游戏活动通常也有严格的要求，如不要大声说话，同伴玩耍时要保持安静等。这对一孩来说，玩起来不自在，不能放手玩，心里很不舒服。当二孩稍大一些，看到哥哥姐姐与同伴玩耍时，必然也想参与进来，这时候，作为一孩既要照顾到同伴的兴致，又要照顾到二孩的感受，常常显得很尴尬。如果不能协调好这种关系，通常会使他们产生坏情绪，导致失落和自卑的心理。

四、结语与建议

据国家统计局调查数据显示，2018年我国人口出生率为10.94‰，虽比2017年有所下降，但在所出生的人口中，有一半以上的生育孩次是二孩及以上（国家统计局，2019）。2017年二孩出生率更是多于一孩（计划生育基层指导司，2018）。这些统计结果说明二孩政策促进了人们的生育行为，虽然现在的二孩出生率仍低于生育预期，但就家庭而言这些已出生的二孩，对每个家庭中的一孩都会产生一定的影响。虽然不是每个家庭中的一孩都会在二孩出生的过渡期产生心理反应，但许多理论和临床心理学家认为，对大多数儿童来说，这一过渡期会充满压力与成长危机（Volling，2012）。本章从家庭环境理论分析了家庭结构、家庭关注中心、家庭氛围的变化对一孩心理影响的作用机制。根据生态发展观，儿童的心理与行为是人与环境相互作用的结果，生态系统中不同子系统的相互作用促进了人的发展（桑标，席居哲，2005）。二孩时代，二孩家庭结构发生了改变，家庭环境的复杂性相比于独生子女家庭显著增加。家庭中二孩出生后，由于家庭环境的变化，一孩在这一过渡期容易出现一些心理反应。就一孩本身而言，他们乐于接受二孩的到来，但由于家长在二孩出生后，没有关注到家庭环境的变化对一孩产生的影响，且在这一过渡期，没有处理好父母与子女之间的关系，没有处理好一孩与同胞手足之间的关系，没有关注到一孩对维持固有的生活空间、生活习惯和生活环境的需求，容易引起一孩的心理问题。有研究表明，一孩在二孩出生之后的过渡期产生心理问题多是因为父母没有处理好与一孩的关系（Volling，2012）。针对影响机理的分析，为减少一孩可能的心理与行为反应，在二孩出生过渡期，父母可以从下述三个方面做出相关努力。

1. 构建良好的父母—子女关系。家庭中新出生了二孩，在家庭结构中的变化不仅是多了一个人，更主要的是在亲子关系层面变得复杂多元，一孩不再是家庭的唯一中心等。父母在孕育二孩前可以与一孩进行沟通与交流，让一孩感受到尊重与决策的参与；在生育二孩后，父母要时刻提醒自己多关注一孩的成长，与一孩积极交流，让一孩在二孩出生后仍感受到同等地被爱、被需要；当一孩与二孩发生矛盾时，父母要注意自身的处理方式，不可倾向性地偏爱二孩。如果因为自身精力有限，也可通过家庭中的其他社会关系主动关爱一孩，与一孩建立良好的关系以补偿父母在二孩出生过渡期对一孩的忽视。

2. 创设良好的家庭氛围。由于二孩的出生，在空间、时间方面都挤占了一孩的资源，父母要深刻意识到这一点。在保证二孩成长环境的同时，也要尽量保证一孩的原有空间不被占用。如果确实需要占用，要与一孩进行商量，且保证空间物件的有序性。可采取一定的措施控制家庭环境中的噪声，保证一孩的学习环境、休息环境不被打扰。在一孩的饮食和同伴交往方面，也要尽量考虑到一孩的饮食习惯和同伴关系等。父母要有意识地创设良好的家庭环境，减少因二孩出生后家庭环境的变化给一孩带来的不良影响。

3. 帮助一孩学习新的社会化能力。家庭是儿童社会化发展的第一场所。儿童在与他人互动过程中建立了各种人际关系，习得相应的行为规范。一孩在独生子女期间，家庭中主要的互动关系是父母关系和祖辈关系。当二孩出生后，一孩形成的互动关系还有同胞关系。同胞关系和父母关系一样，是一种自然发生的过程，之前只不过是因为计划生育政策人为割断了这种关系的存在。在全面二孩政策时代，同胞关系就是一种自然生成的过程，对于习惯了独生子女生活的一孩，父母要帮助他们实现新的社会关系的联结，学习面对弟弟妹妹，学习扮演哥哥姐姐的角色，学会建立并适应兄弟姐妹之间的手足关系（风笑天，2015），学会适应由新的角色而带来的社会化规范和社会化内容。

第四部分　二孩家庭一孩心理健康及影响因素研究

本部分通过多个研究，研究二孩过渡期一孩心理健康的总体水平，并分析其影响因素。第七章通过半结构式访谈，深度了解二孩家庭一孩的心理反应；第八章从总体层面研究一孩的心理健康及其影响因素分析；第九章研究一孩的情绪体验及其对心理健康的影响；第十章研究一孩的生活质量及其对心理健康的影响；第十一章研究一孩的自尊及其对心理健康的影响；第十二章研究一孩的自我意识及其对心理健康的影响；第十三章主要研究一孩的社会期望及其对心理健康的影响；第十四章主要研究一孩的亲子关系及其对心理健康的影响。

第七章　一孩的心思你难猜

——基于二孩家庭一孩同胞关系的半结构式访谈

【内容提要】全面二孩政策实施后，已有越来越多的家庭生育二孩。二孩家庭中的一孩需要建构一种新的社会关系——同胞关系。本章通过半结构式问卷调查了439名二孩家庭中的一孩在面对新的同胞关系时的心理。研究表明，95％以上的一孩都喜欢刚出生的二孩，85％以上的一孩都喜欢当前时期的二孩。在不同时期，一孩所表现出喜欢的原因也不一样。在二孩刚出生的阶段，一孩表现出对自己社会角色、情感需求的认同，以及对二孩外貌特征的认同。随着陪伴的增加，一孩在角色认同、情感获得方面获得了提升，且发现了二孩很多的良好品质，这些都有利于同胞关系的建构。在调查中也发现了5％—15％的一孩不喜欢家中的二孩，特别是经过一段时间的相处后，不喜欢的人数增加了近10％。在二孩刚出生的阶段，一孩对二孩刚出生时的身体特征表现出了嫌弃，感受到了家庭环境噪音的干扰，以及对自己家庭地位的担忧，从而不喜欢二孩；在二孩出生后的一段时期，一孩对二孩进行身体的“欺负”、所有物的“争抢”，并因各种不满，对二孩产生了排斥情绪。最后本章为父母如何帮助一孩更好地建构同胞关系，促进一孩和二孩共同成长提出了几点建议。

一、引　言

与独生子女时代不同的是，全面二孩时代将会有越来越多的一孩拥有弟弟妹妹。兄弟姐妹是儿童和青少年家庭生活中的一个特定因素，兄弟姐妹每天作为同伴、知己、竞争者生活在一起，他们之间的关系也成了社会关注的焦点（McHale，Updegraff & Whiteman，2012）。特别是在我国刚实行全面二孩政策的初期，一孩与二孩的同胞关系如何，他们的心理反应如何，这在以往的研究中并没有涉及。虽然之前已有很多家庭是二孩家庭，但由于与国家生育政策的不一致，国内很少有研究去探讨兄弟姐妹是如何相处的。更多的研究集中于探讨独生子女在家庭中的系列表现及其影响因素。在国外的研究中，关于家庭中青少年同胞关系的研究主要分两类，根据不同的研究对象可分为：直接的测量对象的研究（Davies，2015；Soysal，2016；Martinez & Howe，2013；Menesini，Camodeca & Nocentini，2010）和间接的研究资料的元分析研究（Volling，2012；McHale，Updegraff & Whiteman，2012）。根据不同的研究时间，可分为：某一横向调查研究（Ha & Tam，2011；Soysal，2016）和纵向跟踪研究（Barber & East，2009；Yeh & Lempers，2004）；根据研究的可量化性分为质性研究（Punch，2008；Barr & Hayne，2003）和量化研究（Barber & East，2009；Soysal，2016；Menesini，Camodeca & Nocentini，2010）。在国内的研究中，大多所用的是结构化调查研究或理论分析（陈斌斌，王燕，梁霁等，2016；陈斌斌，施泽艺，2017）。结构化调查研究只能在客观层面了解所调查的结果，难以探寻结果背后所隐含的具体内涵，也很难反映一孩的心理过程。理论分析在某一类理论的基础上，将以往研究用一种逻辑方式呈现与分析，很难了解当前研究对象的真实情况，也难以动态分析当前状况形成的机制（陈斌斌，赵语，韩雯等，2017）。二孩时代，关于二孩家庭中一孩心理的研究，有三种观点，一种观点认为二孩的出生引起了一孩不良的心理反应（张莉，2019），如同胞竞争障碍、退行性行为、嫉妒（刘鹏琴，阎平，2019），以及认知偏差等（钟慧萍，2016）。另一种观点认为一孩对二孩出生的接纳度高（刘强，朱玮依，白鸽，2019）。还有一种观点认为一孩对二孩表现出来的心理反应跟父母与一孩的关系显著相关，关系越亲密，一孩对二孩的接纳度越高（蒋志成，储志远，李翠翠等，2019）。这些研究都各有道理，但没有进一步探寻出一孩为什么会出现心理问题或并没有出现排斥二孩的现象，没有深入一孩的内心世界。本章研究设计半结构式问卷，通过一问一详述的方法，探讨一孩与二孩的同胞关系和为什么会有这样的想法。半结构式调查更具有深入性和开放性，能更全面细致地了解一孩对二孩的心理反应，为家庭如何处理好一孩与二孩的关系提供有效的教育建议。

二、研究方法

（一）调查对象

选取家中父母已生育二孩的学生作为调查对象，最终形成 429 个记录。其中男生 133 人，女生 296 人。被调查的学生平均年龄为 12.10 岁，标准差为 1.38 岁。

（二）调查程序

本次调查采用分层随机取样的方法，在盐城市的两个区县选择了中学和小学各 5 所，在小学 3—6 年级每个年级抽取 2 个班，中学 7—8 年级每个年级抽取 2 个班，对其中家有二孩的所有学生都进行半结构式问卷调查。最后，对收集的资料进行整理与分析。调查被试的年级分布情况如表 4.1.1 所示。

表 4.1.1 调查被试的年级分布

	人数	百分比
3 年级	52	12.1
4 年级	70	16.4
5 年级	121	28.2
6 年级	83	19.3
7 年级	83	19.3
8 年级	20	4.7
总数	429	100

由表 4.1.1 可知，家中有二孩的家庭在小学生中居多，而初中生中二孩家庭相对较少。在调查的一孩家庭中，二孩的年龄分布情况如表 4.1.2 所示。

表 4.1.2 二孩的年龄分布

	人数	百分比
3 岁以下	167	39.0
3—7 岁	137	31.8
7 岁以上	125	29.2
总数	429	100

如表 4.1.2 所示，3 岁以下的二孩出生于全面二孩政策实行后，占近 40%，3—7 岁为二孩政策过渡期的二孩，占约 30%，7 岁以上为独生子女时代特殊家庭情况下出生的二孩，占约 30%。

（三）调查工具

1. 结构式调查问卷。包括一孩具体的人口学变量：姓名、性别、年级、家中是否有二孩、二孩的年龄范围。

2. 非结构式调查提纲。包括二孩刚生下后，你喜欢他/她吗？请具体说说你的理由；现在你喜欢二孩吗？请具体说说你的理由。

三、结果与分析

（一）一孩是否喜欢二孩的现状

本次调查中，根据同胞兄弟的家庭关系是延续性事件，分别调查了二孩刚出生时一孩是否喜欢二孩；以及当前时期，一孩是否喜欢二孩的情况。具体为：

1. 二孩刚出生时，95%的一孩喜欢二孩。通过对调查的429名一孩的情况进行描述分析，结果如表4.1.3所示。

表4.1.3　二孩刚出生时一孩是否喜欢二孩的人数统计

	人数	百分比
不喜欢	23	5.4
喜欢	406	94.6
总	429	100

从表4.1.3可知，二孩刚出生时一孩喜欢二孩的人数占近95%，而不喜欢的人数仅约5%。由此可见，对于绝大多数一孩而言，他们在面临家庭中新出生的弟弟妹妹时，表现出了喜欢和接纳。

2. 当前时期，85%以上的一孩喜欢二孩。通过对调查的429名一孩的情况进行描述分析，结果如表4.1.4所示。

表4.1.4　当前时期一孩是否喜欢二孩的人数统计

	人数	百分比
不喜欢	52	12.1

续表

	人数	百分比
喜欢	377	87.9
总	429	100

由表 4.1.4 可知，当前时期一孩喜欢二孩的人数占 85%以上，而不喜欢二孩的人数占比不到 15%。就人数百分比而言，经过一段时间的相处后，喜欢家中的弟弟妹妹的一孩仍占绝大多数，但与二孩刚出生时相比，喜欢二孩的人数比在下降，从约 95%下降到约 85%。

（二）一孩喜欢刚出生时二孩的原因

描述统计的结果表明，近 95%的一孩喜欢家中刚出生的二孩。通过进一步对他们表述的为什么喜欢二孩的资料进行整理，归纳为三个方面。

1. 社会角色认同。二孩的出生首先带来的是家庭结构和家庭关系的变化。由原来简单的父一母一子三者之间的关系，变成了父一母一子一子的相对复杂的关系。一孩由原来的独生子女，变成了家中的哥哥姐姐。虽然一孩从来也没有当过哥哥姐姐，可当二孩生下来后，有些一孩很快自动认同了自己新的社会角色，如我当哥哥了、我当姐姐了、我有个妹妹了、我有个弟弟了等，并很快有了新的自我概念。一孩表现出了相当积极的角色认同，从他们的言语中能够感受到他们面对二孩出生所表现出来的喜悦之情。也有一部分一孩，他们对自己新的社会角色表现出被动地接受，有的一孩在调查中表示，“我家的”“家里多了一个人”“家里有新成员”“职责所在，别无选择”“毕竟是我弟”。这些一孩虽然没有表达出喜悦之情，但从他们描述的内容发现，这些一孩从社会角色层面体会到自己的责任感和接纳心理。这些孩子首先看到的是家庭结构的变化，其次才是家庭关系的变化。他意识到不仅自己是这个家庭中的一员，和他一样，他的弟弟妹妹也是这个家庭中的一员，还能体会到，他和弟弟妹妹在这个家庭中的地位平等。一孩在自我概念中形成了新的特征，新的责任感，他是“哥哥或姐姐”，二孩是“弟弟或妹妹”，喜欢他们是应该和必须的。

2. 情感需求认同。人类的历史是群体演化的历史，人很难独自一个人生存（檀传宝，2014）。多年来关于独生子女的研究均表明，独生子女相对于非独生子女，没有人陪伴，较为孤单。在调查中，一孩表现出了情感需求的认同，首先表现在对陪伴的需要。二孩出生后一孩感受到，“我不孤单了”“我不再孤单”“我不是单身了”；二孩出生后一孩体验到“有人陪我玩了”“有个小调皮跟我一起玩”“有人陪我”“有人陪我玩”“有他陪”“有人玩”“长大有个伴”“有伴了”“有弟弟陪我玩”“陪我说话”“有伙伴”，他们还感受到了二孩在陪伴过程中给他们带来的快乐 ，“因为他让我快乐”。有的一孩在和二孩的相互陪伴中，感觉到二孩不仅是他的弟弟妹妹，二孩还被一孩看作是他的好朋友，“终于有一个好朋友”。情感需求的认同还表现为家中老大的权威树立的满足，“他很乖，很听话”“听话”“她乖”。同一个家庭环境中出生的兄弟姐妹并不相同，这可能是因为出生顺序、年龄差异、性别差异、遗传和特殊经历造成的（Hoffman，1991）。二孩家庭中，一孩由于出生得比二孩要早，心智相对成熟一些，他们在成长过程中更容易形成支配性需要，这样他们更容易获得社会角色的认同——弟弟妹妹听他的话，他要好好保护弟弟妹妹。

3. 外貌特征认同。研究表明，外貌吸引力强的儿童能够激发来自父母、其他成年人和同伴积极的反馈和评价（Hartup，1983；Langlois，1986；Lenerz，Kucher & East et al.，1987）。外貌特征是一孩在描述为什么喜欢二孩时用得最多的理由。对“可爱”这一特征的描述就有很多种表达，“可爱”“太可爱”“超级可爱”“聪明可爱”“调皮可爱”“非常可爱”“很可爱”“活泼可爱”“可爱又胖乎乎”“十分可爱”“他太可爱了”“小且可爱”“长得可爱”“可爱天真”。从这一系列相关表述出现的频率来看，有50%以上的一孩提到过“可爱”。“可爱”不是一个单纯词，合在一起是值得喜爱的表述（陈建平，2000）。可爱是一种给人以小巧的、令人依恋的、亲密无害的，从而使人解除防备与紧张感的感觉（四方田犬彦，蒋雯，2006），也可概括为对于弱小的、美丽的事物所展示出来的喜爱和慈爱之情（卢胜男，2015）。一孩对于刚出生的二孩用“可爱”来描述其喜爱之情，一方面非常符合二孩刚出生时的特征，另一方面也符合一孩对这一弱小的生命表现出的爱护之情。一孩在表达自己对二孩的喜爱之情时，还用了很多更直接的外貌描述，“很小”“一脸光滑”“美”“萌”“好看”“爱笑”。在一孩心里，二孩的这些特征就是一种美好，能够给自己带来愉快的感受和一种保护欲望，这使他们更好地适应了自己新的角色身份。

（三）一孩喜欢当前时期二孩的原因

描述统计的结果表明，近85%的一孩喜欢家中当前时期的二孩。通过进一步对他们表述的为什么喜欢二孩的资料进行整理，归纳为三个方面。

1. 角色认同提升。角色认同是指人们在特定群体中所扮演的、符合其身份的角色（或规范）（Andriot & Timothy，1997）。二孩刚出生时，一孩在表述喜欢二孩的原因时就体现出了角色认同和新的自我概念。但在言语之间通常表述的是所属关系，如“我有个弟弟”“她是我妹妹”等。随着与二孩的进一步相处，一孩对这一新的角色认同进一步强化。在表达自己和二孩的关系时富有了情感性，“因为我们是一家人”“是我亲弟弟”“亲生的妹妹，一对小美女”“会叫我哥哥了”，言语之间体现出他们作为哥哥姐姐的自豪感与满足感。他们对自己新的社会角色地位也获得了很大的权威性感受，“多了一份尊敬和爱”“喜欢跟着我”“听我话”“对我好”。认同是一种关系的建构，在与二孩的互动过程中，一孩主动承担起了自己作为哥哥姐姐的社会责任，这有利于提高一孩对二孩的情感反映，表现出对二孩更多的喜欢和爱护。当然在这个过程中，二孩如果也同样对一孩的“哥哥姐姐”角色认同进行正向反馈，如尊重和喜欢一孩，扮演自己是弟弟妹妹的角色，在结伴成长的过程中，一孩就会越来越喜欢和爱护二孩。同胞关系的建构，可以有效地调节二孩出生后母亲与一孩发生的情感疏离所带来的不利影响（Volling，2012）。

2. 情感获得增加。二孩刚出生时，绝大多数一孩就表现出了情感认同，如“我有人陪我玩了”“我不再孤单”等。随着一段时间的相处，一孩的情感获得表现出一定程度的增加。首先，表现出对二孩喜爱之情的增加，“比刚生下来更可爱”“不像从前那么坏”“很可爱”“有伙伴了，不孤独”“开心”“让我快乐”“生活有趣”“是开心果”“虽然调皮，但还是很喜欢”“还是喜欢”“她让我更快乐”“他给我带来了无尽的快乐”。从刚出生时一孩体验到的“不孤单”到当前时期一孩体验到的能够带来“快乐”，在与二孩相处的过程中，一孩的情感体验获得增加。其次，表现为与二孩的伙伴之情获得增加，从最初的“能陪我玩”“陪她玩”“他和我一起玩”“她可以和我玩”到当前时期的“玩得开心”“喜欢跟他一起玩”，在和二孩成为玩伴的过程中，一孩的情感也在悄悄增加。一孩不仅是需要一个玩伴打发孤单，在玩的过程中也体验到了快乐和喜爱。最后，表现为与二孩的同胞之情有所增加。一孩与二孩最直接的关系是同胞关系，也是一孩最认同的社会角色，随着一段时间的相处，一孩的角色认同提升，同胞之情也在增加，“有二孩陪伴一起长大真好”“弟弟会和我走到人生尽头”“没有他我很孤单”“他爱我”“他可以伴我一起成长”“我们一起长大”“相处得很好”，这一系列表述，表明一孩对二孩是自己弟弟妹妹的高情感认同。

3. 品质特征吸引。品质类型是家庭环境对同胞关系影响的调节变量，兄弟姐妹的品质特征能够调节家庭环境压力对同胞关系的作用（Stocker，Burwell & Briggs，2002）。如果说外貌吸引能够激发他人的积极的反应，那么一个人的品质特征更是能够吸引他人喜欢和交往的催化剂。同胞关系由儿童的性格特征和文化规范与价值共同建构（Susan，Kimberly & Shawn，2012）。一孩在二孩刚出生的阶段被二孩的可爱所吸引，对二孩的喜爱之情溢于言表。当前时期，二孩的可爱仍是一孩喜欢他们的重要因素之一。与此同时，更多的一孩提到了二孩的品质特征。一个人的品质特征是人在社会化过程中发展起来的，一个人良好的品质特征有利于其与他人社会关系的建构。一孩与二孩不仅是同胞关系，更是一种社会关系，二孩一出生，一孩就获得了新的社会角色“哥哥或姐姐”。一孩在与二孩日常互动过程中，被二孩的“诚实”“善良”“有责任心”“懂事”“谦让”“礼貌”“爱分享”“帮助人”“品行好”“他从来不无理”“聪明”“爱学习”“机灵”“通人性”所吸引。兄弟姐妹之间的同胞互动是一种充满情感的社会关系，一孩与具有这些品质特征的二孩在交往过程中形成的情感积极、强烈。因此，他们表现出了对二孩内在品质的喜欢。

（四）一孩不喜欢家中刚出生的二孩的原因

描述统计的结果表明，近5%的一孩不喜欢家中刚出生的二孩。通过进一步对他们表述的为什么不喜欢二孩的资料进行整理，归纳为三个方面。

1. 身体特征的嫌弃。有研究表明，较年长的哥哥姐姐通常会取笑较小的弟弟妹妹的长相和体重（Berge，Hanson-Bradley & Tate et al.，2016）。身体特征是一孩对二孩最直观的感受，也是最直接的感受。外貌吸引力强的儿童能够激发他人的正向反馈，相反不吸引人的外貌也成了一孩不喜欢二孩时用得最多的理由，如“丑”“长得丑”“太丑”“刚出生有股味道，很难闻”等。美能激起人心情的愉悦，丑也同样会让人心里不舒服。婴儿刚出生时，由于母体提供的胎内环境不同，或因孕妇营养不良等，有的婴儿刚生下来皮肤会皱在一起。一方面，一孩很少见过刚出生的婴儿，也不会记得他们自己刚出生时的样子，他们不愿意接受这样“丑”的弟弟妹妹；另一方面，婴儿由于吃喝拉撒都集中在一个比较固定的房间，加上吃得少，需要比较频繁地喂养，也会比较频繁地大小便。父母如果不能及时把卫生搞好，环境中的气味会比较大，一孩搞不清味道是怎么产生的，就会认为是二孩身上发出来的，并因此对二孩产生厌恶之情。

2. 环境噪声的烦恼。当家里新增一个孩子时，家庭环境的质量通常会下降（Volling，2012）。有研究指出家庭环境嘈杂度是重要的家庭环境物理特征的反映，包括家庭环境中的噪声大小、拥挤程度以及家庭环境的组织性与条理性（曾从周，赵振国，刘文博，2014；邢晓沛，李苗苗，阴桐桐，2018）。二孩出生后，家里的环境噪声增加。由于家庭的居住条件限制，二孩出生后的啼哭声、照料者的说话声等容易干扰到一孩，一孩常规的睡眠、学习节奏容易被打乱。婴儿的啼哭有时候也会令父母感到心烦，在一孩心里更无法接受这种时不时地哭闹，“老哭，烦”“太烦了”“因为他会哭”。二孩出生前，家里的噪声基本都是一孩自己制造出来的，他不制造，基本就很安静，所以他对环境具有很强的操控性和适应性。二孩出生后，家庭环境中的嘈杂性突然不在自己的控制范围，这也容易引起一孩对环境的不满，也会使得一孩对环境中的噪声更为敏感，更为心烦。

3. 家庭地位的担忧。家庭中第一个出生的孩子在二孩还未出生之前，享受着家人全部的爱，而且单独和家人一起生活的时间较长，对父母依恋程度较高。特别是在独生子女时代，一孩是家庭的中心，不光没有兄弟姐妹带来的竞争，还体验到了父母以及爷爷、奶奶等人聚光灯式的爱与关注。二孩出生后，一孩有了同胞的弟弟妹妹，家庭的结构发生了变化，父母不再只与其一人存在亲子互动，还会与二孩发生亲子互动。而且，由于刚出生的婴儿需要更多的照顾，一孩感受到了来自二孩抢夺父母资源的威胁，也感觉到了他不再是父母的唯一，所以产生了一定的担心，“怕家人不爱我了”“怕他抢我东西”。这种担心，正是因为二孩的出生，所以二孩在一孩的心里不被欢迎。

（五）一孩不喜欢当前时期二孩的原因

描述统计的结果表明，近15%的一孩不喜欢家中当前时期的二孩。这个比例比一孩刚生下来不被喜欢的比例高得多。通过进一步对一孩的表述资料进行整理，归纳为四个方面。

1. 身体“欺负”。兄弟姐妹之间的相互打闹在家庭中是一件常见的事，比如他们可能会为看电视调什么动画片而争吵。国外研究表明，几乎一半的孩子都被兄弟姐妹打、踢或咬过（Gordon，2019）。有时候父母会忽视恶作剧或兄弟姐妹之间的竞争。但正是这一点，影响了兄弟姐妹之间的感情，“爱哭、打人”“他老打人”“老打我”“老欺负我”“老是打人”“他老打我”。有些家庭更是认为哥哥姐姐比弟弟妹妹年长，这种“欺负”是正常的调皮，不会造成伤害，哥哥姐姐要让着弟弟妹妹。虽然大多数情况，有可能是哥哥姐姐“欺负”弟弟妹妹，但这种情况更容易引起父母的重视，打人者会及时受到教育。在一个家庭中，二孩“欺负”了一孩，家长反而认为这是调皮，没有关系，二孩就会习得父母的这种态度，对一孩的“欺负”行为就会增加，“老打我”“老欺负我”“老是打人”“他老打我”，从一孩的反馈中可以看出，一孩难以忍受二孩经常性的“欺负”行为。如果当这种看似没有造成身体伤害的打闹重复不断地发生时，父母需要引起注意。长此以往，这不仅会给一孩的身体造成伤害，也会在一孩心里留下不适。如果父母不能及时处理好这种“欺负”行为，还会加剧一孩与二孩之间不良的同胞关系的发展。

2. 所有物“争抢”。分享对一些孩子来说不是自然而然发生的事件，这就意味着在一个家庭中，谁先拥有某物，谁就有了使用和支配这个物品的权利。因此，分享可能是一个家庭对孩子提出的最多的建议。但即使两个孩子都拥有自己的东西，他们也会找出理由来争抢。一孩在与二孩的相处过程中，常常拒绝分享属于他们自己的东西，“老拿我东西”“老是和我抢东西”“抢我平板”“总是拿我东西”。对于二孩的“争抢”行为，一孩从内心里并不认为这是因为自己不够分享，他们只会认为，自己的东西二孩不能随便动。因为在一孩之前的独生子女生活中，他是这个家庭生活的中心，他所拥有的东西不需要与人分享，更没有人会强行拿走他的东西。对于这种主动“争抢”的行为，一孩自然是心存不快，他们开始不喜欢这逐渐长大，能够和他们发生“争抢”行为的弟弟妹妹。

3. 遭嫌弃的脾气。出生顺序不同的兄弟姐妹会形成不同的性格特征。有研究表明兄弟姐妹的脾气是影响他们相处融洽与否的重要因素（Pike，Kretschmer & Judith，2009）。不同的脾气类型与兄弟姐妹之间的冲突呈现显著相关（Munn & Dunn，1989）。脾气对同胞关系影响的研究表明，脾气不好通常会导致不好的同胞关系（Stoneman & Brody，1993；Brody，Stoneman & Mccoy，1994）。进一步的研究还表明，脾气还可以调节家庭环境对同胞关系的影响（Stoneman，Brody & Churchill et al.，1999）。一孩在与二孩相处的过程中，如果不能接受他们的脾气，通常也容易产生不良的情绪体验。“皮”“调皮”“很调皮”“太调皮”“顽皮”“脾气坏”“什么事都管”，用这些来作为一孩不喜欢当前时期二孩的理由，在不喜欢二孩的一孩中占一半以上。由此可见，大多数一孩特别在意二孩的脾气，脾气好容易相处，脾气不好则不喜欢和他们相处。

4. 自我无奈的心烦。当一孩因家中有了弟弟妹妹而表现出来的烦恼不安和破坏行为通常被视为嫉妒情绪的反应。Winnicott（1964）认为这个时期一孩的痛苦较为常见，主要是因为对二孩的出现感到烦恼。在调查中，一孩不喜欢二孩的理由有的具体明确，有的则没有明确的理由。“烦”“烦人”“烦死了”“他太烦了”“她烦”“太烦”“讨厌”“又讨厌”，烦是一种综合的情绪反应，一孩不能明确说明在哪一点不喜欢二孩，只是在很多方面有不愉快的情绪体验。这种不愉快的情绪体验有的从二孩刚出生后就开始存在。二孩出生后，父母在经济资源、心理资源、时间资源和社会支持等方面都稀释了本应属于一孩的家庭资源，一孩容易产生剥夺感、无奈感、不安全感、孤独感和失落感（伏干，2019）。有的一孩还专门提到了不喜欢二孩是因为“开支大”。但是二孩出生已成事实，无论自己对这有多么不满，终究无法改变，而且与二孩相处时产生的矛盾和冲突不会在短时间内消失。“烦”充分表达了一孩既无法改变事实，又不得不被动接受现状的一种无奈的心情。

四、讨论与教育启示

通过半结构式问卷调查，我们分析了一孩在二孩刚出生时和当前时期这两个时间段中的同胞关系。总体上，95%以上的一孩都喜欢刚出生时的二孩，85%以上的一孩都喜欢当前时期的二孩。这一结果表明，二孩政策实行后，绝大部分一孩接纳了家庭中二孩的到来，只是在不同时期，一孩所表现出喜欢的原因不一样。在二孩刚出生的阶段，一孩体现出对二孩的认同，包括社会角色认同、情感需求认同和外貌特征认同。随着陪伴的增加，一孩在角色认同、情感获得方面获得了提升，且发现了二孩很多的良好品质，这些都有利于同胞关系的建构。在调查中也发现了5%—15%的一孩不喜欢家中的二孩，特别是经过一段时间的相处后，不喜欢的人数增加了近10%。通过对这部分不喜欢二孩的一孩所表述的资料进行分析发现，在二孩刚出生的阶段，一孩对个别婴儿刚出生时的身体特征表现出了嫌弃，感受到了家庭环境噪声的干扰，以及对自己的家庭地位的担忧，从而不喜欢二孩；在二孩出生后的一段时期，一孩对二孩对他进行的身体“欺负”、所有物“争抢”，以及二孩被遭嫌弃的脾气十分不满，心生无奈的烦恼，对二孩产生了排斥情绪。同胞关系从二孩出生那一刻就开始存在，也会是比父母子女关系更持久的社会关系。有研究综合以往同胞关系的研究发现，不能断定一孩在二孩出生后表现出明显的破坏行为和适应困难，而是有一些方面遭破坏，有些方面得到增长，不同的一孩也会存在个体差异（Volling，2012）。但也有父母对一孩在二孩出生后的适应和行为表现表示出过度的乐观（Gullicks & Crase，1993），这不能说明一孩在二孩出生后不会表现出嫉妒、发脾气或经历极度痛苦的过程（Volling，2012）。根据研究结果，笔者从关注一孩和二孩共同成长的角度，为父母提出建议。

1. 提前与一孩进行生育二孩计划的沟通。二孩出生对一个家庭来说是重要的生活事件，二孩政策实施后，父母在孕育二孩前会经历一个较长的计划期与准备期。父母在备孕期和怀孕期都应尽可能地与一孩进行主动的交流，让一孩对二孩形成良好的认知预期。在准备二孩出生的过程中，可以让一孩参与，一起想象二孩的长相，一起为二孩起个小名，也可以带一孩去医院一起听二孩的胎心跳动等。这些有利于母亲与一孩建构良好的关系。参与决策容易提升一孩的自尊感和责任感，也会让一孩提前感知自己新的社会角色。这样等二孩出生后，一孩不会觉得家里突然多了个不速之客，即使对于特别年幼的一孩，他们不是很能明白母亲怀孕意味着什么，也要用一个他们能理解的方式告诉他们，二孩会从妈妈的肚子里面生出来，并用他们可理解的话语告诉他们二孩会在哪个时候出生。二孩出生的时候要在第一时间带一孩去医院看望新生的小弟弟或小妹妹，此时最好除了父母和二孩不要有其他人在场，这样可以在第一时间联结家庭的纽带（Pendley，2014）。

2. 加强与一孩建构良好的亲子关系。二孩出生后，对一个家庭来说首先是家庭结构的变化。家庭结构由原来父—母—子三者之间的关系变成了父—母—子—子的关系。父母不仅与一孩延续着之前的亲子关系，还新建了与二孩的亲子关系。大多数一孩也非常认同自己成为哥哥姐姐这一新的社会角色。父母与一孩和二孩的亲子关系本应是同等的，但有研究表明，对于许多家庭而言，父母都倾向于对年长的孩子比年幼的孩子管教更严格（Volling & Elins，1998）。二孩出生后，一孩与母亲的安全依恋关系显著下降（Volling，2012），由于二孩的出生，一孩的情感支持显著下降（Kowaleski-Jones & Dunifon，2004）。因为二孩出生后，父母的注意力大多放在二孩身上，特别是在二孩刚出生的阶段。但此时，父母也要特别注意与一孩建构良好的亲子关系，多抽出时间陪伴一孩，多和一孩聊聊他自己以及对二孩的感受，认真倾听一孩的表达，尽可能为一孩创造一个属于他自己的不被打扰的亲子氛围。有研究表明，通过构建父母与一孩的良好亲子关系有助于帮助一孩实现与二孩构建良好的同胞关系（Volling，2012）。

3. 正确处理好一孩与二孩的矛盾与冲突。一孩与二孩在日常相处的过程中不可避免地会发生矛盾与冲突。特别是在二孩政策放开后，更多的一孩不得不接受家中新出生的二孩。独生子女角色的转变，更容易让一孩产生嫉妒、失落等心理。以往的研究也表明，第一个出生的孩子比第二个出生的孩子更具攻击性，第二个出生的孩子更容易哭，尤其是在 4 岁左右（Martin & Ross，1995）。随着二孩自我意识的增加，在冲突中他们也会主动出击，与一孩进行身体或言语的抗衡。在调查中，有一孩反映二孩“老是打我”，因此，同胞之间的矛盾与冲突是相互的。父母可从下列几个方面科学处理。（1）保持公正。帮助你的孩子明白，在日常的兄弟姐妹争吵中，你不会偏袒任何一个孩子。你的出现是倾听陈述，了解他们之间发生了什么事，不作评判，问题需要他们自己解决。（2）让孩子听取对方意见，协商解决。鼓励孩子说出自己的感受，告诉你的孩子把注意力放在那个起冲突的事情上，而不是放在他的兄弟姐妹身上。让孩子们提出一些对双方都公平的解决办法，在提出建议之前，鼓励他们设身处地为对方着想。（3）父母做好表率，示范良好的解决问题的行为模式。儿童都极具模仿和学习的本能，父母在日常的待人接物时，特别是在冲突中要做到尊重他人、充满爱心，在意见不合时应倾听他人的感受和想法，这样孩子以父母为榜样，也会学会与同胞兄弟姐妹友好地相处。

4. 科学养育二孩，防止溺爱。关于出生顺序的研究表明，独生子女和最晚出生的孩子大多会被宠坏（McGuirk & Pettijohn，2008）。在我国，孩子的出生受生育政策的影响，独生子女时代一对夫妇只能生育一个孩子。因此，一孩在很长一段时间内都是独生子女角色，集父母万千宠爱于一身。而当生育政策放开后，家庭中生育的二孩成了家中最小的孩子，这个迟来的孩子一下成了家庭的中心。二孩就是那个最晚出生的孩子，通常也会获得更多的来自父母的关注和溺爱（Punch，2008）。二孩容易被宠坏源于三个原因，一是，由于二孩生育政策放开得迟，生育二孩对于很多一孩家庭来说，是在以前想都不敢想的事情，二孩的出生可以算是意外之喜，自然十分爱护；二是，有很多家庭一孩与二孩的出生间隔较大，二孩出生后的小巧可爱，使他获得了比一孩更多的关注与喜爱；三是，与一孩相比，二孩更需要被保护。当二孩与一孩发生冲突时，父母通常会倾向于维护较年幼的一方，而对二孩的教养缺少了规则与公平意识，这将不利于二孩的成长和与一孩同胞关系的建构。因此，父母在教育二孩时，要科学养育、制定规则、避免溺爱。

第八章　一孩的心理健康及其影响因素分析

【内容提要】 通过对一孩性别、年龄以及二孩性别和年龄对一孩心理健康影响的分析，结果表明一孩的学习焦虑是普遍存在的心理问题，高达50%的一孩具有学习焦虑症状；二孩的性别显著影响一孩的心理健康水平；一孩年龄越大，孤独倾向越小，冲动倾向越大。与独生子女相比，一孩只在自责倾向维度的得分显著较高。本章将从三个方面提出建议，以帮助二孩家庭中的父母科学养育一孩，促进一孩健康成长。

一、问题提出

全面二孩时代，越来越多的家庭生育了二孩。前述章节中的研究也表明，85%以上的家庭中的一孩接纳了当前时期家庭中的二孩，并在情感与角色认同方面给出了充分的肯定。但仍有15%左右的儿童不喜欢当前时期的二孩，总结起来大概有三个方面的原因，分别为担心自己的家庭地位、与二孩相处过程中感受到心烦、二孩的“欺负”行为等。相关文献的研究表明，二孩家庭中一孩的心理健康水平不如独生子女好，一孩的年龄、学习成绩、父母的教育方式和父母关系等对一孩的心理健康水平具有显著的影响（房广梅，江金荣，徐菊芬，2019）。全面二孩政策的实施，使越来越多的家庭不仅发生了家庭结构的变化，家庭中的一孩也与二孩构建了新的家庭关系，父母与子女之间、家庭成员之间的关系也变得复杂化。一孩与二孩之间同胞关系的建构，因年龄、性别不同而构成了比亲子关系更复杂的社会化关系。特别是在中国传统的思想中，在仍以男孩作为家庭中心的情况下，一孩的心理反应与他们和二孩之间的年龄关系、性别关系常常联系在一起。

在以往关于中学生的研究中，有研究表明，非独生子女在强迫、焦虑、人际关系、抑郁、敌对、精神病性各个因子方面的得分均显著高于独生子女（刘霞，张跃兵，张国华，2019）。这虽仅在总体层面上反映了非独生子女的心理问题高于独生子女，但仍需要引起我们足够的重视，特别是在二孩时代，将会有越来越多的家庭成为非独生子女家庭，关爱非独生子女心理健康和关爱独生子女心理健康显得同等重要。非独生子女，特别是非独生子女家庭中的一孩，由于适应了独生子女生活，在大多数家庭都仍是独生子女家庭时，他们突然发生了身份的转变和家庭结构与关系的变化，这在他们心理上会产生一定的影响。以往的研究表明，家庭是影响儿童心理健康的首要因素，本章聚焦于探讨二孩时代，对家庭产生重大影响的二孩的特征对一孩心理健康的影响。基于很多家庭仍是传统结构与思想的家庭，男孩仍是家庭责任担当和继承的主要对象。本章希望通过探讨二孩的年龄和性别，判断其对一孩心理健康的影响。

二、数据测量与赋值

（一）数据测量

本部分主要用于数据测量的工具为《中小学生心理健康量表》，是由华东师范大学周步成在日本学者铃木清等人编制的《不安倾向诊断测验》的基础上修订而成的。该表共有 100 道题，分为 8 个分量表和 1 个效度量表。每个题目有两个选项，回答“是”计 1 分，回答“否”计 0 分。得分越高，表明心理健康状况越不好。全量表得分在 65 分以上者，即可认为存在一定的心理障碍。8 个因子分别为：1. 学习焦虑：1—15 题，共 15 题。高分为 8 分以上，低分为 3 分以下；2. 对人焦虑：16—25 题，共 10 题。高分为 8 分以上，低分为 3 分以下；3. 孤独倾向：26—35 题，共 10 题。高分为 8 分以上，低分为 3 分以下；4. 自责倾向：36—45 题，共 10 题。高分为 8 分以上，低分为 3 分以下；5. 过敏倾向：46—55 题，共 10 题。高分为 8 分以上，低分为 3 分以下；6. 身体症状：56—70 题，共 15 题。高分为 8 分以上，低分为 3 分以下；7. 恐怖倾向：71—80 题，共 10 题。高分为 8 分以上，低分为 3 分以下；8. 冲动倾向：81、83、85、87、89、91、93、95、97、99 题，共 10 题。高分为 8 分以上，低分为 3 分以下。高于 8 分具有显著的症状，低于 3 分表示无任何症状。

（二）变量赋值

本部分主要分析一孩的性别和年龄与二孩的性别和年龄对一孩心理健康的影响。因此自变量有一孩的性别，将“男”赋值为 0，“女”赋值为 1；二孩的性别，将“男”赋值为 0，“女”赋值为 1；二孩的年龄为：“3 岁以下”赋值为 0，“3—7 岁”和“7 岁以上”分别为哑变量。

三、结果与分析

（一）一孩心理健康的基本现状

1. 二孩家庭中的一孩和独生子女心理健康差异及现状。通过分别对调查总体、二孩家庭中的一孩和独生子女的心理健康基本现状进行描述统计，结果如表 4.2.1 所示。

表 4.2.1 一孩与独生子女心理健康差异及现状

	总体		二孩家庭的一孩		独生子女		t 值	p 值
	均值（标准差）	＞8 分（百分比）	均值（标准差）	＞8 分（百分比）	均值（标准差）	＞8 分（百分比）		
学习焦虑	8.801（3.19）	54.6	8.862（3.19）	55.4	8.598（3.22）	52.3	0.826	0.409
对人焦虑	4.066（2.30）	3.4	4.149（2.28）	3.6	3.768（2.34）	1.5	1.669	0.096
孤独倾向	2.228（1.84）	0.7	2.227（1.86）	0.5	2.248（1.80）	1.5	−0.115	0.908
自责倾向	6.470（2.21）	18.2	6.615（2.12）	19.2	6.000（2.44）	14.4	2.799	0.005
过敏倾向	5.890（2.17）	9.9	5.938（2.18）	10.7	5.714（2.10）	6.8	1.039	0.299
身体症状	4.488（2.94）	11.2	4.554（2.90）	11.0	4.267（3.03）	11.5	0.978	0.328
恐怖倾向	3.235（2.65）	4.3	3.326（2.70）	5.2	2.954（2.51）	1.5	1.406	0.160
冲动倾向	2.428（2.31）	1.8	2.467（2.34）	12.1	2.285（2.23）	0.8	0.790	0.430

由表 4.2.1 可知，除孤独倾向因子外，二孩家庭中一孩心理健康各个因子的得分均略高于独生子女，只有自责倾向，一孩的得分显著高于独生子女（t=2.799，p=0.005＜0.01）。从高于 8 分时，具有该症状可见，有学习焦虑症状的学生超过 50%，且二孩家庭中的一孩的人数比大于独生子女。其次为自责倾向、过敏倾向、身体症状和冲动倾向的人数比较高，均超过 10%，

且二孩家庭中的一孩有冲动倾向的人数比高于独生子女 10%。

2. 一孩心理健康的性别差异及现状。通过分别对不同性别一孩的心理健康各个维度进行描述统计，并进行 t 检验，结果如表 4.2.2 所示。

表 4.2.2　一孩心理健康的性别差异及现状

	男	女	t 值	p 值
	均值（标准差）	均值（标准差）		
学习焦虑	8.864（3.22）	8.849（3.15）	0.043	0.996
对人焦虑	4.252（2.32）	4.077（2.22）	0.724	0.470
孤独倾向	2.382（1.95）	2.129（1.80）	1.284	0.200
自责倾向	6.736（1.99）	6.559（2.13）	0.779	0.437
过敏倾向	6.240（2.09）	5.807（2.21）	1.849	0.065
身体症状	4.672（3.00）	4.468（2.85）	0.665	0.506
恐怖倾向	2.984（2.71）	3.451（2.69）	−1.625	0.105
冲动倾向	2.040（1.91）	2.583（2.43）	−2.207	0.028

由表 4.2.2 可知，不同性别一孩的学习焦虑的平均分均高于 8 分，具有显著的学习焦虑。除恐怖倾向和冲动倾向外，男孩心理健康的对人焦虑、孤独倾向、自责倾向、过敏倾向和身体症状的得分均高于女孩，但差异不显著；恐怖倾向和冲动倾向男孩得分低于女孩，且冲动倾向的得分显著低于女孩（$t=-2.207$，$p=0.028<0.05$）

3. 一孩心理健康的年级差异及现状。通过分别对不同年级一孩的心理健康各个维度进行描述统计，并进行 F 检验，结果如表 4.2.3 所示。

表 4.2.3 不同年级一孩心理健康现状：均值（标准差）

	3 年级	4 年级	5 年级	6 年级	7 年级	8 年级
学习焦虑	8.326 (3.55)	8.015 (3.14)	9.115 (3.01)	9.555 (2.80)	8.962 (3.45)	8.400 (3.31)
对人焦虑	4.057 (2.30)	3.463 (2.29)	4.422 (2.09)	4.250 (2.15)	4.207 (2.52)	4.700 (2.34)
孤独倾向	2.288 (1.64)	1.957 (1.62)	2.560 (2.08)	1.890 (1.68)	2.111 (1.94)	2.850 (1.78)
自责倾向	6.230 (2.58)	6.914 (1.80)	6.482 (2.02)	6.876 (1.60)	6.557 (2.46)	6.800 (2.41)
过敏倾向	6.000 (2.46)	5.914 (2.21)	5.706 (2.10)	6.112 (1.93)	5.851 (2.33)	7.100 (1.91)
身体症状	3.961 (2.64)	3.840 (2.73)	4.594 (2.81)	4.506 (2.80)	5.111 (3.19)	6.350 (2.70)
恐怖倾向	3.307 (2.88)	3.058 (2.57)	3.135 (2.65)	3.463 (2.71)	3.646 (2.71)	3.600 (2.54)
冲动倾向	1.600 (1.90)	1.757 (1.83)	2.324 (2.28)	2.875 (2.38)	2.950 (2.50)	4.400 (2.77)

由表 4.2.3 可知，每个年级学习焦虑的得分均高于 8 分，具有显著的学习焦虑，5、6、7 年级的学习焦虑水平高于其他 3 个年级。F 检验的结果表明，$F(5, 406)=2.256$，$p=0.048<0.05$。进一步的事后检验结果如表 4.2.4 所示。

表 4.2.4 学习焦虑年级差异的事后检验

	3 年级	4 年级	5 年级	6 年级	7 年级
4 年级	0.311				
5 年级	−0.788	−1.099*			

续表

	3 年级	4 年级	5 年级	6 年级	7 年级
6 年级	−1.228*	−1.540*	−0.440		
7 年级	−0.635	−0.947+	0.152	0.593	
8 年级	−0.073	−0.384	0.715	1.115	0.562

注：+ $p<0.1$，* $p<0.05$，** $p<0.01$，*** $p<0.001$，本章表下同。

由表 4.2.4 可知，小学阶段，6 年级学生的学习焦虑显著高于 3、4 年级，与 7、8 年级差异不显著；4 年级显著低于 5、6、7 年级，与 3、8 年级差异不显著。由此可见，一孩 6 年级时学习焦虑最大，4 年级时学习焦虑最小。

由表 4.2.3 可知，每个年级对人焦虑的得分均低于 8 分，8 年级的对人焦虑水平高于其他 5 个年级，4 年级的对人焦虑水平最低。F 检验的结果表明，$F(5, 418)=1.894$，$p=0.094>0.05$，对人焦虑的年级差异在 0.05 水平不显著。

由表 4.2.3 可知，每个年级孤独倾向的得分均低于 3 分，都不具有孤独症状。F 检验的结果表明，$F(5, 415)=2.134$，$p=0.06>0.05$，孤独倾向的年级差异在 0.05 水平不显著。

由表 4.2.3 可知，每个年级自责倾向的得分均高于 6 分，低于 8 分，相对较高。4、6、8 年级的自责倾向水平较高，3 年级的自责倾向水平最低。F 检验的结果表明，$F(5, 412)=1.006$，$p=0.414>0.05$，自责倾向的年级差异在 0.05 水平不显著。

由表 4.2.3 可知，过敏倾向每个年级的得分在 6 分左右。8 年级的过敏倾向水平最高，标准差最小。F 检验的结果表明，$F(5, 413)=1.535$，$p=0.178>0.05$，过敏倾向的年级差异在 0.05 水平不显著。

由表 4.2.3 可知，身体症状每个年级的得分差异较大，几乎是随着年级的增加，身体症状的得分也在增加。F 检验的结果表明，$F(5, 411)=3.521$，$p=0.004<0.05$。进一步的事后检验结果如表 4.2.5 所示。

表 4.2.5 身体症状年级差异的事后检验

	3 年级	4 年级	5 年级	6 年级	7 年级
4 年级	0.120				
5 年级	−0.633	−0.754			
6 年级	−0.544	−0.665	0.088		
7 年级	−1.149*	−1.270**	−0.516	−0.604	
8 年级	−2.388**	−2.509**	−1.755*	−1.843*	0.562

由表 4.2.5 可知，8 年级一孩身体症状得分显著高于 3、4、5、6 年级，7 年级一孩身体症状得分显著高于 3、4 年级，其他各年级之间身体症状得分差异不显著。

由表 4.2.3 可知，每个年级恐怖倾向的得分大约在 3 分以上，4 分以下，得分较低。F 检验的结果表明，$F(5, 417)=0.571$，$p=0.722>0.05$，恐怖倾向的年级差异在 0.05 水平不显著。

由表 4.2.3 可知，每个年级冲动倾向的得分差异较大，且是随着年级的增加，冲动倾向的得分也在增加。F 检验的结果表明，$F(5, 412)=7.096$，$p=0.000<0.05$。进一步的事后检验结果如表 4.2.6 所示。

表 4.2.6 冲动倾向年级差异的事后检验

	3 年级	4 年级	5 年级	6 年级	7 年级
4 年级	−0.157				
5 年级	−0.724	−0.567			
6 年级	−1.275**	−1.117**	−0.550		
7 年级	−1.350**	−1.193**	−0.625	−0.756	
8 年级	−2.800**	−2.642**	−2.075**	−1.525*	0.562

由表 4.2.6 可知，一孩的冲动倾向 3、4 年级与 6、7、8 年级均存在显著性差异，5 年级与 8 年级、6 年级与 8 年级存在显著性差异，其余各年级差异

不显著。

4. 一孩心理健康的二孩年龄差异及现状。通过对不同二孩年龄一孩的心理健康各个维度进行描述统计，并进行F检验，结果如表4.2.7所示。

表4.2.7　不同二孩年龄一孩心理健康现状均值（标准差）

	3岁以下	3—7岁	7岁以上
学习焦虑	8.465（3.15）	9.183（3.05）	9.065（3.35）
对人焦虑	3.878（2.23）	4.113（2.22）	4.564（2.37）
孤独倾向	2.072（1.89）	2.251（1.83）	2.426（1.85）
自责倾向	6.540（1.96）	6.563（2.04）	6.758（2.40）
过敏倾向	6.018（2.08）	5.867（2.14）	5.902（2.38）
身体症状	4.518（3.08）	4.616（2.69）	4.548（2.91）
恐怖倾向	2.904（2.54）	3.563（2.54）	3.624（2.99）
冲动倾向	2.596（2.48）	2.474（2.23）	2.282（2.29）

由表4.2.7可知，二孩在3—7岁时，一孩的学习焦虑最大，随着二孩年龄的增加，一孩的对人焦虑、孤独倾向、自责倾向、恐怖倾向的得分均有所增加，而过敏倾向、冲动倾向的得分随着二孩年龄的增加而减少。

通过分别对一孩心理健康各维度的得分进行不同二孩年龄水平的F检验，结果为，F学习焦虑（4，411）＝2.162，p＞0.05。一孩的学习焦虑不存在二孩年龄水平的差异。F对人焦虑（2，418）＝3.250，p＝0.04＜0.05，进一步事后检验的结果如表4.2.8。

表4.2.8　一孩对人焦虑的二孩年龄差异事后检验

	3岁以下	3—7岁
3—7岁	－0.234	
7岁以上	－0.685**	－0.450

由表 4.2.8 可以看出，二孩在 3 岁以下的一孩对人焦虑得分显著低于二孩在 7 岁以上家庭中的一孩。

F 自责倾向（2，417）＝0.419，p＝0.658＞0.05；一孩的自责倾向不存在二孩年龄水平的差异。F 过敏倾向（2，418）＝0.195，p＝0.823＞0.05；一孩的过敏倾向不存在二孩年龄水平的差异。F 身体症状（2，416）＝0.042，p＝0.959＞0.05；一孩的身体症状不存在二孩年龄水平差异。

F 恐怖倾向（2，422）＝3.346，p＝0.036＜0.05；一孩的恐怖倾向存在二孩年龄水平差异。进一步事后检验的结果如表 4.2.9 所示。

表 4.2.9　一孩恐怖倾向的二孩年龄差异事后检验

	3 岁以下	3—7 岁
3—7 岁	−0.659*	
7 岁以上	−0.719*	−0.060

由表 4.2.9 可以看出，二孩在 3 岁以下，一孩的恐怖倾向显著低于二孩在 3 岁以上的一孩。

F 冲动倾向（2，417）＝0.627，p＝0.534＞0.05；一孩的冲动倾向不存在二孩年龄水平的显著差异。

5. 一孩心理健康的二孩性别差异及现状

对不同二孩性别水平下，一孩的心理健康水平进行描述统计。

表 4.2.10　一孩心理健康的二孩性别水平的差异及现状

	男	女	t 值	p 值
	均值（标准差）	均值（标准差）		
学习焦虑	9.285（2.97）	8.341（3.27）	2.981	0.003
对人焦虑	4.430（2.22）	3.775（2.27）	2.885	0.004
孤独倾向	2.270（1.84）	2.026（1.77）	1.137	0.256
自责倾向	6.681（2.19）	6.602（2.00）	0.363	0.408

续表

	男	女	t 值	p 值
	均值（标准差）	均值（标准差）		
过敏倾向	5.854（2.27）	6.146（2.02）	−1.319	0.188
身体症状	4.586（2.83）	4.509（2.95）	0.262	0.793
恐怖倾向	3.525（2.68）	3.037（2.73）	1.790	0.074
冲动倾向	2.605（2.40）	2.220（2.19）	1.670	0.096

由表 4.2.10 可知，一孩心理健康的各个维度在二孩性别上的显著差异仅存在于学习焦虑和对人焦虑维度，且二孩是男孩的家庭中的一孩的得分显著高于二孩是女孩的家庭中的一孩。恐怖倾向和冲动倾向在 0.1 水平显著。

（二）一孩心理健康的回归分析

将一孩的性别和年龄变量、二孩的性别与年龄变量纳入到回归方程中，结果如表 4.2.11 所示。

表 4.2.11　一孩心理健康回归模型

	学习焦虑	对人焦虑	孤独倾向	身体症状	恐怖倾向	冲动倾向
一孩性别（男=0）	−0577	−0.643*	−0.487*	−0.379	0.303	0.360
一孩年龄	0.147	0.104	−0.016	0.249*	0.141	0.431**
二孩性别（男=0）	−1.231**	−0.914**	−0.298	−0.284	−0.242	−0.456+
二孩年龄 3 岁以下=0						
3—7 岁	0.434	0.106	0.234	0.073	0.587+	−0.197
7 岁以上	0.091	0.368	0.341	−0.101	0.582+	−0.675*
常数	7.867**	3.578*	2.653	1.916	1.134	−2.602**
N	392	399	401	397	403	398
F	3.273**	4.287**	1.380	1.408	2.281*	8.080*
R^2	0.041	0.052	0.021	0.018	0.028	0.093
校正 R^2	0.028	0.040	0.008	0.005	0.016	0.082

注：无显著影响变量的模型未列出。

由表 4.2.11 可知，一孩心理健康回归模型中，控制了其他变量后，二孩的性别对一孩的学习焦虑具有显著的影响作用，表现为与男孩相比，女孩的学习焦虑水平低 1.231 分；同样，二孩的性别对一孩的对人焦虑存在显著的影响作用，表现为与男孩相比，二孩是女孩的家庭，一孩的对人焦虑低于二孩是男孩家庭中的一孩 0.914 分。一孩的年龄在身体症状与冲动倾向模型中具有显著的影响作用，表现为随着年龄每增加 1 岁，身体症状得分就增加 0.249 分，冲动倾向就增加 0.431 分。但如果二孩超过 7 岁，一孩的冲动倾向会显著减少。一孩的性别只在对人焦虑模型中起作用，表现为女生的对人焦虑小于男生的对人焦虑。

四、讨论与结论

（一）学习焦虑是一孩普遍存在的最显著的心理问题

研究中，二孩家庭中的一孩与独生子女在学习焦虑方面的得分平均分均高于 8 分，且高于 8 分的百分比均超过 50%。这一结果表明，学习焦虑是当前中小学生普遍焦虑之一，且人数高达 50%以上。二孩家庭中一孩的平均得分和百分比均略超过独生子女。这一结果表明，在二孩家庭中，一孩的学习焦虑更强。这一情况表明，学习焦虑应该不只是一个家庭的问题，更是一个社会问题和教育问题。从学生的年级来看，小学 6 年级的学习焦虑最大，3 年级的学习焦虑最小。中小学阶段是义务教育阶段，照理说，孩子们不存在升学的压力，但小学 6 年级学习压力较大的原因可能来自于学校与学校之间的竞争。一个学校与另一个学校之间的竞争转换成了高压态势强加给了小学毕业班的孩子们。中学因为调查的是 7、8 年级的学生，升学的压力还没有迫在眉睫，其压力相对于 6 年级要小一些，但比 3、4、5 年级的压力要大一些，这进一步表明了，将要 9 年级时，升学压力在逐渐加大。

（二）二孩的性别对一孩心理健康的影响显著

二孩家庭中，一孩的心理健康在 t 检验时，冲动倾向受自身性别的影响，表现为女生高于男生，但控制了二孩性别等其他因素后，一孩自身性别对心理健康中冲动倾向因子的影响作用不再显著，而二孩性别对一孩的学习焦虑、对人焦虑以及冲动倾向均具有显著的影响。二孩是男孩的家庭中一孩得分显著高于二孩是女孩的家庭中的一孩。这一结果表明，在中国传统的家庭中，家中多了个男孩，同胞间在经济资源和父母心理资源与社会资源分配方面产生的竞争会更加激烈，而对于父母而言，多生了一个男孩，家庭的经济压力和精神压力更大了，这种压力会无意识或有意识地转嫁到一孩身上，家长可能会更加希望孩子有出息，将来可以减轻自己的压力，他们有可能会经常督促孩子要好好学习。因此，一孩会容易体验到因为二孩是男孩，父母会把这种压力转嫁给他们，而且他们自己也会意识到父母希望他们好好学习，而且男孩肯定会对他们已占有的家庭资源进行稀释。二孩是男孩的家庭中的一孩也容易体验到对人焦虑和冲动倾向。因为二孩是男孩，在中国的传统思想中，不管一孩是男孩还是女孩，二孩作为男孩他就是家庭责任和财产的主要继承者。虽然现在越来越多的家庭意识到女孩也具有同等的权利和义务，但大多数家庭仍以男孩为重心。所以，二孩是男孩对一孩的心理冲击要大于二孩是女孩家庭中的一孩。

（三）一孩的年龄对一孩心理健康的影响显著

年龄越大，人的认知水平越高，特别是社会化程度越高，对社会规则和规范的理解能力就越强。以往的研究也表明，一孩年龄越大，心理健康水平越低（房广梅，江金荣，徐菊芬，2019）。特别是当其进入青春期，这个时候他们对外界环境的认知更加敏感。因此他们的冲动倾向随着年龄的增加而显著增加，但是因为二孩是一孩的同胞兄弟，是最好的玩伴关系，有了二孩的陪伴，50％以上的一孩体验到了有一个伴，可以陪他玩，因此，这有利于减少一孩的孤独感，而且这通常也是父母在生育二孩时考虑得最多的原因。研究的结果表明，一孩的年龄越大，越能体验到二孩的陪伴作用，在与二孩相互陪伴成长的过程中，一孩的孤独感有所降低。也可能因为一孩和二孩越长大，他们作为同胞兄弟相互陪伴的时间就越长，越能体验到兄弟之间相互做伴的快乐和需求，因此孤独感较小。

（四）二孩家庭中的一孩在自责维度的得分显著高于独生子女

与以往研究不同的是（刘霞，张跃兵，张国华，2019），二孩家庭中的一孩在心理健康的绝大多数维度的得分与独生子女均无显著的差异。在二孩家庭中，一孩仅在自责维度的得分显著高于独生子女。这一结果表明，一孩与独生子女的心理健康水平整体上无显著差异。但二孩出生后，一孩的心理将发生一些微妙的变化。可能表现在，一是父母为什么要生育二孩？他们会经常问自己这样一个问题，有的一孩可能会将原因指向自己，觉得是不是自己不够好，才让父母会去生一个二孩，从而产生自责倾向；二是如何才能做得更好获得父母更多的关注。二孩出生后，父母对一孩的关注自然就会减少。但对于一孩而言，他们可能会产生很多的想法，他们可能会认为是因为自己不够好，所以父母减少了对自己的关注，他们会产生自责，通常他们也会通过自己的努力争取获得父母更多的关注，并因此变得十分敏感脆弱，一旦父母忽视了一孩的努力，他们更容易倾向于认为自己还没有做得更好，从而自责的心理会越发强烈。因此，与独生子女相比，二孩家庭中的一孩更容易产生自责的心理反应。

五、教育建议

（一）关注一孩的学习焦虑，家庭、学校和社会共同努力

学习焦虑是一孩最普遍的心理问题，其根源来自于当前教育大环境，虽然学习成绩不再是唯一注重的能力，但学生中唯一人人可比的就是学习成绩。

现行的教育体制下，学生的学习焦虑从小学就开始，这十分不利于儿童其他方面能力的发展。尤其是教育行政机构和学校，要充分考虑到从儿童自身的身心发展规律，从教育的长效机制出发，培养会学习、快乐学习，而不是整天在焦虑中进行学习的儿童。对于家长而言，特别是二孩家庭中的家长要深刻意识到孩子的成长才是最重要的。二孩家庭中父母的负担是有所增加，但国家、社会都在努力，二孩的出生对国家和家庭来说都是非常有利的事，我们不应在二孩生下来后将压力扩大化，将未来的压力提前预支，并将这种压力转嫁到孩子身上，要求他们能够长大会读书，能够减轻家庭的负担等。这些对于这一时期的一孩来说显得特别敏感，在我们的随机访谈中有很多孩子希望通过学习好来获得父母更多的积极关注。这些都会增加一孩的学习压力和焦虑。父母一方面要从心理上放松自己在二孩出生过渡期的压力，包括经济压力和精神压力，适当处理好自我压力释放；另一方面也要意识到孩子的全面发展才是一个家庭最幸福的事，孩子身体健康、心理健康，在此基础上能够获得更多的能力，才有利于减轻家庭的负担。而不是一味希望一孩好好学习，将来能够减轻家庭的压力。

（二）关注一孩的心理健康，特别是二孩是男孩的家庭

虽然当前社会已普遍宣传男孩女孩都一样，但对于很多家庭来说，二孩是男孩的家庭感受到的压力普遍高于二孩是女孩的家庭。这仍是与中国传统的生育观念和家庭观念有关。男孩比女孩具有更大的家庭担当和实际上的付出与获得。研究结果表明，二孩是男孩的家庭中的一孩在学习焦虑、对人焦虑和冲动倾向等方面都高于二孩是女孩的家庭中的一孩。父母需要将传统思想中的男孩优先的观念进行调适，男孩女孩一个样，不要因为二孩是男孩，自我压力无法释放，就将其转嫁到一孩身上，让一孩感觉到二孩的出生使他们觉得只有好好学习才能获得父母的爱。父母也要在二孩出生后特别关注一孩的感受，不能让二孩成为他们认为的父母关注的竞争者，使他们感受到来自二孩的父母资源竞争的威胁，从而感受到与他人交往的焦虑，患得患失。特别是二孩是男孩家庭的父母，不管你的一孩是男孩还是女孩，不管在将来，两个孩子当中谁会是家庭责任的主要担当者，在他们的童年时期，父母所要给予的是保证每个孩子亲子关系的安全感和各种能力的全面培养与发展。对于一孩的要求，不能寄过高的希望于他们的学习及未来可能获得的成就，在当前阶段，孩子的健康与快乐以及全方面发展才是父母最应该关心的。

（三）关注一孩在二孩出生过渡期所做出的努力，增强父母爱的表现

一孩的心理健康水平普遍略高于独生子女，但在自责维度显著高于独生子女。一孩会在二孩出生后经过若干种努力来获得父母更多的关注和爱。当这种努力没有获得正向反馈时，他们通常会陷入消极的自责当中。自责虽然有时候能让人改正错误，但消极的自责常常会让人产生不愉悦感。父母需要关注这一时期一孩所做的努力，特别是在备孕二孩时，要与一孩要进行正确的沟通，让他们明白，家庭决策生育二孩与一孩的表现没有任何的关系，这不是父母用来恐吓一孩听话的手段。“不听话，就给你生个小弟弟、小妹妹”，父母的一句玩笑话，对孩子来说可能就是深深的伤害；也不要在二孩生下来后这样讲，“你不听话，爸爸妈妈就喜欢他啦”，这些凭空树敌的结果会导致一孩要么转嫁坏情绪，讨厌二孩；要么就责怪自己，为了维护自己的利益拼命表现，稍有达不到目标就产生责怪自己的情绪和行为。因此，作为两个孩子的父母一定要科学教养，切忌用一个孩子威胁另一个孩子，也要细心关注到一孩的变化，给孩子的努力以积极、温暖的关爱与反馈。当然，最重要的是父母要积极主动地关爱一孩，特别是在二孩出生后的过渡期，应使一孩对二孩产生积极的印象，将二孩看成自己的伙伴、朋友，而不是竞争者。

第九章　情绪反应对一孩心理健康影响的研究

【内容提要】本章通过对二孩家庭日常生活中一孩情绪体验的测量，了解一孩的情绪反应现状并探讨其对一孩心理健康的影响。结果表明，一孩的情绪体验的个体差异不显著，也不因二孩的性别和年龄存在显著差异。在情绪反应中，因父母差别对待而产生的情绪显著影响一孩心理健康测量中的对人焦虑、敏感倾向、身体症状和冲动倾向。本章从建立良好的亲子互动和科学调适同胞关系两个方面给父母提出了建议，以期二孩家庭中的一孩与二孩能够共同成长，获得健康的心理。

一、问题提出

情绪是人心理的重要方面，情绪与人的心理健康息息相关，有许多相重合的内容，但其实也不是一回事（Sheppes，Suri & Gross，2015）。情绪健康是指一种积极的心理功能，具有能够有效表达自我、适应环境的能力，包括我们的思想、感觉和内外行为。良好的情绪是培养适应能力、自我意识和总体满意度的一个重要方面。拥有健康的情绪可以对抗压力，发展良好的关系，使人具有较高自尊和更具活力。一个人具有良好的情绪体验可以有效对抗生活中的各种压力。二孩家庭中的一孩在面对新出生的二孩时，由于家庭结构和家庭关系的变化，一孩从独生子女变成非独生子女，必然会经历一定的压力。二孩在这一时期的情绪状态如何？新闻报道中的头胎反二胎的案例屡见不鲜，有的一孩情绪反应激烈，甚至做出伤害自己或弟弟妹妹的事情，有的一孩自二孩出生后情绪低落，还有很多“反二胎联盟”等。

44岁的肖女士经过不懈努力，如愿怀上二胎，但13岁的女儿却一百个不愿意，并以逃学、离家出走、跳楼相威胁。在女儿尝试割腕后，怀孕13周的肖女士只能打掉孩子；为生二胎，一对安徽的父母被迫在保证书上签字，向大女儿承诺“我保证永远第一喜欢我家某某（头胎）”；沈阳的一对夫妻自从有了二胎，大女儿便赖在奶奶家半年不肯回家，改口管奶奶叫妈妈……（风青杨，2017）

这些事例说明有些一孩在二孩出生后会产生强烈不满的情绪体验。不良情绪的产生与家庭教育有关，同时也与儿童的个体差异有关。并不是所有的一孩在二孩出生后都会有不良的情绪反应，有的一孩就特别开心自己有了伴儿，特别需要自己的弟弟妹妹。那么一孩的情绪现状究竟怎样，不能因为个别事例而夸大一孩的不良反应，也不能因为为了生育二孩而忽略了一孩的情绪变化。即使不是每个有情绪的一孩都会产生极端行为，但长期下去也不利于一孩的身心发展。本章主要探讨一孩的情绪现状及影响因素，且进一步探讨了一孩在二孩出生后的情绪反应对他们心理健康的影响。

二、数据测量与赋值

（一）数据测量

1. 情绪测量。本章通过使用自编的情绪测量题进行情绪测量，每个题0—10分进行评分。具体为：当父母做这些事时，根据你体验到的不愉快情绪以0—10分进行评分，0表示一点也没有，10分表示分最高。

表 4.3.1　情绪测题项目表

题号	题目	评分
1	爸妈经常说二孩聪明可爱	0，1，2，3，4，5，6，7，8，9，10
2	爸妈经常买礼物给二孩，虽然也买给我	0，1，2，3，4，5，6，7，8，9，10
3	爸妈经常批评我	0，1，2，3，4，5，6，7，8，9，10
4	爸妈经常陪二孩一起玩	0，1，2，3，4，5，6，7，8，9，10
5	我教二孩时，爸妈从来没有表扬过我	0，1，2，3，4，5，6，7，8，9，10
6	明明我跟二孩做一样的事，爸妈总是先夸奖二孩做得好	0，1，2，3，4，5，6，7，8，9，10
7	爸妈经常在网络上发二孩的照片	0，1，2，3，4，5，6，7，8，9，10

2. 心理健康测量。心理健康测量用表为《中小学生心理健康量表》，同本部分第八章关于心理健康测量的介绍。

（二）变量赋值

1. 对情绪测量项目进行主成分因子分析。Bartlett's 半球检验后，KMO＝0.812，df＝21，Chi-square＝1260.807，$p<0.05$，可进一步做因子分析，结果如表4.3.2。

表 4.3.2　因子分析载荷

	因子 1	因子 2
爸妈经常说二孩聪明可爱	0.817	
爸妈经常买礼物给二孩，虽然也买给我	0.840	
爸妈经常批评我		0.766
爸妈经常陪二孩一起玩	0.799	
我教二孩时，爸妈从来没有表扬过我		0.820
明明我跟二孩做一样的事，爸妈总是先夸奖二孩做得好		0.819
爸妈经常在网络上发二孩的照片	0.743	
特征根	3.720	1.178
变异概率（百分比）	38.818	31.159
总累积概率（百分比）	69.978	

结果表明，测量的情绪可分为两个维度，根据情绪特征可命名为：因子1：一孩对父母与二孩互动时的不愉快情绪，最低 0 分，最高 40 分；因子 2：一孩对父母差别对待时产生的情绪，最低 0 分，最高 30 分。得分越高，负性情绪体验越大。

2. 中小学生心理健康共分 9 个分量表，其中 1 个为效度量表。中小学生心理健康的 8 个维度分别为：学习焦虑、对人焦虑、孤独倾向、自责倾向、过敏倾向、身体症状、恐怖倾向、冲动倾向，得分越高心理越不健康。

三、结果与分析

（一）一孩不愉快情绪各个测量项目的描述统计

通过分别对测量二孩不愉快情绪反应的各个题项进行频数统计，结果如下表 4.3.3 所示。

表 4.3.3　一孩不愉快情绪反应的频数统计

题目	分数	0	1	2	3	4	5	6	7	8	9	10
1. 爸妈经常说二孩聪明可爱	频数	89	11	15	22	23	68	17	12	24	11	114
	百分比	21.9	2.7	3.7	5.4	5.7	16.7	4.2	3.0	5.9	2.7	28.1
2. 爸妈经常买礼物给二孩，虽然也买给我	频数	117	18	18	14	15	50	17	17	14	24	102
	百分比	28.8	4.4	4.4	3.4	3.7	12.3	4.2	4.2	3.4	5.9	25.1
3. 爸妈经常批评我	频数	127	29	31	32	24	53	23	8	15	8	56
	百分比	31.2	7.1	7.6	7.9	5.9	13.1	5.7	2.0	3.7	2.0	13.8
4. 爸妈经常陪二孩一起玩	频数	106	13	20	20	26	56	17	17	20	20	91
	百分比	26.2	3.2	4.9	4.9	6.4	13.8	4.2	4.2	4.9	4.9	22.4
5. 我教二孩时，爸妈从来没有表扬过我	频数	170	17	19	13	17	36	14	8	14	7	91
	百分比	41.9	4.2	4.7	3.2	4.2	8.9	3.4	2.0	3.4	1.7	22.4
6. 爸妈总是先夸奖二孩做得好	频数	171	20	12	17	8	37	8	14	13	14	92
	百分比	42.1	4.9	3.0	4.2	2.0	9.1	2.0	2.4	3.2	3.4	22.7
7. 爸妈经常在网络上发二孩的照片	频数	133	24	20	23	19	44	18	14	16	12	83
	百分比	32.9	5.9	4.9	5.7	4.7	10.8	4.4	3.4	3.9	3.0	20.4

由表 4.3.3 可知，所测量的题项中，一孩不愉快情绪体验处于两个极端的人数较多，但总体上没有不愉快情绪的人数多于不愉快情绪为 10 分的人数。

（二）一孩不愉快情绪各个维度及总分现状与差异分析

1. 一孩情绪体验的性别差异及现状。通过分别对不同性别一孩的情绪体验各个维度进行描述统计，并进行 t 检验，结果如表 4.3.4 所示。

表 4.3.4 一孩心理健康的性别差异及现状

	男	女	t 值	p 值
	均值（标准差）	均值（标准差）		
一孩对父母与二孩互动时的不愉快情绪	19.638（13.70）	18.977（12.67）	0.471	0.638
一孩对父母差别对待时产生的情绪	12.118（9.82）	11.255（9.87）	0.812	0.417
总分	31.755（20.34）	30.234（19.76）	0.708	0.497

由表 4.3.4 可知，男孩的负性情绪高于女孩，但差异不显著。一孩对父母与二孩互动时的不愉快情绪体验的平均分为 19.638 分和 18.977 分，总分在 0—40 分之间，接近 20 分，平均分较高；而一孩对父母差别对待时产生的情绪平均分为 12.118 分和 11.255 分，总分在 0—30 之间，在平均分以下。由此可见一孩的情绪体验因子 1 总均分较高，因子 2 总均分相对较低。

2. 一孩情绪体验的年级差异及现状。通过分别对不同年级一孩的心理健康各个维度进行描述统计，并进行 F 检验，结果如表 4.3.5 所示。

表 4.3.5 不同年级一孩情绪体验现状：均值（标准差）

	一孩对父母与二孩互动时的不愉快情绪	一孩对父母差别对待时产生的情绪	总分
3 年级	22.923（13.71）	11.21（10.47）	34.134（20.89）
4 年级	19.984（13.80）	10.136（9.87）	30.121（20.31）
5 年级	17.965（12.44）	11.615（9.28）	29.576（19.76）
6 年级	19.573（12.81）	12.378（10.42）	31.951（20.16）
7 年级	17.419（12.39）	12.432（10.07）	29.851（19.81）
8 年级	18.611（12.89）	9.666（8.16）	28.277（17.71）

一孩对父母与二孩互动时产生的不愉快情绪，在不同年级的一孩情绪体

验中，3 年级最高超过 20 分，7 年级最低。在一孩对父母差别对待时产生的情绪，6、7 年级最高，8 年级最低。所有的 F 检验均不显著，不存在显著的年级差异。

3. 一孩情绪体验的二孩年龄差异及现状。通过分别对不同二孩年龄阶段一孩的情绪体验各个维度进行描述统计，并进行 F 检验，结果如表 4.3.6 所示。

表 4.3.6　不同二孩年龄一孩情绪体验现状：均值（标准差）

	一孩对父母与二孩互动时的不愉快情绪	一孩对父母差别对待时产生的情绪	总分
3 岁以下	19.654（13.96）	10.930（9.94）	30.584（20.99）
3—7 岁	19.992（12.54）	12.825（9.98）	32.817（19.96）
7 岁以上	17.783（12.18）	10.833（9.62）	28.617（18.48）

不同二孩年龄一孩情绪体验所有的 F 检验均不显著，不存在二孩年龄段的差异。

4. 一孩情绪体验的二孩性别差异及现状。分别对不同性别一孩、二孩的情绪体验各个维度进行描述统计，并进行 t 检验，结果如表 4.3.7 所示。

表 4.3.7　不同二孩性别一孩情绪体验现状：均值（标准差）

	一孩对父母与二孩互动时的不愉快情绪	一孩对父母差别对待时产生的情绪	总分
男	19.251（12.03）	11.547（9.85）	30.798（18.87）
女	19.535（14.32）	11.630（9.91）	31.165（21.41）
t 值	−0.214	−0.082	−0.180
p 值	0.831	0.934	0.861

不同二孩性别一孩的情绪体验的 t 检验无显著差异，表明二孩性别对一孩

情绪体验无显著影响。

（三）情绪体验对一孩心理健康影响的回归分析

将一孩情绪体验的两个维度加入一孩心理健康的基础模型，结果如表 4.3.8 所示。

表 4.3.8 情绪体验对一孩心理健康影响的回归模型

	对人焦虑	自责倾向	过敏倾向	身体症状	冲动倾向
一孩性别（男＝0）	−0.588*	−0.392	−0.351	−0.291	0.545*
一孩年龄	0.072	0.030	0.041	0.182	0.353**
二孩性别（男＝0）	−0.841**	−0.301	0.016	−0.173	−0.352
二孩年龄 3 岁以下＝0					
3—7 岁	−0.056	0.161	−0.035	−0.058	−0.364
7 岁以上	0.480	0.187	−0.087	−0.065	−0.352
情绪维度 1	0.005	0.025*	−0.006	−0.023	−0.011
情绪维度 2	0.037**	−0.019	0.040**	0.08***	0.091***
常数	3.378***	6.300***	5.453***	2.112	−2.606**
N	382	382	381	381	382
F	4.925***	1.357	2.056*	4.539***	15.010***
R^2	0.084	0.025	0.037	0.078	0.219
校正 R^2	0.067	0.006	0.019	0.061	0.204

注：无显著影响变量的模型未列出。* $p<0.05$，** $p<0.01$，*** $p<0.001$。

由表 4.3.8 可知，控制基础变量后，一孩的情绪体验对其心理健康的影响具体表现为，情绪维度 2，看到父母差别对待时产生的负性情绪水平越高，他们的对人焦虑、过敏倾向、身体症状和冲动倾向的得分越高，表明父母差别对待一孩和二孩引起的一孩的负性情绪体验显著影响一孩的心理健康水平。情绪维度 1，父母在与二孩互动时，一孩引起的负性情绪体验仅对自责倾向维度影响显著，具体为负性情绪得分越高，一孩的自责倾向水平越高。

四、讨论与结论

（一）一孩的负性情绪体验相对稳定，不受二孩性别、年龄的影响

研究的结果表明，一孩的情绪体验不存在个体差异和二孩性别与年龄的影响。而情绪体验的平均得分都相对较高，均分集中在4—5分。这一结果表明，二孩家庭中的一孩在日常生活中在看到父母与二孩互动时和在感受到父母差别对待他们时产生的负性情绪体验较为强烈。没有比较就没有伤害，一孩在二孩未出生前的独生子女生活中，他们是家庭生活的中心，父母经常围绕着他们转，自己的点滴表现与进步都会获得父母无条件的关注与表扬，聚光灯式的生活给一孩带来了很多快乐的体验与回忆。当二孩出生后，一孩感觉到生活完全变了一个样，家庭生活的中心不再是他们，而是刚生下来的小弟弟、小妹妹。小弟弟、小妹妹享受着他之前的生活，享受着父母高度的关心与反馈。即使自己做得很好，好像也很难引起父母的关注，甚至在自己以为通过努力表现可以获得关注时，父母的眼中也只有二孩，此时他们感到心情落寞，不快乐。所以在测量中，一孩看到父母与二孩互动时，心生不愉快的情绪体验得分较高，当感受到差别对待时，负性情绪体验得分也较高。这是在所有的家庭中都普遍存在的现象。因为对于一孩而言，他们都是从独生子女转变成了非独生子女，都一样失去了自己以前的家庭中心位置，都一样感受到二孩抢走了他们的资源。

（二）父母差别对待引起的负性情绪显著影响一孩的心理健康

情绪会影响人的身体和心理健康。在一孩的情绪反应中存在两类负性情绪，一类是看到父母与二孩互动时产生的负性情绪，一类是父母差别对待他和二孩时产生的负性情绪。这两类情绪的存在都不利于一孩心理健康的发展，但是这两类情绪对一孩心理健康的影响作用表现出了一定的差异。通过对回

归模型的分析发现，一孩在感受到差别对待时产生的情绪体验显著地影响着一孩的心理健康，使其对人焦虑、过敏倾向、身体症状和冲动倾向的得分变高；而父母在与二孩互动时，一孩引起的负性情绪体验仅对自责倾向维度影响显著，具体为负性情绪得分越高，一孩的自责倾向水平越高。这些结果表明，父母在与一孩和二孩发生亲子互动时的行为模式容易引起一孩的情绪体验，特别是在亲子互动过程中的差别对待更能够让一孩感受到自己退出中心地位，因为二孩的出生，剥夺了他之前享受的一切，从而心生不愉快，遇事更为敏感，容易产生情绪冲动，甚至有个别一孩会产生一些伤害二孩的行为。这种差别对待是最伤害一孩的行为，也是最能引起一孩冲动情绪的行为。没有比较就没有伤害，一孩在感受到差别对待时，更容易产生敏感反应，更容易寻找日常生活中的差别化的蛛丝马迹，有时候，他们可能为了获得关注，而将心理躯体化，从而产生一系列的身体症状和行为反应。

五、教育建议

（一）与一孩建构良好的亲子互动

一孩产生的负性情绪反应相对稳定，不受个体差异和二孩特征的影响。也就是说，一孩产生的负性情绪是一种普遍现象，是所有二孩家庭中的共同特性。二孩出生后，父母与孩子的亲子关系复杂化，父母不再单单和一孩发生亲子互动，还与二孩发生亲子互动。由于二孩年幼，父母与二孩发生的亲子互动更为频繁且时间较长，这个时候往往由于精力有限，而忽略了与一孩的亲子互动。研究的结果也表明，一孩在父母与二孩亲子互动时产生的负性情绪高于总分的一半以上，也就是说，这个时候一孩产生的负性情绪反应较大。这就给家长提了个醒，在二孩出生后，与一孩的亲子互动必不可少，而且应尽可能合理分配父母与一孩的亲子互动时间和活动，即使父母实在没时间和精力，也要照顾到一孩的感受，在与二孩的互动中不能冷落了在一旁的一孩，要有意识地分配注意力去关注一孩在做什么，需不需要人帮助。当一孩有需求时，可以跟他协商解决，什么时候和他一起，他的小弟弟或小妹妹能否一起参与等。尤其是当一孩上学以后，他们不仅在生活中需要陪伴，在学习上也需要有父母的关心与指导。这个时候，父母要特别留出时间关心一孩的学校生活、家庭作业等。当然，也可以每天在这个时候多满足一孩的情感需求，拥抱一孩，以加强父母与一孩之间的情感联结。

（二）科学调适一孩与二孩的同胞关系

同胞关系是二孩家庭中一孩与二孩之间长期存在的关系，同胞关系是比父母关系还长久的关系。在童年时期，同胞关系互动的过程中经常会发生一些矛盾与冲突。特别是在二孩政策实施后，家庭中的一孩面对独生子女角色的转变，面对家庭中心地位的失去，他们更容易产生失落、嫉妒等心理。本章研究也表明，一孩在面对父母差别对待时产生的情绪显著影响他们的心理健康，包括冲动倾向、身体症状、过敏倾向和对人焦虑。这些心理症状的表现表明他们在与同胞相处时，父母的差别对待更容易激起他们不良的心理反应。因此，家庭中的孩子发生同胞矛盾时，父母对矛盾的处理需要特别讲究方式方法。首先，要保持公正。不能因为二孩年幼，一孩懂的事情较多，就习惯于将责任推向一孩，要知道一孩也是孩子，也需要在不断教育和指导中成长。其次，要让两个孩子把事情表述完。也许每个孩子在表述中都会偏向于自己，父母在倾听的过程中不加评述，使每个孩子都有机会表达自我，这对他们来说就是获得了理解与支持。他们表述完，怎么解决可以由他们自己协商，家长不要急于评判和做决策。最后，从研究结果看，不仅仅是发生矛盾冲突时父母要公正，在取得成绩时，父母也要能够及时肯定与鼓励。虽然有些事，对一孩来说已不是新鲜点，但当他积极表现时，家长的适当鼓励，在一孩看来是对他的关注和肯定，他们就不会因为父母的全部关注点都在二孩身上而产生对二孩的嫉妒与排斥。科学调适一孩与二孩的同胞关系，有助于一孩和二孩的共同成长。

第十章　一孩的生活质量及其对心理健康影响的研究

【内容提要】本章通过对二孩家庭日常生活中一孩生活质量的测量，了解了一孩生活质量现状并探讨其对一孩心理健康的影响。结果表明，一孩生活质量的个体差异显著，年级越高生活质量越差，特别是8年级学生的生活质量显著低于其他年级，中学生生活质量显著低于小学生。一孩的生活质量因二孩的性别不同而存在显著差异，二孩为男孩的家庭中的一孩在负性情绪、躯体感觉、运动能力等方面显著低于二孩为女孩的家庭中的一孩。生活质量中的生理心理维度（包括躯体感觉、负性情绪、作业态度）显著影响一孩心理健康中几乎所有的维度。社会心理功能显著影响着一孩的孤独感；生活环境显著影响一孩的过敏倾向和恐怖倾向；生活质量满意度显著影响一孩的对人焦虑、过敏倾向和躯体感觉。最后本章从关注不同年龄段一孩生活质量的发展、关注不同性别二孩家庭一孩生活质量的发展、注重提高一孩的生活质量以促进其心理健康的发展三个方面给父母提出了建议，以期二孩家庭中一孩与二孩能够共同成长，并获得健康的心理。

一、问题提出

生活质量是一个普遍意义的概念，在不同的学科具有不同的定义，是与哲学、政治学和健康相关联的概念（Donald，2009）。生活质量的一般性理解主要是对传统的健康和功能状态的有益补充。一种理想的健康状态评估需要测量人的身体健康，身体、社会和心理功能以及生活质量。这些评估必然包括身体的、心理的、社会的和精神方面（THE WHOQOL GROUP，1998）。生活质量作为一个广义的概念，包括了与健康相关的多个领域，但这一概念最初也包括了许多其他与健康不太相关的，如工作、家庭、财富、精神和环境方面的内容。心理健康中的生活质量也关注疾病患者的生活状况等（Chaturvedi & Muliyala，2016）。世界卫生组织在进行生活质量的跨文化研究时，将其定义为：不同文化和价值体系中的个体对他们生活状态的体验，不仅与其生活环境有关，还受其目标、期望、标准和所关心的事物的影响（THE WHOQOL GROUP，1998）。关于生活质量的研究，国内外主要集中于疾病后的生活质量对疾病和健康的影响（Finlay & Khan，1994；McSweeny，Grant & Heaton，et al.，1982）。儿童、青少年期是个体身心发育的关键时期，学习和生活是这一阶段的主要活动。儿童期生活质量水平的高低，将会影响个体成年以后的生活水平与质量。胡明月、李嫱和王文蔚（2010）的研究发现，中小学生生活质量存在一定的年级差异，小学生、初中生与高中生在生活质量满意度和生活质量各个方面的得分差异具有显著性，低年级学生得分高于高年级学生。一项关于仡佬族中小学生主观生活质量的研究表明（姚伟，关永春，2004），7 年级学生的生活质量高于 6 年级和 8 年级学生。对中小学生生活质量性别差异的研究发现（班永飞，宋娟，吴孝勇，2013），在精力与睡眠、活动能力、同伴关系等方面，男生认为满意的比例明显高于女生，差异有统计学意义；女生在负性情绪方面认为不满意的比例明显高于男生（陈静仪，方耀华，姜轶，2009）。也有关于特殊儿童生活质量的研究，研究发现农村留守儿童生活质量低于农村非留守儿童（金婷，戴斌荣，2019）。也有关于大学生压力与生活质量的研究，研究发现大学生的压力和生活质量与他们的成就动机和学习获得有关（Erschens，Keifenheim & Herrmann-Werner，et al.，2019）。生活质量广泛应用于不同群体的研究，其研究结果表明，提高生活质量有利于疾病预防、心理健康、学业获得等方面，且生活质量自身也是反映不同群体日常生活状态与功能的变量，其受到群体特征和个体差异的影响。本章研究希望通过测量一孩生活质量现状，探讨其个体差异，进一步分析生活质量对一孩心理健康的影响。

二、数据测量与赋值

（一）数据测量

儿童生活质量的测量，通过《儿童少年生活质量量表》进行测量。《儿童少年生活质量量表》（吴汉荣，刘善朴，蒙衡，2006），用于评定受测者的生活质量情况。《儿童少年生活质量量表》由华中科技大学同济医学院儿童少年卫生学教研室编制。该量表适用于7—18岁中小学生，以学习生活为核心，共49题，包含4个维度（社会心理功能、生理心理健康、生活环境、生活质量满意度）、13个因子。量表采用4级评分，从1分（从不这样）到4分（总是这样）不等，分越高，表明生活质量越高。该量表具有良好信效度，各项指标均达到心理测量学的标准，其分半信度系数为0.82，整个量表校正信度系数为0.90，Cronbach-α系数为0.885，各维度、因子和总量表的重测信度为0.554—0.768。

心理健康测量，通过《中小学生心理健康量表》进行测量，同本部分第八章关于心理健康测量的介绍。量表共分 8 个维度和 1 个效度量表，每个维度得分越高心理健康水平越低，8 个维度分别为：学习焦虑、对人焦虑、孤独倾向、自责倾向、过敏倾向、身体症状、恐怖倾向、冲动倾向。

（二）变量赋值

儿童生活质量得分，取生活质量各个维度的得分之和，分越高表明生活质量越高；心理健康得分，取心理健康测量的各个维度的得分之和，分越高表明心理健康水平越低。

三、结果与分析

（一）生活质量的基本现状与差异检验

1. 一孩与独生子女生活质量的基本现状与差异检验。分别对一孩和独生子女生活质量的各个维度进行描述统计与 t 检验，结果如表 4.4.1 所示。

表 4.4.1　一孩与独生子女的生活质量的描述统计与 t 检验

	一孩 132 人	独生子女 416 人	t 值	p 值
师生关系	15.876 (3.34)	16.045 (3.20)	−0.510	0.610
同伴关系	16.788 (3.04)	17.037 (2.99)	−0.824	0.602
亲子关系	12.089 (2.91)	12.643 (2.76)	−1.980	0.049
学习能力	8.768 (2.11)	8.954 (2.16)	−0.875	0.382
躯体感觉	14.948 (3.19)	15.666 (3.78)	−2.144	0.033
负性情绪	11.182 (2.54)	11.175 (2.87)	0.027	0.978
作业态度	9.764 (1.90)	9.901 (1.81)	−0.726	0.468
生活环境便利性	6.651 (1.41)	6.697 (1.34)	−0.326	0.745
活动机会性	7.830 (2.42)	8.045 (2.18)	−0.907	0.365
运动能力	8.626 (2.40)	8.560 (2.48)	0.272	0.786

续表

	一孩 132 人	独生子女 416 人	t 值	p 值
其他	6.036（1.40）	6.030（1.41）	0.041	0.967
自我满意度	19.181（4.07）	19.488（3.57）	－0.773	0.440
社会心理功能	53.517（9.13）	54.709（8.46）	－1.324	0.186
生理心理健康	35.874（6.30）	36.702（7.44）	－1.248	0.213
生活环境	23.084（4.83）	23.303（4.75）	－0.453	0.651
满意度	25.225（4.85）	25.519（4.41）	－0.617	0.538

注：括号内为标准差。

由表 4.4.1 可知，一孩与独生子女相比，其生活质量普遍低于独生子女。尤其是在躯体感觉和亲子关系方面存在显著的差异（$t=-2.144$ 和 $t=-1.980, p<0.05$）。

2. 一孩生活质量的性别差异及现状。通过分别对不同性别一孩生活质量的各个维度进行描述统计与 t 检验，结果如表 4.4.2 所示。

表 4.4.2　不同性别一孩的生活质量的描述统计与 t 检验

	男 126 人	女 279 人	t 值	p 值
师生关系	15.563（3.33）	15.952（3.33）	－1.086	0.278
同伴关系	16.944（3.15）	16.695（3.01）	0.758	0.279
亲子关系	12.119（2.93）	12.018（2.91）	0.322	0.748
学习能力	8.571（2.30）	8.783（2.02）	－0.933	0.351
躯体感觉	14.936（3.30）	14.905（3.16）	0.089	0.929
负性情绪	11.087（2.97）	11.279（2.23）	－0.719	0.472
作业态度	9.563（2.09）	9.840（1.80）	－1.353	0.177
生活环境便利性	6.722（1.36）	6.602（1.45）	0.788	0.434
活动机会性	8.103（2.49）	7.657（2.35）	1.731	0.084
运动能力	9.071（2.49）	8.402（2.34）	2.605	0.010

续表

	男 126 人	女 279 人	t 值	p 值
其他	6.142 (1.42)	5.953 (1.38)	1.261	0.208
自我满意度	19.674 (4.02)	18.858 (4.10)	1.860	0.064
社会心理功能	53.198 (9.56)	53.439 (8.89)	−0.246	0.806
生理心理健康	35.608 (6.86)	35.985 (6.02)	−0.553	0.580
生活环境	23.896 (5.15)	22.623 (4.58)	2.485	0.013
满意度	25.817 (4.70)	24.822 (4.90)	1.911	0.057

注：括号内为标准差。

由表 4.4.2 可知，不同性别的一孩在师生关系、学习能力、负性情绪、作业态度 4 个维度的生活质量中，女生略高于男生，但差异不显著；在同伴关系、亲子关系、躯体感觉、生活环境便利性、活动机会性、运动能力、其他和自我满意度几个维度中，男生的生活质量高于女生，且在运动能力方面男生显著高于女生。总体上，男生在生活环境方面显著高于女生（$t=2.458$，$p<0.05$），在满意度方面，男生在 0.1 水平显著高于女生（$t=1.911$，$p=0.057<0.1$）。

3. 一孩生活质量的年级差异及现状。通过分别对不同年级一孩生活质量的各个维度进行描述统计并进行 F 检验，结果如表 4.4.3 所示。

表 4.4.3　不同年级一孩生活质量现状：均值（标准差）

	3 年级 52 人	4 年级 68 人	5 年级 108 人	6 年级 80 人	7 年级 82 人	8 年级 20 人
师生关系	16.057 (3.39)	16.617 (2.96)	16.111 (3.37)	15.587 (3.60)	15.268 (3.12)	15.150 (3.55)
同伴关系	16.903 (3.13)	17.102 (3.10)	16.330 (3.57)	17.195 (2.81)	16.914 (2.34)	15.700 (2.69)
亲子关系	12.346 (3.14)	13.088 (2.13)	12.018 (2.83)	11.780 (2.99)	11.548 (3.16)	11.850 (2.94)
学习能力	8.788 (2.36)	9.602 (2.15)	8.623 (2.14)	8.951 (1.84)	8.287 (1.88)	7.450 (2.01)
躯体感觉	16.200 (2.93)	15.253 (3.30)	15.084 (3.06)	15.073 (3.19)	14.122 (3.09)	12.400 (2.54)
负性情绪	12.115 (2.67)	12.058 (2.47)	10.954 (2.37)	11.073 (2.51)	10.646 (2.42)	9.250 (1.83)

续表

	3 年级 52 人	4 年级 68 人	5 年级 108 人	6 年级 80 人	7 年级 82 人	8 年级 20 人
作业态度	10.750 (1.13)	10.441 (1.78)	9.514 (1.93)	9.536 (2.04)	9.462 (1.65)	8.050 (2.16)
生活环境便利性	6.826 (1.41)	6.794 (1.47)	6.651 (1.42)	6.597 (1.51)	6.548 (1.28)	6.250 (1.37)
活动机会性	8.057 (2.26)	8.352 (2.63)	7.629 (2.36)	7.938 (2.48)	7.353 (2.28)	7.900 (2.22)
运动能力	9.480 (2.27)	9.617 (2.17)	8.824 (2.47)	8.292 (2.43)	7.622 (2.06)	7.500 (2.16)
其他	6.730 (1.44)	6.514 (1.39)	5.862 (1.26)	5.926 (1.34)	5.622 (1.47)	5.550 (0.68)
自我满意度	20.230 (4.49)	20.647 (3.30)	19.415 (3.77)	18.878 (4.15)	17.975 (4.04)	15.950 (3.85)
社会心理功能	54.096 (9.61)	56.411 (8.45)	53.065 (9.69)	53.387 (9.22)	52.112 (7.72)	50.150 (9.71)
生理心理健康	38.980 (5.51)	37.746 (6.55)	35.586 (5.96)	35.682 (6.42)	34.150 (5.36)	29.700 (5.19)
生活环境	24.365 (4.05)	24.764 (4.86)	23.009 (4.83)	22.827 (5.24)	21.524 (4.56)	21.650 (4.56)
满意度	26.961 (5.16)	27.161 (4.12)	25.301 (4.38)	24.804 (4.94)	23.597 (4.87)	21.500 (3.98)

注：括号内为标准差。

由表 4.4.3 可知，师生关系在小学阶段 4、5、6 年级的得分均高于初中 7、8 年级，随着年级的增长，师生关系的得分几乎均在降低，但 F 检验的结果表明，师生关系的年级差异不显著。

由表 4.4.3 可知，同伴关系在 8 年级的得分最低，从 3 年级到 8 年级，一孩的同伴关系呈现波浪形发展，但 F 检验的结果表明，同伴关系的年级差异不显著。

由表 4.4.3 可知，亲子关系 4 年级的得分最高，4、5、6 年级的得分均高于 7、8 年级的得分。F 检验的结果表明，$F(5, 410) = 2.522$，$p = 0.029 < 0.05$。进一步的事后检验结果如表 4.4.4 所示。

表 4.4.4　亲子关系年级差异的事后检验

	3 年级	4 年级	5 年级	6 年级	7 年级
4 年级	−7.428***				
5 年级	0.327	1.069*			
6 年级	0.565	1.307**	0.523		
7 年级	0.797	1.539**	0.842	0.319	
8 年级	0.496	1.238+	0.961	0.437	0.118

注：+ $p<0.1$，* $p<0.05$，** $p<0.01$，*** $p<0.001$，本章表下同。

亲子关系年级差异的事后检验的结果表明，4 年级的亲子关系得分显著高于其他年级，其他年级之间无显著差异。

由表 4.4.3 可知，学习能力的总体表现为小学阶段高于初中阶段，8 年级的得分最低。F 检验的结果表明，学习能力的年级差异显著，$F(5, 410)=4.97$，$p=0.000<0.05$。进一步的事后检验结果如表 4.4.5 所示。

表 4.4.5　学习能力年级差异的事后检验

	3 年级	4 年级	5 年级	6 年级	7 年级
4 年级	−0.814*				
5 年级	0.164	0.979			
6 年级	−0.162	0.651	−0.327		
7 年级	0.500	1.315**	0.336	0.663*	
8 年级	1.338*	2.152**	1.173*	1.501**	0.837

学习能力年级差异的事后检验结果表明，8 年级的学习能力得分显著低于 3、4、5、6 年级，4 年级的学习能力得分显著高于 3、7、8 年级，6 年级的得分显著高于 7、8 年级。也就是说，8 年级的学习能力得分最低，4 年级和 6 年级得分较高。

由表 4.4.3 可知，躯体感觉的总体表现是随着年级升高，得分在逐步降低。F检验的结果表明，躯体感觉的年级差异显著，F（5，406）＝5.684，p＝0.000＜0.05。进一步的事后检验结果如表4.4.6所示。

表4.4.6 躯体感觉年级差异的事后检验

	3年级	4年级	5年级	6年级	7年级
4年级	0.946				
5年级	1.115*	0.168			
6年级	1.126*	0.180	0.0117		
7年级	2.078***	1.131*	0.962*	0.951*	
8年级	3.800***	2.684***	2.684***	2.673***	1.721*

躯体感觉年级差异的事后检验结果表明，8年级的得分显著低于其他4个年级，7年级的得分显著低于4、5、6年级，3年级的得分显著高于5、6、7、8年级。也就是说，3年级的得分最高，8年级的得分最低，且与其他年级均存在显著差异。

由表4.4.3可知，负性情绪的总体表现是随着年级升高，得分在逐步降低。F检验的结果表明，负性情绪的年级差异显著，F（5，412）＝6.747，p＝0.000＜0.05。进一步的事后检验结果如表4.4.7所示。

表4.4.7 负性情绪年级差异的事后检验

	3年级	4年级	5年级	6年级	7年级
4年级	0.056				
5年级	1.161**	1.104**			
6年级	1.042*	0.985*	−0.119		
7年级	1.469***	1.412***	0.307	0.426	
8年级	2.865***	2.8088***	1.704**	1.823**	1.396*

负性情绪年级差异的事后检验结果表明，8年级的得分显著低于其他4个

年级，7 年级的得分显著低于 3、4 年级，3、4 年级的得分显著高于 5、6、7、8 年级。也就是说，3 年级的得分最高，4 年级的得分次之，8 年级的得分最低，这 3 个年级与其他年级均存在显著差异。

由表 4.4.3 可知，作业态度的总体表现几乎是随着年级升高，得分在逐步降低。F 检验的结果表明，作业态度的年级差异显著，$F(5, 408)=9.680$，$p=0.000<0.05$。进一步的事后检验结果如表 4.4.8 所示。

表 4.4.8　作业态度年级差异的事后检验

	3 年级	4 年级	5 年级	6 年级	7 年级
4 年级	0.308				
5 年级	1.235***	0.927***			
6 年级	1.213***	0.904**	−0.022		
7 年级	1.287***	0.978***	0.051	0.074	
8 年级	2.700***	2.391***	1.464***	1.486***	1.412**

作业态度年级差异的事后检验结果表明，8 年级的得分显著低于其他 5 个年级，7 年级的得分显著低于 3、4 年级；3、4 年级的得分显著高于 5、6、7、8 年级。也就是说，3 年级的得分最高，4 年级得分次之，8 年级的得分最低，这 3 个年级与其他年级均存在显著差异。

由表 4.4.3 可知，生活环境便利性随着年级的增长，得分几乎均在降低，但 F 检验的结果表明，生活环境便利性的年级差异不显著 $F(5, 412)=0.722$，$p=0.607>0.05$。

由表 4.4.3 可知，活动机会性随着年级的增长，得分几乎无太大变化，F 检验的结果表明，活动机会性的年级差异不显著 $F(5, 412)=1.57$，$p=0.167>0.05$。

由表 4.4.3 可知，运动能力的总体表现几乎是随着年级升高，得分在逐步降低。F 检验的结果表明，运动能力的年级差异显著，$F(5, 411)=$

8.536，p＝0.000＜0.05。进一步的事后检验结果如表 4.4.9 所示。

表 4.4.9　运动能力年级差异的事后检验

	3 年级	4 年级	5 年级	6 年级	7 年级
4 年级	−0.136				
5 年级	0.656	0.793*			
6 年级	1.188**	1.324***	0.531		
7 年级	1.858***	1.995***	1.202***	0.670	
8 年级	1.980***	2.117***	1.324***	0.792	0.121

运动能力年级差异的事后检验结果表明，8 年级的得分显著低于 3、4、5 年级，3、4 年级的得分显著高于 5、6、7、8 年级。也就是说，3、4 年级的得分较高，8 年级的得分最低。

由表 4.4.3 可知，自我满意度的总体表现几乎是随着年级升高，得分在逐步降低。F 检验的结果表明，自我满意度的年级差异显著，F（5，409）＝7.024，p＝0.000＜0.05。进一步的事后检验结果如表 4.4.10 所示。

表 4.4.10　自我满意度年级差异的事后检验

	3 年级	4 年级	5 年级	6 年级	7 年级
4 年级	−0.416				
5 年级	0.815	1.231*			
6 年级	1.352	1.769**	0.537		
7 年级	2.255***	2.671***	1.439*	0.902	
8 年级	4.280***	4.697***	3.465***	2.928**	2.025*

自我满意度年级差异的事后检验结果表明，8 年级的得分显著低于 3、4、5、6、7 年级，4 年级的得分最高，显著高于 5、6、7、8 年级。总体上，中学阶段自我满意度得分显著低于小学阶段。

由表 4.4.3 可知，生活质量的社会心理功能总分 4 年级得分最高，8 年级得分最低。F 检验的结果表明，社会心理功能的年级差异显著，F（5，406）=2.439，p=0.034<0.05。进一步的事后检验结果如表 4.4.11 所示。

表 4.4.11 社会心理功能年级差异的事后检验

	3 年级	4 年级	5 年级	6 年级	7 年级
4 年级	−2.315***				
5 年级	1.030	3.346*			
6 年级	0.708	3.024*	−0.322		
7 年级	1.983	4.299**	0.952	1.275	
8 年级	3.946	6.261**	2.915	3.237	1.962

社会心理功能年级差异的事后检验结果表明，4 年级的社会心理功能总分显著高于其他年级，其他年级之间无显著差异。

由表 4.4.3 可知，生活质量的生活环境总分 3、4 年级得分较高，7、8 年级得分较低。F 检验的结果表明，社会心理功能的年级差异显著，F（5，409）=8.534，p=0.000<0.05。进一步的事后检验结果如表 4.4.12 所示。

表 4.4.12 生活环境年级差异的事后检验

	3 年级	4 年级	5 年级	6 年级	7 年级
4 年级	−0.399				
5 年级	1.356	1.755*			
6 年级	1.538	1.937*	0.182		
7 年级	2.840**	3.240***	1.484*	1.302	
8 年级	2.715*	3.114**	1.359	1.177	−0.125

生活环境年级差异的事后检验结果表明，4 年级的生活环境总分显著高于

其他年级，7、8 年级显著低于 3、4、5 年级。

由表 4.4.3 可知，生活质量的生活质量满意度总分 3、4 年级得分较高，8 年级得分最低。F 检验的结果表明，生活质量满意度的年级差异显著，F（5，409）＝4.727，p＝0.000＜0.05。进一步的事后检验结果如表 4.4.13 所示。

表 4.4.13　生活质量满意度年级差异的事后检验

	3 年级	4 年级	5 年级	6 年级	7 年级
4 年级	−0.200				
5 年级	1.659*	1.859**			
6 年级	2.156**	2.356**	0.497		
7 年级	3.363***	3.564***	1.704*	1.207+	
8 年级	5.461***	5.661***	3.801***	3.304**	2.097+

生活质量满意度年级差异的事后检验结果表明，3、4 年级的满意度总分显著高于其他年级。8 年级显著低于 3、4、5、6、7 年级。7 年级显著低于 3、4、5、6 年级。

4. 一孩生活质量的二孩年龄差异及现状。分别对不同二孩年龄一孩的心理健康各个维度进行描述统计，并进行 F 检验，结果如表 4.4.14 所示。

表 4.4.14　不同二孩年龄一孩生活质量现状：均值（标准差）

	3 岁以下	3—7 岁	7 岁以上
师生关系	15.776（3.24）	16.244（3.15）	15.621（3.65）
同伴关系	16.888（2.94）	16.860（2.79）	16.608（3.40）
亲子关系	12.024（2.815）	12.18（2.96）	12.081（3.00）
学习能力	8.801（2.12）	8.779（2.11）	8.712（2.14）
躯体感觉	14.679（3.41）	15.224（2.93）	15.024（3.16）
负性情绪	11.006（2.57）	11.240（2.31）	11.368（2.73）
作业态度	9.658（2.00）	9.736（1.83）	9.933（1.86）
生活环境便利性	6.670（1.25）	6.604（1.59）	6.664（1.43）

续表

	3 岁以下	3—7 岁	7 岁以上
活动机会性	8.081 (2.29)	7.828 (2.41)	7.520 (2.57)
运动能力	8.844 (2.30)	8.449 (2.66)	8.548 (2.23)
其他	6.099 (1.39)	5.782 (1.44)	6.224 (1.34)
自我满意度	19.358 (3.75)	19.171 (4.11)	19.008 (4.42)
社会心理功能	53.490 (8.44)	54.072 (9.04)	53.008 (10.11)
生理心理健康	35.282 (6.79)	36.201 (5.81)	36.333 (6.14)
生活环境	23.600 (4.64)	22.843 (5.08)	22.685 (4.80)
满意度	25.471 (4.57)	24.960 (4.99)	25.232 (5.05)

由表 4.4.14 可以看出，不同年龄段二孩家庭中一孩的生活质量的各个维度及总分差别不大，进一步的 F 检验显示，除其他维度外，所有的维度都不显著，即一孩的生活质量不存在显著的二孩年龄段差异。

5. 一孩生活质量的二孩性别差异及现状

表 4.4.15　一孩生活质量的二孩性别差异及现状

	男 246 人	女 156 人	t 值	p 值
	均值（标准差）	均值（标准差）		
师生关系	15.841 (3.46)	15.865 (3.19)	−0.070	0.945
同伴关系	16.690 (3.13)	16.923 (2.92)	−0.744	0.457
亲子关系	12.190 (2.79)	11.948 (3.15)	0.803	0.422
学习能力	8.749 (2.03)	8.807 (2.25)	−0.271	0.787
躯体感觉	14.737 (3.18)	15.411 (3.19)	−2.055	0.041
负性情绪	11.040 (2.40)	11.500 (2.74)	−1.744	0.077
作业态度	9.844 (1.82)	9.653 (2.01)	0.982	0.327
生活环境便利性	6.526 (1.51)	6.865 (1.27)	−2.332	0.020
活动机会性	7.542 (2.38)	8.314 (2.43)	−3.139	0.002
运动能力	8.435 (2.29)	8.955 (2.51)	−2.134	0.033

续表

	男 246 人	女 156 人	t 值	p 值
	均值（标准差）	均值（标准差）		
其他	5.947（1.39）	6.121（1.42）	−1.212	0.226
自我满意度	18.923（4.01）	19.675（4.13）	−1.805	0.072
社会心理功能	53.460（8.96）	53.544（9.49）	−0.089	0.929
生理心理健康	35.594（6.00）	36.601（6.69）	−1.555	0.121
生活环境	22.459（4.53）	24.134（5.12）	−3.428	0.001
满意度	24.87（4.78）	25.811（4.93）	−1.886	0.062

由表 4.4.15 可知，不同二孩性别家庭中一孩的生活质量在师生关系、同伴关系、亲子关系、学习能力、作业态度、其他方面无显著差异，在社会心理功能、生理心理健康两个维度方面也没有显著差异。而在躯体感觉、生活环境便利性、运动能力方面在 0.05 水平存在显著差异，生活环境维度总分在 0.05 水平存在显著性别差异，且二孩为女孩的家庭中的一孩的得分显著高于二孩为男孩的家庭中一孩的得分。而负性情绪、自我满意度和满意度总分方面在 0.1 水平存在边缘显著性别差异，且二孩为女孩的家庭中的一孩的得分显著高于二孩为男孩的家庭中的一孩的得分。

（二）一孩心理健康的回归分析

将一孩的生活质量各个维度纳入一孩心理健康模型，结果如表 4.4.16 所示。

表 4.4.16　一孩心理健康回归模型

	学习焦虑	对人焦虑	孤独倾向	过敏倾向	身体症状	恐怖倾向	冲动倾向
一孩性别（男=0）	−0.413	−0.575*	−0.514*	−0.444+	−0.427	0.243	0.371
一孩年龄	−0.114	−0.098	−0.133*	−0.129	−0.105	−0.060	0.140+

续表

	学习焦虑	对人焦虑	孤独倾向	过敏倾向	身体症状	恐怖倾向	冲动倾向
二孩性别（男=0）	−0.868	−0.711	−0.185	0.158	0.010	0.060	−0.242
二孩年龄 3岁以下=0							
3—7岁	0.354	0.098	0.244	0.009	0.016	0.724*	−0.073
7岁以上	0.205*	0.381**	0.267	0.062	0.010	0.511	−0.497+
社会心理功能	−0.013	−0.032+	−0.040**	0.015	−0.003	0.020	−0.022
生理心理健康	−0.094***	−0053**	−0.028+	−0.062***	−0.111***	−0.081***	−0.090***
生活环境	−0.030	−0.020	−0.043+	−0.065*	−0.046	−0.096**	−0.020
满意度	−0.097+	−0.093*	−0.033	−0.110**	−0.221***	−0.090+	−0.134
常数	17.957**	12.323**	9.078***	13.529***	16.907***	9.825***	8.982***
N	364	368	371	370	368	373	368
F	5.920***	10.347***	7.832***	7.564***	17.710***	7.101***	20.623***
R^2	0.131	0.206	0.163	0.159	0.307	0.149	0.341
校正 R^2	0.108	0.186	0.142	0.138	0.290	0.128	0.324

注：无显著影响变量的模型未列出。

由表 4.4.16 可知，在一孩心理健康回归模型中，生活质量的社会心理功能维度仅在孤独倾向模型中起显著作用，具体表现为一孩的社会心理功能得分越高，其孤独倾向得分越低，也就是说，社会心理功能越好，其越不会感到孤独。

由表 4.4.16 可知，在一孩心理健康回归模型中，生活质量的生理心理健康功能维度在几乎所有的维度均具有显著的作用，具体表现为一孩的生理心理质量得分越高，则学习焦虑得分越低，也就是说，一孩的生理心理功能越好，越不会感到学习焦虑；一孩的生理心理健康得分越高，则对人焦虑得分越低，也就是说，一孩的生理心理功能越好，越不会在与人交往时感到焦虑；一孩的生理心理质量得分越高，则过敏倾向得分越低，也就是说，一孩生理心理功能越高，越不容易对事物产生过度敏感的反应；一孩的生理心理质量得分越高，则身体症状得分越低，也就是说，一孩的生理心理功能越好，越不会产生躯体反应；一孩的生理心理健康得分越高，则恐怖倾向得分越低，也就是说，一孩生理心理健康功能越好，越不容易产生恐怖倾向；一孩的生理心理得分越高，则冲动倾向得分越低，也就是说，一孩的生理心理功能越好，越不容易冲动。

由表 4.4.16 可知，在一孩心理健康回归模型中，生活质量的生活环境功能维度在过敏倾向和恐怖倾向维度具有显著的影响作用，具体表现为一孩的生活环境得分越高，则过敏倾向得分越低，也就是说，一孩的生活环境越好，越不会对事物过度敏感；一孩的生活环境得分越高，则恐怖倾向得分越低，也就是说，一孩的生活环境越好，越不会产生恐怖倾向。

由表 4.4.16 可知，在一孩心理健康回归模型中，生活质量的满意度功能维度在心理健康的对人焦虑、身体症状和过敏倾向维度均具有显著的作用，具体表现为满意度功能得分越高，一孩的对人焦虑得分越低，也就是说，一孩对自己的生活越满意，他们的人际交往越好；一孩的满意度功能得分越高，则躯体症状得分越低，也就是说，一孩的满意度功能越高，躯体反应就越好；一孩的满意度功能得分越高，则过敏倾向得分就越低，也就是说，一孩的满意度功能越高，对事物就越不容易产生过敏反应。

由表 4.4.16 的模型分析可知，在一孩的生活质量维度中，生理心理健康和满意度对一孩的心理健康功能的影响作用最大，几乎影响了心理健康的所有维度，而生活环境和社会心理功能对一孩的心理健康的影响作用仅体现在心理健康的某些维度，影响作用相对次之。

四、讨论与结论

（一）一孩的生活质量的个体差异分析

研究表明一孩的生活质量因一孩的性别不同而在运动能力、自我满意度以及生活环境总维度和满意度总维度存在差异，均表现为男生显著高于女生。这一结果可能是因为男生由于生理发育特点，喜欢运动，在参加体育活动方面比较积极，因此运动能力高于女生。男生对自己和环境的满意度都比较高，这可能是因为在二孩家庭中男生有一定的优越感。因为不管二孩是男孩还是女孩，一孩是男孩这一性别角色特征在传统的中国家庭观念中，都应该和必须担负家庭的责任，也会被父母看成是家庭的核心成员。虽然女孩也是家庭责任与义务的担当者，但在部分父母的传统意识中，男孩还是更重要一些。因此，男孩的自我满意度和生活环境满意度高于女孩。研究结果还表明，一孩的生活质量存在年级差异，8 年级的生活质量最低，而 3、4 年级的生活质量相对较高，小学阶段的生活质量显著高于中学阶段的生活质量。这一结果可能是因为随着儿童上学的年级升高，他们的学习压力会不断增加，3、4 年级处于小学的中年级阶段，还没有 5、6 年级所面临的升学压力，而 5、6 年级也没有 7、8 年级需要通过考试择校的压力。这一结果与以往的研究结果一致（姚伟，关永春，2004）。因此，当年级升高，学生的学习压力递增，生活质量显著降低。一孩的生活质量与独生子女的生活质量在绝大多数维度无显著差异，但在亲子关系方面显著低于独生子女。这一结果表明，当家庭中的二孩出生后，父母由于资源的有限性可能会在与一孩建构亲子关系的过程中忽略了一孩的亲子需求，从而降低了与一孩的亲子关系质量。

（二）二孩的性别差异对一孩生活质量的影响

研究结果表明，二孩为男孩时，一孩的躯体感觉和负性情绪得分都显著低于二孩为女孩的家庭中的一孩。这一结果表明，二孩为男孩的家庭中的一孩更容易产生负性情绪和躯体反应。这可能是因为在二孩为男孩的家庭中，一孩更容易产生竞争焦虑，他们感受到父母的注意力转移到了二孩身上，常常对自己所做的事产生自责倾向，常常为与二孩产生的竞争感到心烦，甚至产生躯体化反应以引起父母的关注。二孩为男孩，不管一孩是女孩还是男孩，他们体验到的焦虑不仅来自于二孩出生所带来的竞争，还来自于家庭传统思想对男孩的偏好，二孩为男孩，一孩产生的竞争焦虑更甚，所以更容易产生生活质量层面的负性情绪等。二孩为男孩时，一孩的生活质量在生活环境便利性、活动机会、运动能力、自我满意度等方面，以及生活环境和满意度维度均显著低于二孩为女孩的家庭中的一孩。这一结果可能是因为二孩是男孩的家庭，二孩的活动量和活动能力都较强，这可能会占用父母更多的资源，他们需要陪伴二孩的时间和精力就更多。人的时间资源是有限的，当父母没有太多的时间来陪伴一孩活动和运动时，这必然要影响一孩的活动机会和运动能力的发展，因此，一孩在这方面生活质量的体验就较低。由于二孩的出生，一孩不仅在活动能力和机会方面受到影响，他们对自从二孩出生后的家庭结构的变化和家庭关系的变化也十分敏感，他们从聚光灯式的被关注，到突然被去中心化，心中本来就有不快。家庭中的二孩如果是男孩，一是由于男孩的活泼好动会引起父母更多的关注，二是因为男孩通常在传统的家庭观念中仍是父母寄希望更大的子女。所以，父母可能在日常生活中无意识地流露出对男孩的偏好，从而影响一孩的心情，使得他们对自己当前的状态产生更多的不满意。

（三）生活质量对一孩心理健康的影响

研究结果表明，生活质量中的生理心理健康维度几乎显著影响一孩心理健康的所有维度，这一结果充分表明，生活质量是对传统的健康和功能状态的有益补充，是和心理健康密不可分的测量维度。生理心理健康越好，一孩的心理健康水平越高。社会心理功能显著影响一孩的孤独倾向，也就是说一孩的师生关系、同伴关系、亲子关系、学习能力越好，一孩越不容易产生孤独倾向。一孩的生活环境显著影响其过敏倾向和恐怖倾向。一孩生活质量的满意度越高越不容易产生对人焦虑、过敏倾向和身体症状。一孩生活环境越好，越不容易产生过敏倾向和恐怖倾向。由此可见，一孩的过敏倾向受其生活质量的影响最强。生活质量包括了许多其他与健康不太相关的，如工作、家庭、财富、精神和环境等方面。一孩的生活质量由于二孩的出生而发生了显著的变化，不管是在家庭结构中的位置还是经济资源的获得和父母精神资源的支持，以及生活环境的噪声信号，这些都影响了一孩日常的生活状态，他们变得对父母关爱敏感，对环境噪声敏感，甚至对同胞关系敏感，因此当一孩日常的生活质量下降，他们很容易变得对事物的反应较为敏感。一孩的社会心理功能越高，他们与老师、同伴、家长的关系就越好，人都具有亲社会倾向，当能够与他人建构良好的社会关系时，就不容易感受到孤独。一孩具有良好的社会功能时，他们的孤独感较低。一孩的生活质量、生活环境满意度越高，他们的安全感就越高，就越愿意和他人交往，不会对他人和环境产生过敏反应，也不会将心理躯体化。因此，当一孩对自己当前的生活较为满意，且周围的生活环境安全感系数相对较高时，一孩在与他人的交往过程中就会越自信，不会敏感多疑等。

五、教育建议

（一）关注不同年龄段一孩生活质量的发展

一孩的生活质量在不同年级之间存在显著的差异，特别是 8 年级时达到了最低的水平，而且几乎是随着年级增加，一孩的生活质量在降低。随着年级的增加一个重要的变量就是学生的学习任务和学习压力的增加。学习焦虑是当前中小学生普遍存在的心理问题。随着年级、学习任务的增加，学生的学习焦虑不断增加。而且随着年级的增加，学生的生理心理发展迅速增加，特别是到 8 年级，正值青春期，这个时候的孩子不太愿意与他人交流，容易冲动和感受到内心的孤独，对人对事较为敏感。因此，作为父母和学校要特别关注 7、8 年级学生的心理成长需求，多开设一些心理健康方面的讲座，帮助这一时期的孩子开展自我对话，用所学到的知识缓减内心的焦虑与不安。同时，要进一步厘清压力的形成原因，是升学压力，是来自于家庭的压力，还是由于学生自身原因形成的压力，需要针对不同的压力形态，帮助儿童进行疏导。每个年级都有压力，每个学生的压力形成可能有所不同，但作为父母和学校要多关注每个时期孩子成长和学习过程中的特殊情况，因人施教。在家庭中，很多家长过度关心孩子的学习成绩，特别是当二孩出生以后，家长对孩子成长的焦虑转变成了希望孩子成才的焦虑，对孩子的学习更为关心，这无形之中将父母的焦虑转嫁到了孩子的身上，不利于孩子的健康成长。因此，作为家长，要尊重孩子的成长规律，关心孩子的健康成长，而不是能否成才。家长自己也要学会科学调节生育二孩后的压力，多学习与交流，做到科学养育，不转嫁情绪。

（二）关注不同性别二孩家庭一孩生活质量的发展

二孩的性别显著影响了一孩的生活质量，总体表现在二孩为男孩的家庭中的一孩生活质量显著低于二孩为女孩的家庭中的一孩。其原因可能体现在两个方面，一是中国传统的家庭观念仍是男孩倾向。一个家庭中生育的二孩是男孩对一孩而言会形成较大的竞争焦虑。作为父母可能并没有意识到二孩生育了男孩对一孩造成的心理压力。因此，为了更好地减少二孩为男孩时给一孩带来的压力，父母在平时养育孩子的过程中要特别注意平等养育，男孩、女孩一个样。男孩、女孩都是法律意义上的承担有相应责任与义务的子女，父母首先要以法律意识战胜传统重男轻女的意识，从思想与行动上都能够公平对待自己不同性别的子女。同时，也要在同性别子女中树立老大老二一个样，让一孩在竞争中享有来自父母的平等、公正的安全感。二是男孩占用的资源较多。男孩在养育的过程中，因为生理发育的特点，他们一般好动，而且相对于女孩而言心理发育成熟度较晚一些，因此需要占用父母较多的资源，当二孩生下来后，父母对照料男孩分配了更多的资源，使得对一孩的亲子需求有所忽略，一孩容易感到负性情绪和活动能力减弱。因此，父母在二孩生下来后，需要特别注意与一孩建构良好的亲子关系，不能顾此失彼，忽略了一孩的亲子需求。特别是在二孩为男孩的家庭，父母在陪伴二孩玩耍的同时，可以邀请一孩一起参与，这样不仅建构了亲子关系，还可以进一步建构良好的同胞关系，有助于一孩与二孩的共同成长。

（三）注重提高一孩的生活质量以促进其心理健康的发展

生活质量本身就是心理健康的有益性补偿。研究表明生活质量对一孩的心理健康具有显著的影响作用，特别是在生理心理健康、社会功能和生活满意度以及生活环境维度。因此，家长可从下面几个方面提升一孩的生活质量。首先，提升一孩的社会功能。社会功能是与人交往的能力，包括亲子关系、师生关系和同伴关系。在家庭中，父母要充分尊重和信任一孩，给他们以积极的亲子需求反馈，帮助他们与老师、同学建构良好的人际交往关系，特别是当一孩与同学和老师发生矛盾时，家长要能够与一孩进行良好的沟通，指导他们如何与老师和同学相处，当一孩的人际关系良好时，他们的内心就会积极充分，不会感受到孤独。其次，增加一孩的体质与心理韧性。良好的身体素质来自于营养与运动。当一孩身体发育健康时，积极参与运动有利于他们获得愉快的心情，而且在运动中可以培养不怕困难的吃苦精神和坚持不懈的毅力，这也能够促使他们在生活当中遇到困难时增加心理韧性，有利于心理健康。再次，创造和谐温暖的家庭环境。当二孩出生后，一孩的生活环境发生了较大的变化。一孩生活环境中的噪声度增加，特别是对于正在上学的一孩而言，不确定的噪声环境容易引起他们心理上的不适。因此，父母要在二孩出生后，充分注意一孩生活环境的改变，尽量保证一孩的独立空间免受打扰。当一孩与二孩发生矛盾与冲突时，父母也要能够充分调节好同胞之间的矛盾，少作评论与决策，提供一个自由宽松的环境，让两个孩子自行协商解决，这不但有助于一孩与二孩同胞关系的建构，还有助于亲子关系的建构。最后，提升一孩的自我满意度。包括对环境的满意度和对自我学习状态的满意度。给一孩创造合适的生活、休息与学习环境，在二孩出生后，仍要关注一孩的生活与学习，特别是作息环境要安静与温馨。一孩提升了自我满意度，就减少了对二孩出生后引起的竞争的关注，便容易获得较高水平的心理健康状态。

第十一章　一孩的自尊及其对心理健康影响的研究

【内容提要】本章通过对二孩家庭日常生活中一孩自尊的测量，了解一孩的自尊现状并探讨其对一孩心理健康的影响。结果表明，一孩的自尊存在性别和年级的显著个体差异性，也存在二孩性别差异的显著影响。自尊对心理健康的影响表现为：能力自尊显著影响着一孩的心理健康的各个维度；体育运动自尊越高，一孩的学习焦虑、孤独倾向得分显著越低；外表自尊越高，其心理健康水平越高。本章从构建良好的亲子关系；指导一孩形成正确的自我认知；运用策略提升一孩自尊，促进其心理健康发展三个方面给父母提出了建议，以期二孩家庭中的一孩与二孩能够共同成长，获得健康的心理。

一、问题提出

自尊被定义为“我们如何评价自己”。自尊影响着我们生活中各个方面的信任和关系（Ali，Suhail & Ali，2016）。自尊在人们的生活中非常重要，因为它向我们展示了我们如何看待自己的现状和个人价值感，它影响着我们在这个世界上的行为方式和我们与其他人的关系。许多早期的理论认为，自尊是人类的基本需要或动机。人本主义心理学家马斯洛在需要层次理论中就指出尊重是人的基本需要之一，他认为人需要来自他人的尊重和自我尊重（Maslow，1987）。社会测量理论认为，自尊的发展是为了检查一个人在社会群体中的地位和接受程度（Greenberg，2008）。自尊是个体对自身价值的主观评价，包括自我信念（如，我没人爱、我有价值）以及情感状态（如胜利、失望、自豪和羞耻）（Hewitt，2009）。自尊是指一个人对其价值或价值的总体感觉，它可以被认为是衡量一个人“重视、赞同、欣赏、奖励或喜欢自己”的程度（Adler & Stewart，2004）。自我认同理论能够为不同的自尊概念体系提供整合性的理论框架。自尊是群体内发生的自我验证的结果和必要成分（Burke & Stets，2009）。学术界对自尊的界定有几种不同的看法。第一种是能力观，其将自尊看作对自身能力的一种衡量、估计和评判。第二种是价值观，认为自尊是对自我是否有价值的或积极或消极的态度。第三种整合了前两种看法，认为自尊不应是单一的成分，而应是包含胜任力和价值感的复杂心理特质（张亚利，李森，俞国良，2019）。自尊有高低之分，低自尊倾向于在其他的心理问题中陷入恶性循环（Gold，2016）。自尊是影响个体心理健康的重要因素，当一个人产生消极的自尊，他们就会容易产生自卑感、焦虑、恐惧、愤怒和抑郁情绪（Farshi，Sharifi & Rad，2013）。自尊对个体发展具有一定的影响，高自尊者往往具有更为积极的情感，能满意地看待自己，而低自尊者常常伴有负面情绪，更容易抑郁（张静，2013）。国内关于自尊与社交焦虑关系的元分析发现，个体的自尊水平与社交焦虑关系密切，这支持了恐惧管理和社交焦虑的认知理论（张亚利，李森，俞国良，2019）。有关于中国大学生自尊变迁的元分析发现，1993—2013 年，我国大学生的自尊水平呈现下降趋势（沙晶莹，张向葵，2016）。自尊与大学生的攻击行为关系的研究显示，自尊水平越高大学生攻击行为越小（林少武，梁茵，冯春苗等，2019）。中小学生的自尊研究发现，自尊影响中小学生的人际关系（刘广增，胡天强，张大均，2016）。但大多数研究集中在针对大学生群体的研究，且对影响自尊的因素探讨得较少。本章研究希望通过量表测量全面二孩生育政策实施后，二孩家庭中一孩的自尊现状，探讨其个体差异及自尊对一孩心理健康的影响。

二、数据测量与赋值

（一）数据测量

1. 自尊水平的测量。一孩自尊水平通过《儿童自尊量表》（魏运华，1997）测量，共 26 个题目，所有题目按符合程度由弱到强按 1—5 分计分，有 8 道题目为反向计分题。量表由外表、体育运动、能力、成就感、纪律、公德与助人共 6 个维度构成。各维度及总量表的内部一致性信度系数（Cronbach α 系数 ）分别为：外表 0.7748、体育运动 0.7149、能力 0.7150、成就感 0.6207、纪律 0.7030、公德与助人 0.6151，总量表 0.6829 。

2. 心理健康的测量。采用《中小学生心理健康量表》，共分 9 个分量表，其中 1 个为效度量表。同本部分第八章关于心理健康测量的介绍。8 个维度分别为：学习焦虑、对人焦虑、孤独倾向、自责倾向、过敏倾向、身体症状、恐怖倾向、冲动倾向。每个维度得分越高心理健康水平越低，

（二）赋值

1. 自尊水平的赋值为连续变量，每个维度的得分为该维度各个题目之和，得分越高，自尊水平越高。

2. 心理健康的赋值。心理健康水平的测量共分 8 个维度，每个维度的得分为该维度各题目得分之和。得分越高，心理健康水平越差。

三、结果与分析

（一）自尊的基本现状与差异检验

1. 一孩与独生子女自尊的基本现状与差异检验。分别对一孩和独生子女自尊的各个维度进行描述统计与t检验，结果如表4.5.1所示。

表4.5.1 一孩与独生子女的自尊的描述统计与t检验

	一孩416人	独生子女132人	t值	p值
外表	12.863（3.94）	13.818（4.07）	−2.300	0.017
体育运动	10.192（3.32）	10.212（2.86）	−0.062	0.951
能力	20.723（5.66）	21.893（5.41）	−2.085	0.038
成就感	15.220（3.30）	15.462（3.60）	−0.716	0.475
纪律	15.828（3.56）	16.553（3.35）	−2.057	0.040
公德与助人	20.048（3.77）	20.409（3.94）	−0.944	0.345

注：括号内为标准差。

由表4.5.1可知，一孩与独生子女相比，其自尊普遍低于独生子女。自尊的外表维度，一孩得分显著低于独生子女（$t=-2.300$，$p<0.05$）；自尊的能力维度，一孩得分显著低于独生子女（$t=-2.085$，$p<0.05$）；自尊的纪律维度，一孩得分显著低于独生子女（$t=-2.057$，$p<0.05$）。也就是说，与独生子女相比，一孩在外表、能力、纪律方面具有显著的低自尊。

2. 一孩自尊的性别差异及现状。分别对不同性别一孩自尊的各个维度进行描述统计与t检验，结果如表4.5.2所示。

表 4.5.2　不同性别一孩的自尊的描述统计与 t 检验

	男 128 人	女 272 人	t 值	p 值
外表	13.445（4.01）	12.577（3.88）	2.061	0.04
体育运动	11.210（3.20）	9.731（3.32）	4.200	0.000
能力	20.472（5.70）	20.819（5.56）	−0.575	0.566
成就感	15.362（3.37）	15.169（3.23）	0.548	0.584
纪律	15.126（3.50）	16.225（3.53）	−2.896	0.004
公德与助人	20.031（4.11）	20.066（3.52）	−0.088	0.930

注：括号内为标准差。

由表 4.5.2 可知，不同性别一孩外表、体育运动、纪律方面存在显著的差异。自尊的外表维度男生得分显著高于女生（$t=2.061$，$p<0.05$）；自尊的体育运动维度，男生得分显著高于女生（$t=4.200$，$p<0.05$）；自尊的纪律维度，男生的得分显著低于女生（$t=-2.896$，$p<0.05$）。也就是说，男生在外表和体育运动方面比女生具有显著的高自尊，而在纪律方面比女生具有显著的低自尊。

3. 一孩自尊的年级差异及现状。分别对不同年级一孩自尊的各个维度进行描述统计并进行 F 检验，结果如表 4.5.3 所示。

表 4.5.3　不同年级一孩自尊现状：均值（标准差）

	3 年级 52 人	4 年级 68 人	5 年级 105 人	6 年级 82 人	7 年级 82 人	8 年级 20 人
外表	14.096（4.14）	14.029（3.88）	12.857（3.56）	12.170（4.21）	12.000（3.49）	12.350（4.23）
体育运动	11.038（3.06）	11.720（3.29）	10.278（3.17）	9.487（3.40）	9.207（2.98）	9.400（3.97）
能力	21.461（6.37）	22.727（4.59）	20.375（5.76）	20.707（5.47）	19.853（5.47）	17.550（4.88）
成就感	15.941（3.15）	16.073（3.16）	14.663（3.26）	15.768（3.12）	14.731（3.23）	13.000（3.87）
纪律	16.784（3.72）	16.235（2.87）	15.310（3.91）	16.024（3.06）	15.817（3.92）	14.200（3.99）
公德与助人	21.403（3.25）	21.132（3.39）	19.557（3.48）	20.341（3.66）	19.195（3.81）	17.650（4.34）

由表 4.5.3 可知，一孩的外表自尊 3、4 年级较高，5—8 年级较低，7 年级达到最低水平。F 结果表明，外表自尊存在显著的年级差异，F（5，407）=3.718，p=0.003＜0.05。进一步的事后检验结果如表 4.5.4 所示。

表 4.5.4 外表自尊年级差异的事后检验

	3 年级	4 年级	5 年级	6 年级	7 年级
4 年级	0.066				
5 年级	1.239^{+}	1.172^{+}			
6 年级	1.925^{**}	1.859^{**}	0.686		
7 年级	2.096^{**}	2.029^{***}	0.857	0.170	
8 年级	1.746^{+}	1.679^{+}	0.507	−0.179	−0.350

注：$^{+}p<0.1$，$^{*}p<0.05$，$^{**}p<0.01$，$^{***}p<0.001$，本章表下同。

外表自尊年级差异的事后检验的结果表明，3、4 年级的外表自尊得分显著高于 5、6、7、8 年级，3、4 年级外表自尊高于其他年级。其他年级之间无显著差异。

由表 4.5.3 可知，体育运动自尊的总体表现是小学阶段高于初中阶段，3、4 年级得分较高，7 年级的得分最低。F 检验的结果表明，体育运动自尊的年级差异显著，F（5，402）=6.308，p=0.000＜0.05。进一步的事后检验结果如表 4.5.5 所示。

表 4.5.5 体育运动自尊年级差异的事后检验

	3 年级	4 年级	5 年级	6 年级	7 年级
4 年级	−0.682				
5 年级	0.759	1.441^{**}			
6 年级	1.550^{**}	2.232^{***}	0.791^{+}		

续表

	3 年级	4 年级	5 年级	6 年级	7 年级
7 年级	1.831**	2.513***	1.071*	0.280	
8 年级	1.638+	2.320**	0.878	0.087	−1.926

体育运动自尊年级差异的事后检验结果表明，4 年级的得分显著高于其他年级，3 年级的体育运动自尊得分显著高于 6、7、8 年级，5 年级的得分显著高于 7 年级。也就是说，6、7、8 年级一孩的体育运动自尊显著低于 3、4 年级。

由表 4.5.3 可知，能力自尊总体表现是 4 年级得分最高，8 年级得分最低，其他年级随着年级升高，得分在逐步降低。F 检验的结果表明，能力自尊的年级差异显著，F（5，405）＝3.741，p＝0.003＜0.05。进一步的事后检验结果如表 4.5.6 所示。

表 4.5.6　能力自尊年级差异的事后检验

	3 年级	4 年级	5 年级	6 年级	7 年级
4 年级	−1.265				
5 年级	1.086	2.352**			
6 年级	0.754	2.019*	−0.332		
7 年级	1.607	2.873**	0.521	0.853	
8 年级	3.911**	5.117***	2.825*	3.157*	2.303+

由表 4.5.6 可知，能力自尊年级差异的事后检验结果表明，8 年级的得分显著低于其他 4 个年级，4 年级得分显著高于其他年级。也就是说，4 年级的运动自尊最高，8 年级的运动自尊最低，且与其他年级均存在显著差异。

由表 4.5.3 可知，成就感自尊的总体表现是 4 年级得分最高，8 年级得分最低。F 检验的结果表明，成就感自尊的年级差异显著，F（5，406）＝4.803，p＝0.000＜0.05。进一步的事后检验结果如表 4.5.7 所示。

表 4.5.7 成就感自尊年级差异的事后检验

	3 年级	4 年级	5 年级	6 年级	7 年级
4 年级	−0.132				
5 年级	1.277*	1.410**			
6 年级	0.172	0.305	−1.104*		
7 年级	1.209*	1.341*	−0.068	1.036*	
8 年级	2.914***	3.073***	1.663*	2.768*	1.731*

成就感自尊年级差异的事后检验结果表明，8 年级的得分显著低于 3—7 年级。7 年级的得分显著低于 3、4、6 年级；3、4 年级的得分显著高于 5、7、8 年级。6 年级的得分显著高于 5、7、8 年级。也就是说，3、4、6 年级成就感自尊高于 5、7、8 年级。

由表 4.5.3 可知，纪律自尊的总体表现几乎是随着年级升高，得分在逐步降低。但 6 年级的纪律自尊要高于 5 年级。F 检验的结果表明，纪律自尊的年级差异显著，$F(5,405)=2.274$，$p=0.047<0.05$。进一步的事后检验结果如表 4.5.8 所示。

表 4.5.8 纪律自尊年级差异的事后检验

	3 年级	4 年级	5 年级	6 年级	7 年级
4 年级	0.549				
5 年级	1.473*	0.924+			
6 年级	0.759	0.210	−0.713		
7 年级	0.967	0.418	−0.506	0.207	
8 年级	2.584**	2.035*	1.110	1.824*	1.617

纪律自尊年级差异的事后检验结果表明，8 年级的得分显著低于 3、4、6 年级，7 年级的得分与其他所有年级均无显著差异；5 年级的得分仅与 3 年级

有差异。8 年级的纪律自尊最低，其他年级之间差异不显著。

由表 4.5.3 可知，公德与助人自尊随着年级的增长，得分几乎均在降低，6 年级略高于 5 年级。但 F 检验的结果表明，公德与助人自尊的年级差异显著 F（5，407）=5.777，p=0.000<0.05。进一步的事后检验结果如表 4.5.9 所示。

表 4.5.9　公德与助人自尊年级差异的事后检验

	3 年级	4 年级	5 年级	6 年级	7 年级
4 年级	0.271				
5 年级	1.846**	1.574**			
6 年级	1.062	0.790	−0.783		
7 年级	2.208***	1.937***	0.362	1.146*	
8 年级	3.753***	3.482***	1.907*	2.691**	1.545+

公德与助人自尊年级差异的事后检验结果表明，8 年级的得分显著低于所有的年级，而小学 3、4 年级得分显著高于 5、7、8 年级，小学 6 年级与小学 3、4、5 年级之间的差异不显著。也就是说 8 年级的纪律自尊最低，3、4 年级的纪律自尊较高，6 年级的纪律自尊高于中学，与小学其他年级差异不显著。

4. 一孩自尊的二孩年龄差异及现状。分别对不同二孩年龄一孩的心理健康各个维度进行描述统计并进行 F 检验，结果如表 4.5.10 所示。

表 4.5.10　不同二孩年龄一孩自尊现状：均值（标准差）

	3 岁以下	3—7 岁	7 岁以上
外表	13.092（3.87）	12.777（3.81）	12.647（4.19）
体育运动	10.411（3.53）	9.936（3.40）	10.173（2.95）
能力	20.869（5.51）	20.833（5.41）	20.396（6.14）

续表

	3岁以下	3—7岁	7岁以上
成就感	15.042（3.43）	15.448（3.38）	15.216（3.04）
纪律	15.234（3.62）	16.928（3.16）	15.537（3.63）
公德与助人	19.650（3.85）	20.325（3.51）	20.322（3.90）

由表4.5.10可以看出，不同二孩年龄段，一孩的外表自尊随二孩的年龄增长而降低；体育运动自尊在二孩为3岁以下时得分最高；能力自尊随二孩的年龄增长而降低；成就感自尊在二孩3岁以下时得分最低；纪律自尊在二孩年龄为3—7岁时得分最高；公德与助人自尊在二孩3岁以下时得分最低，之后基本相等。

F检验的结果表明，$F_{外表自尊}(2, 409)=0.484$，$p=0.617>0.05$，差异不显著，表明一孩的外表自尊不存在二孩年龄段的差异；$F_{体育运动自尊}(2, 409)=0.724$，$p=0.485>0.05$，差异不显著，表明一孩的自尊不存在二孩年龄段的差异；$F_{能力自尊}(2, 407)=0.277$，$p=0.758>0.05$，差异不显著，表明一孩的能力自尊不存在二孩年龄段的差异；$F_{成就感自尊}(2, 407)=0.530$，$p=0.589>0.05$，差异不显著，表明一孩的成就感自尊不存在二孩年龄段的差异；$F_{公德与助人自尊}(2, 409)=1.569$，$p=0.210>0.05$，差异不显著，表明一孩的公德与助人自尊不存在二孩年龄段的差异；$F_{纪律自尊}(2, 407)=8.952$，$p=0.000<0.05$，差异显著，表明一孩的纪律自尊存在二孩年龄段的差异。进一步的事后检验结果如表4.5.11所示。

表4.5.11　纪律自尊年级差异的事后检验表

	3岁以下	3—7岁
3—7岁	−1.693***	
7岁以上	−0.302	1.390**

由表4.5.11可以看出，二孩在3—7岁，一孩的纪律自尊显著高于二孩

在 3 岁以下和 7 岁以上的一孩。

5. 一孩自尊的二孩性别差异及现状。对不同二孩性别家庭中的一孩的自尊水平进行描述与差异检验，结果如表 4.5.12 所示。

表 4.5.12　一孩自尊的二孩性别差异及现状

	男 243 人	女 157 人	t 值	p 值
	均值（标准差）	均值（标准差）		
外表	12.543（3.96）	13.324（3.87）	−1.941	0.053
体育运动	9.884（3.20）	10.681（3.44）	−2.359	0.021
能力	20.471（5.56）	21.019（5.74）	−0.948	0.344
成就感	15.115（3.22）	15.359（3.42）	−0.717	0.474
纪律	16.053（3.55）	5.435（3.62）	1.680	0.094
公德与助人	20.020（3.68）	20.114（3.83）	−0.245	0.806

由表 4.5.12 可知，一孩自尊因家庭中二孩的性别不同而不同，在外表、体育运动、能力、成就感和公德与助人自尊维度，二孩性别是男孩家庭的一孩自尊得分高于二孩性别是女孩家庭中的一孩。且在外表自尊、体育运动自尊方面存在显著的差异。也就是说，二孩是女孩的家庭中的一孩，其自尊水平高于二孩是男孩的家庭中的一孩。纪律自尊表现为二孩为男孩的家庭中的一孩得分在 0.1 水平显著高于二孩为女孩的家庭中的一孩。

（二）一孩心理健康的回归分析

将一孩的自尊各个维度纳入一孩心理健康模型，结果如表 4.5.13 所示。

表 4.5.13　一孩心理健康回归模型

	学习焦虑	对人焦虑	孤独倾向	自责倾向	过敏倾向	躯体症状	恐怖倾向	冲动倾向
一孩性别（男=0）	−0.682+	−0.534*	−0.456*	−0.443+	−0.392	−0.394	0.202	0.412
一孩年龄	−0.006	−0.008	−0.073	−0.027	0.008	0.111	0.030	0.343***
二孩性别（男=0）	−0.997**	−0.825***	−0.161	−0.228	0.026	−0.101	−0.192	−0.387
二孩年龄 3 岁以下=0								
3—7 岁	0.229	−0.074	0.240	−0.067	0.002	0.16	0.670*	−0.060
7 岁以上	−0.012	0.299	0.307	0.013	−0.144	−0.214	0.530	−0.671
外表自尊	−0.128**	−0.018	−0.051*	−0.113***	−0.053+	0.066+	−0.039	−0.028
体育运动自尊	−0.120*	−0.011	0.017	0.001	−0.029	−0.028	−0.136**	−0.047
能力自尊	−0.219***	−0.153***	−0.075***	−0.066***	−0.084***	−0.190***	−0.113***	−0.056**
成就感自尊	0.023	0.061	−0.005	−0.009	0.032	0.034	−0.018	−0.054
纪律自尊	0.049	0.012	0.001	0.066+	−0.015	0.038	−0.039	−0.083*
公德与助人自尊	0.091	−0.072+	−0.022	0.092*	−0.017	−0.081	0.095+	−0.028
常数	14.231***	8.713***	5.783***	7.166***	9.028	9.123***	5.733***	3.053*
N	371	376	379	376	376	375	381	376
F	10.549***	8.635	3.703***	3.830***	2.925***	7.736***	5.233***	8.786***
R^2	0.244	0.206	0.100	0.103	0.081	0.189	0.135	0.209
校正 R^2	0.221	0.183	0.073	0.076	0.053	0.165	0.109	0.186

注：无显著影响变量的模型未列出。

由表 4.5.13 可知，一孩自尊维度对心理健康具有一定的影响，具体表现为：能力自尊显著影响着一孩心理健康的各个维度，表现为能力自尊得分越高，学习焦虑、对人焦虑、孤独倾向、自责倾向、过敏倾向、躯体症状、恐怖倾向、冲动倾向的得分越低。这一结果表明，能力自尊越高一孩的心理健康水平越高。外表自尊得分越高，一孩的学习焦虑、孤独倾向、自责倾向得分在 0.05 水平显著越低，而过敏倾向、躯体症状在 0.1 水平显著较低。这一结果表明，一孩的外表自尊越高心理健康水平越高。体育运动自尊越高，一孩的学习焦虑、孤独倾向得分显著越低，也就是说一孩的体育运动自尊越高学习焦虑和恐怖倾向的健康水平越高。一孩的纪律自尊和公德与助人自尊对一孩心理健康的影响较弱，仅在个别维度起显著作用。一孩的成就感自尊对其心理健康无显著影响。

四、讨论与结论

（一）一孩与独生子女自尊的差异分析

研究表明，一孩与独生子女相比，其自尊普遍低于独生子女，且在自尊的外表维度、自尊的能力维度、自尊的纪律维度具有显著的差异。这一结果表明，与独生子女相比，一孩在外表、能力、纪律方面具有显著的低自尊。这可能是因为二孩的出生，使一孩发生了同胞比较。在我们之前的调查中，50％以上的一孩被二孩的外貌特征所吸引，认为二孩太可爱了，所以相比之下，觉得自己没有二孩好看。另一方面，由于在与二孩相处的过程中，父母将更多地关注放在了二孩身上，父母可能会更多地夸赞二孩长得好看，而忽略了一旁的一孩，这有可能会损伤一孩的外表自信。同样，在与二孩相处的过程中，父母常常习惯于表扬二孩对新事物的接受与学习能力，在之前的调查中，有一孩会感觉即使做了相同的事，父母也只会表扬二孩而不会表扬他们，并由此产生心理失落感。因此，相比之下，一孩完成某事所具有的能力被父母忽视，也容易使一孩因能力的挫败感而产生较低的能力自尊。在二孩家庭中，父母常常对一孩的约束要高于其在独生子女时代的要求，甚至常常因为没有做到而被父母批评，这也会降低一孩的自尊。与一孩相比，独生子女因为家中没有与其竞争父母资源的同胞兄弟姐妹，他们仍是家庭的中心，父母对他们倾注了全部的爱，经常鼓励与表扬他们，对他们的管束也相对宽松，因此相比于一孩，独生子女的自尊水平相对较高。

（二）一孩自尊的个体差异分析

研究结果表明，一孩自尊存在一定的性别差异，特别是在外表自尊、体育运动自尊方面，男生显著高于女生；而纪律自尊方面女生显著高于男生。这一结果可能是因为女生对自己的外表要求较高，男生对自己的外表要求相对较低，因此自尊水平较高。由于男生天生好动，对自己的运动能力具有较高的自我评价，因此，男生的外表自尊和体育运动自尊水平显著高于女生。这与以往的研究具有一致性（陈鑫慧，周丽华，2019）。纪律自尊方面女生高于男生，这可能是因为男生在学校中更为活泼好动，女生更为乖顺，对于学校的纪律和规章制度，女生执行起来的力度要高于男生。因此，与男生相比，女生具有较高的纪律自尊。但有的研究也表示，自尊不存在显著的性别差异（贾继超，刘金同，王旸等，2014）。小学生的自尊水平显著高于中学生，8 年级自尊水平最低，3、4 年级自尊水平最高。这可能是因为小学生由于学业压力小于中学生，且中学生处于自我评价的敏感期，他们的自我评价会降低，从而使得中学阶段的自尊水平普遍低于小学阶段。也有研究表明，初中、高中、大学生的外显自尊和元自尊随着年级升高有逐渐增长的趋势，但从青少年自尊发展的年龄趋势来看，15 岁是外显自尊发展的低谷阶段。15 岁正好是初中阶段，这个时候他们的自尊水平偏低，同样也低于小学生（张林，2004）。

（三）一孩自尊的二孩性别差异分析

一孩的自尊不仅与是否是独生子女有关，还与自身的性别、年龄和家庭中二孩的性别有关。研究表明，二孩是男孩的家庭中的一孩其自尊水平在外表维度和体育运动维度显著低于二孩是女孩的家庭中的一孩。这一结果与上一节的研究类似，二孩为男孩的家庭中的一孩生活质量中的运动功能低于二孩为女孩的家庭中的一孩。这一结果可能是因为在二孩家庭中，仍存在传统的男孩偏好思想，男孩偏好降低了一孩自我认同的在父母心目中的位置，他们更多的会对自己产生负性评价，对自己感到不满意。而在纪律维度的得分在0.1水平显著高于二孩为女孩的家庭中的一孩。这进一步表明，在二孩为男孩的家庭中的一孩，由于感受到这种男孩偏好的传统思想的作用，他们常常要求自己要更好的表现，要听话，这样才能获得父母更多的关注。因此，他们自我约束能力更强，与那些二孩为女孩的家庭中的一孩相比，他们具有更高的纪律自尊。

（四）自尊对一孩心理健康影响的分析

研究表明，一孩自尊对心理健康具有一定的影响。能力自尊显著影响着一孩心理健康的各个维度，表现为能力自尊得分越高，学习焦虑、对人焦虑、孤独倾向、自责倾向、过敏倾向、躯体症状、恐怖倾向、冲动倾向的得分越低，能力自尊越高，一孩的心理健康水平越高。这一结果与学术界关于自尊的能力观一致，自尊本身就是对自身能力的一种衡量、估计和评判。能力越高，获得的外部评价和奖赏就越高，接受的积极反馈越多，越有利于心理健康。有研究表明，高自尊与负性情绪呈现显著的负相关（陈鑫慧，周丽华，2019；贾继超，刘金同，王旸等，2014），即自尊越高人们的负性情绪就越低，主观幸福感就越高，心理就越健康。外表自尊得分越高，一孩的学习焦虑、孤独倾向、自责倾向得分在0.05水平显著越低，而过敏倾向、躯体症状在0.1水平显著较低，这一结果表明，一孩的外表自尊越高，其心理健康水平越高。人的外表具有吸引性，通常也能获得他人的积极评价。外貌吸引力强的儿童能够激发来自父母、其他成年人和同伴积极的反馈和评价（Hartup，1983；Langlois，1986；Lenerz，Kucher & East，et al.，1987）。因此，外表自尊高的一孩不仅在家庭中，在学校中也能获得老师与同学的积极反馈，心理健康水平较高。体育运动自尊越高，一孩的学习焦虑、孤独倾向得分显著越低，也就是说一孩的体育运动自尊越高，其学习焦虑和恐怖倾向的健康水平越高。体育运动既是一种能力，又能够让儿童在运动中获得乐趣，结交朋友。因此一孩的体育运动自尊越高，越能够获得运动的快乐体验和身心健康。

五、教育建议

（一）构建良好的亲子关系

研究的结果表明一孩与独生子女的自尊水平存在显著的差异。这就提醒了我们，在二孩家庭中，一孩与父母的关系发生了变化，由单纯的亲子关系变成了多维关系。不仅是亲子关系发生了变化，还新增加了同胞关系。在复杂的多维关系中，一孩与父母的亲子关系变得更为敏感。二孩出生后，父母的关注点和时间资源、心理资源大多集中在二孩身上而有可能会忽略了一孩的需求，使得一孩在外表、能力方面变得不自信。特别是在二孩为男孩的家庭中。因此，父母要特别注重与一孩建立良好的亲子关系，在养育二孩成长的同时，要关注一孩的亲子需求。随着时代的进步，很多家庭已经做到男孩、女孩一个样，但是传统的男孩偏好思想仍影响着父母在子女养育过程中的一言一行，这些有可能会影响到一孩的自尊体验。因此父母在子女养育过程中，要真正践行男孩、女孩一个样。在同胞关系发生矛盾与冲突时，能够公平公正解决问题。

（二）指导一孩形成正确的自我认知

自尊是个体对自身价值的主观评价，包括自我信念，如我没人爱、我有价值；以及情感状态，如胜利、失望、自豪和羞耻（Hewitt，2009）。小学阶段和初中阶段相比，初中生对自我的评价较低，在自尊的多个方面显著低于小学生。因此，学校与家庭要一起努力，帮助一孩形成正确的自我认知。在学校中，可以多开设相关知识的讲座，包括青春期心理卫生以及如何在二孩家庭中构建良好的亲子和同胞关系等。在家庭中，父母要在认知层面帮助一孩建立正确的观念，一孩与二孩都是家庭中的重要成员，他们之间存在着一定的资源分配，但更需要认识到的是一孩与二孩在父母的心里同等重要，希望一孩与二孩能够相互陪伴共同成长。一孩也要树立正确的自我评价方法，关注自身各种能力的发展，而不是一味地沉浸在与二孩的竞争中，一孩应正确认识自己，培养内在品质，与二孩相互合作，客观面对他人因素对自己的影响。

（三）运用策略提升一孩自尊，促进心理健康发展

自尊水平的提升不是一件容易的事，但人的自尊并非一成不变，人们可以通过训练提升人的自尊水平。自尊从何而来？中小学生的自尊一般来自于家长、老师和其他人对其的积极反馈。当家长、老师和同伴在生活中多关注一孩的优点时，一孩就会对自己感觉良好，就容易形成积极的自尊。当家长、老师和同伴在一孩犯错时能够充满耐心地倾听与指导，一孩就能够学会接受自己，形成较积极的自尊。当一孩在生活中能够建构较好的人际关系，和朋友相处融洽时，一孩感到被他人喜欢，自尊水平也会提高。首先，家长要帮一孩找出导致低自尊的原因，如在面对一般事件时，有的一孩喜欢形成负性思维，将压力事件（如批评）个人化，这样容易形成挫败感。如果能够改变想法，将消极信念合理化，寻找积极的行为去改变认知，将有助于形成较高的自尊。其次，要注重培养技能，可使一孩通过学习和使用一些基本的生活技能来获得价值感，如当一个人学会一项特殊技能，或在阅读、运动、听音乐、绘画中感受到所学和所做的每一件事都会形成一个自我感觉良好的机会，就会形成良好的获得感，从而喜欢某事，产生希望，并提高自尊。最后，可以在养育二孩的过程中，充分发挥一孩的功能，让其参与到二孩的成长过程中，帮助二孩习得一些基本技能，和二孩一起玩耍，让一孩感受到作为兄长的获得感和认同感，从而提高自尊，促进一孩心理健康水平的发展。

第十二章　一孩的自我意识及其对心理健康影响的研究

【内容提要】本章通过对二孩家庭日常生活中一孩自我意识的测量，了解一孩的自我意识现状并探讨其对一孩心理健康的影响。结果表明，一孩的自我意识与独生子女在智力与学校情况、躯体与外貌特征等方面存在显著的差异；一孩的自我意识存在性别和年级的显著性个体差异，也存在二孩性别差异的显著影响。自我意识的焦虑维度对心理健康中所有维度具有显著的影响作用；行为意识对过敏倾向维度和冲动倾向维度具有显著的影响作用，行为倾向越好，一孩的过敏倾向和冲动倾向越低；躯体与外貌属性对自责倾向和冲动倾向具有显著的影响作用，躯体与外貌属性得分越高，自责倾向得分越低。最后本章从关注一孩的认知发展；指导一孩形成正确的自我评价；运用策略提升一孩自我意识，促进心理健康发展三个方面给父母提出了建议，以期二孩家庭中一孩与二孩能够共同成长，获得健康的心理。

一、问题提出

人类不仅能意识到周围存在的世界，也能够感知到他们自己，包括他们所进行的身体和精神活动，这就是自我意识，也就是对自我的感知。自我意识不仅是哲学层面的概念，也是心理学层面的概念。在心理学层面，自我意识是个体对自己的认识和态度，是人格的重要组成部分，是个体实现社会化、完善人格特征的重要保证（Justo，2008）。自我意识是一种高度的自我注意的感知，是对个体存在的意识（Richard & Thomas，1992）。自我是个人自我意识的凝聚，即人对自身的观念系统（黄希庭，2005）。自我意识也称自我，乃是对自己存在的察觉，即自己认识自己的一切，包括认识自己的生理状况、心理特征以及自己与他人的关系（时蓉华，1986）。研究者对自我意识发展的机制进行探索后指出，自我意识发展的内在动力机制是自尊，因为自我意识的形成和发展总是会具有一种自我倾向性，这就是自尊；自我意识的发展还表现为自我调节能力，自我意识发展的本质在于能够使人更为主动、积极地调节自己（李晓文，1993）。国内外研究表明，青少年自我意识的发展存在一定的个体差异性。男、女童的自我意识存在显著差异，男童在多个方面优于女童，主要原因可能是女童在很大程度上依赖于父母、老师的评价（Andreas，Ulrike & Martin，2004）。随着年龄的增长，学习成为儿童的主导活动，除儿童自我评价学习能力方面降低外，自我意识的其他多个方面均有所提高，儿童对外貌的自我感觉也与儿童自我意识相关联（Andreas，Ulrike & Martin，2004；Shapka & Keating，2005）。也有研究表明，女生的自我意识水平高于男生（Binish，2017）。这项研究的结果可以用来指导学校的辅导员和教师，使他们能够针对青少年行为发展的一个自然而关键的方面，即自我意识的感受，开展相关工作。女孩较高的自我意识水平主要归因于她们更密切的社会参与。个体自我意识在青少年时期表现为个体差异，但在成年后更可能成为社会行为的显著和预测因素（Rankin，Lane & Gibbons，et al.，2004）。女孩比男孩的自我意识更强，更容易接受和更关心人际和谐，男孩更强调成就和能力。这些差异反映了社会对性别角色的定义（Rosenberg & Simmons，1975）。青少年的自我意识随年龄的增长而增加（Davis & Franzo，1991）。我国中小学生自我意识发展呈现出 3 个上升期和 2 个平稳期。小学 1 年级到 3 年级、小学 5 年级到初中 7 年级、初中 9 年级到高中 2 年级是 3 个上升期；小学3年级到5年级、初中7年级到9年级是2个平稳期（韩进之，魏华忠，1985）。总分及焦虑分量表得分均随年龄增长而有所降低（石淑华，张静，胡美荣等，2002）。有研究发现，城市学生在智力、外貌、焦虑、合群以及幸福分量表方面的得分均高于农村学生（钞秋玲，汪萍，2001）。学习成绩与儿童自我意识密切相关，学习成绩优秀的儿童自我意识水平高（王丽，李廷玉，2011）。高焦虑与高自我意识相关（Lechner & Rosenthal，1984）。自我意识与心理健康存在显著的相关关系，有研究表明，自我意识与抑郁和人际敏感的关系最为密切，自我意识中的自觉性、自信感、能力评价、体貌评价和自尊感对中学生心理健康具有较大的影响（彭以松，聂衍刚，蒋佩，2007）。本章研究希望探究一孩的自我意识及其对心理健康的影响。

二、数据测量与赋值

（一）数据测量

1. 儿童自我意识测量。《Piers-Harris 儿童自我意识量表》（Piers-Harris Child'sself-concept Scale）是美国心理学家 DBEV 及 Piers-Harris 于 1969 年编制、1974 年修订的儿童自评量表，主要用于评价儿童自我意识的状况，共分为6个分量表：行为、智力与学校情况、躯体外貌与属性、焦虑、合群、幸福与满足来评价儿童的自我意识。本量表适用于8—16岁儿童，可用于临床对行为障碍、情绪障碍儿童自我意识的评价，也可作为筛查工具用于流行学调查。

2. 心理健康的测量。同本部分第八章关于心理健康测量的介绍。心理健康测量共分9个分量表，其中1个为效度量表。考察的8个维度分别为：学习焦虑、对人焦虑、孤独倾向、自责倾向、过敏倾向、身体症状、恐怖倾向、冲动倾向。

（二）赋值

1. 自我意识的赋值为连续变量，每个维度的得分为该维度各个题目得分之和，得分越高，自我意识水平越高。本量表为正性记分，凡得分高者，即无此类问题，总分得分越高，则表明该儿童自我意识水平越高。

2. 心理健康的赋值。心理健康水平的测量共分 8 个维度，每个维度的得分为该维度各题项得分之和。得分越高，心理健康水平越差。

三、结果与分析

（一）自我意识的基本现状与差异检验

1. 一孩与独生子女自我意识的基本现状与差异检验。通过分别对一孩与独生子女自我意识的各个维度进行描述统计与 t 检验，结果如表 4.6.1 所示。

表 4.6.1　一孩与独生子女自我意识的描述统计与 t 检验

	一孩 407 人	独生子女 131 人	t 值	p 值
行为	12.098（2.54）	12.160（2.25）	−0.249	0.803
智力与学校情况	11.207（3.76）	12.015（3.48）	−2.165	0.031
躯体与外貌属性	7.970（3.26）	8.584（2.82）	−1.924	0.055
焦虑	9.261（2.98）	9.372（3.08）	−0.364	0.716
合群	8.915（2.10）	9.129（1.95）	−1.030	0.303
幸福与满足	7.578（1.76）	7.832（1.69）	−1.442	0.150
总分	57.053（12.85）	58.960（12.39）	−1.469	0.142

注：括号内为标准差。

由表 4.6.1 可知，独生子女的自我意识的得分均高于一孩，且在智力与学校情况、躯体与外貌属性方面的自我意识存在显著差异。也就是说，独生子女的智力与学校行为和躯体与外貌属性的自我意识好于一孩。

2. 一孩自我意识的性别差异及现状。通过分别对不同性别一孩自我意识的各个维度进行描述统计，并进行 t 检验，结果如表 4.6.2 所示。

表 4.6.2　不同性别一孩的自我意识的描述统计与 t 检验

	男 125 人	女 271 人	t 值	p 值
行为	11.728 (2.51)	12.280 (2.53)	−2.023	0.044
智力与学校情况	11.322 (4.03)	11.185 (3.63)	0.331	0.741
躯体与外貌属性	8.049 (3.31)	7.977 (3.25)	0.200	0.841
焦虑	9.278 (2.61)	9.342 (3.07)	−0.198	0.844
合群	8.487 (1.99)	9.154 (2.11)	−0.294	0.003
幸福与满足	7.637 (1.53)	7.585 (1.85)	0.268	0.789
总分	56.855 (12.50)	57.441 (12.94)	−0.412	0.680

注：括号内为标准差。

由表 4.6.2 可知，男孩的自我意识在行为、焦虑、合群、幸福与满足和总分方面的得分低于女孩，且在行为、合群维度存在显著差异，女孩好于男孩。男孩在智力与学校情况、躯体与外貌属性的得分略高于女孩，但差异不显著。

3. 一孩自我意识的年级差异及现状。通过分别对不同年级一孩自我意识的各个维度进行描述统计，并进行 F 检验，结果如表 4.6.3 所示。

表 4.6.3　不同年级一孩自我意识现状：均值（标准差）

	3 年级 50 人	4 年级 66 人	5 年级 105 人	6 年级 82 人	7 年级 81 人	8 年级 20 人
行为	12.680 (2.08)	12.757 (1.87)	12.047 (2.79)	11.939 (2.88)	11.580 (2.20)	11.550 (3.37)
智力与学校情况	11.782 (3.35)	12.560 (3.56)	10.561 (3.63)	12.126 (3.61)	10.481 (3.78)	8.100 (3.71)
躯体与外貌属性	8.312 (3.16)	9.287 (2.733)	7.647 (3.35)	8.240 (3.36)	7.321 (3.14)	6.350 (3.52)
焦虑	10.062 (2.62)	10.469 (2.27)	9.145 (2.75)	9.321 (3.09)	8.370 (3.21)	7.100 (3.32)

续表

	3 年级 50 人	4 年级 66 人	5 年级 105 人	6 年级 82 人	7 年级 81 人	8 年级 20 人
合群	9.347 (1.80)	9.409 (1.99)	8.708 (2.05)	9.122 (2.38)	8.580 (2.10)	7.736 (1.59)
幸福与满足	7.760 (1.62)	7.803 (1.54)	7.451 (1.91)	7.839 (1.91)	7.321 (1.67)	6.850 (1.66)
总分	59.434 (10.52)	62.287 (11.29)	55.267 (12.91)	59.213 (14.28)	53.654 (11.94)	48.473 (11.87)

由表 4.6.3 可知，一孩的自我意识的行为维度得分几乎是随着年级的升高在降低。F 结果表明，一孩的行为意识存在显著的年级差异，F（5，403）＝2.383，p＝0.038＜0.05。进一步的事后检验结果如表 4.6.4 所示。

表 4.6.4 行为意识年级差异的事后检验

	3 年级	4 年级	5 年级	6 年级	7 年级
4 年级	−0.077				
5 年级	0.632	0.709^{+}			
6 年级	0.740	0.818^{*}	0.108		
7 年级	1.099^{*}	1.177^{**}	0.467	0.358	
8 年级	1.130^{*}	1.207^{*}	0.497	0.389	0.030

注：$^{+}p<0.1$，$^{*}p<0.05$，$^{**}p<0.01$，$^{***}p<0.001$，本章表下同。

行为意识年级差异的事后检验的结果表明，3、4 年级的外表行为意识得分显著高于 7、8 年级，其他年级之间无显著差异。

由表 4.6.3 可知，一孩的自我意识的智力与学校情况得分小学高于初中，4 年级和 6 年级最高。F 检验结果表明，一孩的智力与学校情况存在显著的年级差异，F（5，396）＝7.355，p＝0.000＜0.05。进一步的事后检验结果如表 4.6.5 所示。

表 4.6.5 智力与学校情况年级差异的事后检验

	3 年级	4 年级	5 年级	6 年级	7 年级
4 年级	−0.778				
5 年级	2.220	1.998***			
6 年级	−0.343	0.434	−1.564**		
7 年级	1.301+	2.079***	0.080	1.645**	
8 年级	3.683**	4.460***	2.461**	4.026***	2.381**

智力与学校情况年级差异的事后检验结果表明，8 年级的得分显著低于其他所有年级，4、6 年级的得分显著高于 5、7、8 年级。也就是说 4、6 年级的智力与学校情况自我意识最好，8 年级的智力与学校情况自我意识最差。

由表 4.6.3 可知，一孩的自我意识的躯体与外貌属性得分小学高于初中，3、4、6 年级得分较高，7、8 年级得分较低。F 检验结果表明，躯体与外貌属性存在显著的年级差异，$F(5, 398) = 4.349$，$p = 0.001 < 0.05$。进一步的事后检验结果如表 4.6.6 所示。

表 4.6.6 躯体与外貌属性年级差异的事后检验

	3 年级	4 年级	5 年级	6 年级	7 年级
4 年级	−0.975				
5 年级	0.664	1.640**			
6 年级	0.071	1.047+	−0.592		
7 年级	0.991+	1.966***	0.326	0.919+	
8 年级	1.962	2.937***	1.29+	1.890*	0.970

躯体与外貌属性年级差异的事后检验表明，8 年级的得分显著低于 6 年级和 4 年级，4 年级得分显著高于 5—8 年级。也就是说 4 年级的躯体与外貌属性的自我意识最好，7、8 年级躯体与外貌属性自我意识最差。

由表 4.6.3 可知，一孩的自我意识的焦虑维度得分小学高于初中，且几乎是随着年级的增加在减少。F 检验结果表明，焦虑维度存在显著的年级差异，F（5，398）=6.946，p=0.000<0.05。进一步的事后检验结果如表 4.6.7 所示。

表 4.6.7　焦虑年级差异的事后检验

	3 年级	4 年级	5 年级	6 年级	7 年级
4 年级	−0.407				
5 年级	0.916	1.324**			
6 年级	0.741	1.148*	−0.175		
7 年级	1.692***	2.099***	0.775+	0.950*	
8 年级	2.962***	3.369***	2.045***	2.220**	1.270+

焦虑年级差异的事后检验表明，7、8 年级的得分显著低于 4—6 年级，4 年级的得分显著高于 5—8 年级。也就是说 4 年级的焦虑水平的自我意识最好，7、8 年级焦虑水平自我意识最差。

由表 4.6.3 可知，一孩的自我意识的合群得分小学高于初中，且几乎是随着年级的增加在减少。F 检验结果表明，合群存在显著的年级差异，F（5，396）=3.139，p=0.009<0.05。进一步的事后检验结果如表 4.6.8 所示。

表 4.6.8　合群年级差异的事后检验

	3 年级	4 年级	5 年级	6 年级	7 年级
4 年级	−0.061				
5 年级	0.639+	0.700*			
6 年级	0.225	0.287	−0.413		
7 年级	0.767*	0.828*	0.128	0.541+	
8 年级	1.610**	1.672**	0.971	1.385**	0.843

合群年级差异的事后检验表明，7、8 年级的得分显著低于 3、4、6 年级，

5 年级得分与其他年级均无显著差异。

由表 4.6.3 可知，一孩的自我意识的幸福与满足得分 8 年级最低，其他年级之间差异不大。F 检验结果表明，幸福与满足不存在显著的年级差异，$F(5,\ 399)=1.807$，$p=0.110>0.05$。

由表 4.6.3 可知，一孩的自我意识的总分小学高于初中，且在小学阶段 4 年级最高。F 检验结果表明，自我意识总分存在显著的年级差异，$F(5,\ 387)=6.570$，$p=0.000<0.05$。进一步的事后检验结果如表 4.6.9 所示。

表 4.6.9　自我意识总分年级差异的事后检验

	3 年级	4 年级	5 年级	6 年级	7 年级
4 年级	−2.853				
5 年级	4.167+	7.020***			
6 年级	0.221	3.074	−3.946*		
7 年级	5.780*	8.633***	1.613	5.559**	
8 年级	10.961***	13.814***	6.793*	10.739***	5.180

由表 4.6.9 可知，自我意识总分年级差异的事后检验表明，8 年级自我意识总分显著低于小学 3—6 年级；7 年级自我意识总分显著低于小学 3、4、6 年级；4 年级总分显著高于 5、7、8 年级；3 年级和 6 年级总分显著高于 7 年级和 8 年级。

4. 一孩自我意识的二孩年龄差异及现状。通过分别对不同二孩年龄一孩的自我意识各个维度进行描述统计，并进行 F 检验，结果如表 4.6.10 所示。

表 4.6.10　不同二孩年龄一孩自我意识现状：均值（标准差）

	3 岁以下	3—7 岁	7 岁以上
行为	12.210 (2.64)	12.296 (2.34)	11.760 (2.59)
智力与学校情况	11.013 (3.73)	11.580 (3.72)	11.065 (3.85)
躯体与外貌属性	8.331 (3.27)	7.928 (3.21)	7.537 (3.28)

续表

	3 岁以下	3—7 岁	7 岁以上
焦虑	9.509（3.02）	9.277（2.93）	8.934（2.97）
合群	8.915（2.23）	9.088（1.80）	8.735（2.24）
幸福与满足	7.673（1.71）	7.742（1.67）	7.272（1.91）
总分	57.534（13.27）	58.211（11.93）	55.281（13.22）

由表 4.6.10 可以看出，不同年龄段二孩家庭中一孩的生活质量的各个维度及总分差异不大，进一步的 F 检验显示，所有的维度都不显著，即一孩的自我意识不存在显著的二孩年龄段差异。

5. 一孩生活质量的二孩性别差异及现状。分别对不同二孩年龄一孩的自我意识各个维度进行描述统计，并进行 F 检验，结果如表 4.6.11 所示。

表 4.6.11　一孩自我意识的在二孩性别水平的差异及现状

	男 242 人	女 154 人	t 值	p 值
	均值（标准差）	均值（标准差）		
行为	12.028（2.45）	12.181（3.08）	−0.583	0.560
智力与学校情况	11.000（2.67）	11.630（2.15）	−1.619	0.106
躯体与外貌属性	7.829（3.58）	8.180（1.93）	−1.034	0.302
焦虑	9.008（3.98）	9.723（1.81）	−2.329	0.020
合群	8.781（3.18）	9.167（1.66）	−1.792	0.074
幸福与满足	7.528（3.36）	7.726（12.74）	−1.080	0.281
总分	56.091（2.85）	59.070（12.62）	−2.215	0.027

由表 4.6.11 可知，不同二孩性别家庭中一孩的自我意识在行为、智力与学校情况、躯体与外貌属性、焦虑、合群、幸福与满足、总分方面都表现出二孩为男孩的家庭中的一孩自我意识低于二孩为女孩的家庭中的一孩，特别是在焦虑和总分方面，二孩为男孩的家庭中的一孩的得分显著低于二孩为女

孩的家庭中的一孩。

（二）一孩心理健康的回归分析

将一孩的自我意识各个维度纳入一孩心理健康模型，结果如表 4.6.12 所示。

表 4.6.12　一孩心理健康回归模型

	学习焦虑	对人焦虑	孤独倾向	自责倾向	过敏倾向	躯体症状	恐怖倾向	冲动倾向
一孩性别（男=0）	−0.159	−0.321	−0.196	−0.248	−0.022	0.019	0.670*	0.691
一孩年龄	−0.004	−0.031	−0.083	−0.084	−0.071	0.044	−0.013	0.302
二孩性别（男=0）	−0.645	−0.458+	0.049	−0.176	0.238	0.252	0.269	−0.133
二孩年龄 3 岁以下=0								
3—7 岁	0.382	0.026	0.044	−0.111	−0.182	−0.074	0.426	0.298
7 岁以上	−0.005	0.264	0.085	0.011	−0.238	−0.345	0.476	0.945***
行为	−0.047	−0.058	0.039	−0.064	−0.183**	−0.128+	−0.064	−0.306***
智力与学校情况	−0.011	−0.013	−0.009	0.082	0.016	−0.086	0.014	0.033
躯体与外貌属性	−0.116	0.030	−0.030	−0.160**	−0.030	0.079	0.029	0.129**
焦虑	−0.361***	−0.259***	−0.017	−0.192***	−0.294***	−0.377***	−0.553***	−0.208***
合群	−0.027	−0.129+	−0.277	0.023	−0.070	−0.117	0.035	0.011
幸福与满足	0.073	−0.098	−0.224	0.292***	0.196*	−0.119	0.181	−0.281***
常数	13.891***	9.822***	7.486***	8.417***	10.622***	11.398***	6.481***	5.047***
N	360	366	368	367	368	368	370	367
F	8.040***	13.006***	10.417***	2.864***	8.247***	16.069***	14.798***	21.726***
R^2	0.202	0.287	0.243	0.081	0.203	0.331	0.312	0.402
校正 R^2	0.177	0.265	0.220	0.053	0.178	0.311	0.291	0.383

注：无显著影响变量的模型未列出。

由表 4.6.12 可知，一孩心理健康回归模型中，自我意识的焦虑维度对心理健康中所有维度具有显著的影响作用，均表现为焦虑得分越高，心理健康水平越低，也就是说，焦虑水平越低，心理健康水平越高。智力与学校情况和合群意识对心理健康所有维度的影响作用均不显著。行为意识对过敏倾向维度和冲动倾向维度具有显著的影响作用，行为倾向越好，一孩的过敏倾向和冲动倾向越低。躯体与外貌属性对自责倾向和冲动倾向具有显著的影响作用，躯体与外貌属性得分越高，自责倾向得分越低；躯体与外貌属性得分越高，冲动倾向得分越高。也就是说，躯体与外貌属性自我意识越好的人，越容易冲动。幸福与满足得分越高，自责和过敏倾向得分越高，冲动倾向得分越低。

四、讨论与结论

（一）一孩与独生子女自我意识的差异分析

独生子女与非独生子女的研究一直以来都是学界关注的话题，独生子女时代，大多数研究者更关注独生子女的发展，研究重点多侧重于与非独生子女相比，独生子女在哪些方面会存在不足。由于独生子女生育政策的特殊性，很少有研究者去分析和探讨同胞兄弟中一孩的发展情况。在以往关于独生子女的研究中存在三种观点，第一种认为独生子女是问题对象。有研究发现独生子女学生 SCL-90 总分及躯体化、强迫症状、人际关系、抑郁、焦虑、敌对、恐怖、偏执和精神病性因子得分高于全国常模（刘松涛，张晓娟，芦珊等，2019）。相对于独生子女，有一个兄弟姐妹的儿童在心理健康状况和学业方面表现出一定优势（聂景春，庞晓鹏，曾俊霞等，2016）。第二种认为独生子女在许多方面优于非独生子女。有研究者指出大众媒介对独生子女的形象建构存在着明显的“妖魔化”倾向（风笑天，2010a）。独生子女大学生心理健康水平明显偏高（詹启生，程诺，李秒等，2017），非独生子女大学生心理健康中有较严重心理问题的比例显著高于独生子女大学生（张驰，许英美，陈斯琪等，2015）。独生子女的强迫症状、偏执、人际关系紧张、抑郁、焦虑、适应不良、心理不平衡因子得分均低于非独生子女（刘苓，陈蕴，2011）。农村独生子女发生行为问题的风险要低于农村非独生子女（余晓敏，吴汉荣，2012）。不仅是心理健康方面，在智力与认知方面，独生子女大学生的批判性思维能力均显著高于非独生子女大学生（张青根，沈红，2018）。有研究应用《韦氏儿童智力量表》测得独生子女组的平均智商是109.2，非独生子女组的平均智商是102.3（$p<0.01$）（唐久来，唐茂志，余世成等，1994）。独生子女的总智商、语言智商及操作智商均高于非独生子女（詹以森，唐久来，2002）。第三种是认为独生子女与非独生子女之间无显著差异。即控制了独生子女和非独生子女的背景因素后，独生子女和非独生子女的情绪适应差异不再显著。在实际的社交行为中，在相似的背景下，独生子女和非独生子女之间并不存在显著差异（张月云，同钰莹，刘保中，2017）。本章研究的结果在儿童的自我意识层面更多地支持了独生子女与非独生子女无显著差异（苑春永，陈福美，王耘等，2013）；而在智力与学校情况、躯体与外貌属性两个维度，独生子女显著高于二孩家庭中的一孩。外貌认知在是否独生子女方面存在显著性差异（吴雨蒙，谢美华，2013），这一结果与以往研究具有一致性，更多的支持了独生子女与一孩无显著差异，但也表明了一孩的智力发展和与躯体和外貌特征属性的自我意识显著低于独生子女。

（二）一孩自我意识的个体差异分析

本章研究发现，一孩的自我意识存在性别差异。特别是在行为与合群维度，男孩显著低于女孩。这与以往的研究结果具有部分一致性，以往有研究者研究发现，中小学生自我意识总分及行为、智力与学校情况、躯体外貌与属性、焦虑得分在年级上差异显著（丁红莉，龚洁，2016），这个研究结果包含了除合群以外的所有维度的差异性。另有关于对流动儿童的研究发现，在合群这一维度上，男、女儿童存在显著差异，男童低于女童（马向真，

2014)。但也有研究认为青少年自我意识的总体发展水平比较好，性别差异不显著（聂衍刚，丁莉，2009)。还有研究表明男、女童的自我意识存在明显不同，男童在多个方面优于女童（Goldberg，Janus & Washington，et al.，1997)。本章研究结果与大多数研究结果具有一致性，即男孩的行为与合群性低于女孩，产生这一结果可能是因为男孩天生好动，而女孩更易表现出符合家庭和学校期望的行为，她们对自己的人际关系评价也较高（马向真，2014)。本章研究同时发现，一孩的自我意识存在显著的年级差异，且8年级显著低于其他年级，中学生显著低于小学生。有研究也表明不同年级的儿童的自我意识存在显著差异，在分维度上除了焦虑这一维度儿童没有显著差异，其余分维度都存在显著差异（马向真，2014)。青少年自我意识的总体发展水平比较好，年级差异显著（聂衍刚，丁莉，2009)。本章研究与以往研究结果一致。儿童的自我意识在初中阶段高于小学阶段，这主要是因为初中阶段正值青春期，儿童对自己更为敏感和不满意，容易形成对自己过低的评价。加之年级不断增大，对自己的要求不断增加，当达不到时更容易产生较低的评价（马向真，2014)。

（三）一孩自我意识的二孩性别差异分析

本章研究中，二孩的性别显著影响一孩自我意识的焦虑得分和总分。研究表明，家庭环境和家庭关系影响儿童的自我意识发展（尹勤，刘越，高祖新等，2011；彭颂，卢宁，2005)。二孩的出生影响了家庭结构与家庭关系的变化。家庭结构由之前的三口之家，变成了当前的四口之家，家庭关系由之前的父—母—子之间的关系，新增了同胞之间的关系。同胞关系的建构有男—男，男—女，女—男和女—女之间的关系。自我意识是指你关注自己的思维、感觉和行为的方法的习惯。具体而言就是寻找一种我们倾向于用什么方法思考和感知世界，我们如何感知和理解我们周围世界的模式。这也意味着理解我们自己的情绪和情感，我们对自我的感觉进行观察和保持好奇心，即使是困难的、不舒服的感觉。也就是说关注我们在一定情况下可能的行为，会有什么样的自动反应，我们的习惯和倾向性如何。在二孩家庭中，父母会不经意间流露出受到中国传统男孩偏好思想的影响，一孩会感知到这样一种家庭环境，从而产生焦虑的情绪，并在整体层面上产生较低的自我评价。即使一孩是男孩，二孩是男孩对他们的冲击也较二孩是女孩的要大，因为从独生子女的资源独有，到二孩出生后的资源竞争，加之二孩又是男孩，和他们具有同等重要的位置，在经济资源和精神资源方面的竞争性要强于女孩，所以二孩为男孩家庭的一孩的同胞竞争压力更大，焦虑水平更高。

（四）自我意识对一孩心理健康影响的分析

本章研究中，自我意识的焦虑维度对心理健康中所有维度具有显著的影响作用，均表现为焦虑水平越低，心理健康水平越高。这与以往的研究一致，自我意识与 SCL-90 中的抑郁和人际敏感呈显著的负相关，自我意识越好，心理健康状态越好（彭以松，聂衍刚，蒋佩，2007）。行为意识对过敏倾向维度和冲动倾向维度具有显著的影响作用，行为倾向越好，一孩的过敏倾向和冲动倾向越低。行为意识是对自己行动的觉知，行为意识越好，越能够关注自己在一定情况下可能有的行为倾向和习惯，因此可以有效避免行为的冲动性。躯体与外貌属性对自责倾向和冲动倾向具有显著的影响作用，躯体与外貌属性得分越高，自责倾向得分越低；躯体与外貌属性倾向得分越高，冲动倾向得分越高。自责是指向自我的批评，通常指用一种自我惩罚式的自我谴责来获得心理的解脱。当一孩的躯体与外貌属性的自我意识较低，他们在遇到事情的时候通常习惯于用自责来缓减焦虑，以此获得别人对他的认可，因此容易变得敏感；当躯体与外貌属性自我意识不强，自我评价就低，就更容易在乎别人的看法，变得敏感。躯体与外貌属性自我意识较高的人，通常会对自己的身体优势具有较高的评估，认为自己在身体冲突中也会占有优势，因此他们也较易冲动。

五、教育建议

（一）关注一孩的认知发展

一孩与独生子女相比，在自我意识的行为、焦虑、合群、幸福与满足维度没有差异。这一结果表明了一孩和独生子女在心理层面的差异较小，但在智力与学校情况、躯体与外貌属性两个维度，一孩的自我意识显著低于独生子女。这两个层面都与人的认知发展有关，在以往的研究中，在智力与学校情况维度非独生子女就显著低于独生子女。主要是因为家庭资源的稀释使得多子女家庭中的孩子接受的教育投入被稀释，与独生子女相比，教育资源与机会的减少，导致教育对人的智力与学校情况的促进作用减少。还可能是因为两个孩子分散了家长对一孩教育的关注，尤其是对学校教育的支持。因此，二孩家庭要特别注意不能因为二孩的出生而影响到对一孩的教育投入，也不能因为二孩的出生分散了精力而忽视了一孩的学习，比如对家庭作业的辅导等。关注一孩的智力投入与学校教育有利于提高一孩的认知发展，和一孩对智力与学校情况的自我评价。躯体与外貌属性与两方面有关，一是营养摄入和日常穿着，二是相互比较的认知体验。在二孩家庭中，由于两个孩子都处于高营养需求阶段，但由于家庭资源被稀释，一孩的营养可能补给不足，影响了处于身体发育阶段的营养供给和儿童的身体发育，而对儿童日常生活穿着的消费的缩减，影响了儿童在相互比较中的自信，从而影响了他们对躯体与外貌属性的自我评价。因此，父母应关注孩子的认知发展，在教育投入和营养供给以及生活保障方面不能因为二孩的出生而显著地降低一孩的生活质量，因为这不仅会影响他们的自我意识，也会影响他们的认知发展和心理健康。

（二）指导一孩形成正确的自我评价

自我意识发展的内在动力机制是自尊，自我意识的形成和发展总是会具有一种自我倾向性，自我意识的发展还表现为自我调节能力，自我意识发展的本质在于能够使人更为主动、积极地调节自己（李晓文，1993）。通过自我调节，可以帮助一孩形成正常的自我评价，特别是随着年龄增长，一孩的自我意识在各个维度均有所降低，8 年级时达到最低。随着年龄的增长，儿童对自我评价的要求越来越高，既要在学习上有好的表现，又要在人际交往中有良好的人际关系，还要能够在体貌特征方面有优势，加上青春期的生理发展，这个时候的一孩容易形成较低的自我评价。父母、学校要了解孩子随着年龄增长而展现出的不同特点，以及在发展过程中所呈现的不同需求，培养他们形成正常的自我评价，鼓励孩子多参加自己的优势项目，提升自信。自我意识的一个不良来源是形成自我的不良心理习惯与自我对话。因此，在帮助一孩形成正确认知的过程中，应帮助他们识别那些不良的思维模式。在学校层面，可以聘请相关领域的专家，通过讲座与定期交流的模式，帮助儿童形成正确的自我评价与思维模式；在家庭层面，要多关注一孩成长过程中的不良反应，帮助他们多角度看待事物，从而形成有利于自我成长的自我评价。

（三）运用策略提升一孩自我意识，促进心理健康发展

自我意识的多个维度对心理健康具有显著的促进作用。较高的自我意识具有较好地清楚自己是什么，能够做什么，怎样去做的思维和行为习惯。良好的自我意识有利于儿童形成良好的人际关系。如果具有良好的自我意识，通常我们会对自我的思维和情感具有良好的控制能力，因为人的心理与情绪反应在很大程度上依赖于我们对事物的看法，当提升了一孩的自我意识，他们可以更好地调节对事物产生的情绪与情感反应。在二孩家庭中，一孩具有良好的自我意识可以改善亲子关系，也会在同胞关系竞争中形成更好的自我认知，在遇到父母没有处理好同胞冲突时能够与父母进行有效沟通，而不会将情绪压抑在内心中，影响心理健康的发展。在与同胞弟妹共同成长的过程中，能够消除过去作为独生子女时的自我中心化，设身处地为弟弟妹妹着想，

享受同胞弟妹带来的幸福和快乐的陪伴。儿童的自我意识也是一种高度的自我注意的感知，是对个体存在的意识（Richard & Thomas，1992）。在二孩家庭中，父母要特别注意与一孩建构良好的亲子关系，让一孩在与父母交往的过程中形成良好的自我构建。父母要鼓励一孩形成良好的角色体验，构建良好的兄弟姐妹关系，获得较高的存在感。自我意识也称自我，乃是对自己存在的察觉，即自己认识自己的一切，包括认识自己的生理状况、心理特征以及自己与他人的关系（时蓉华，1986）。当一孩与二孩建构了良好的关系时，也会促进他们自我意识的提升，从而促进其心理的健康发展。

第十三章　一孩的社会期望及其对心理健康影响的研究

【内容摘要】 本章通过对二孩家庭一孩社会期望的测量，了解一孩的社会期望现状并探讨其对一孩心理健康的影响。研究结果表明，一孩的社会期望存在年级的显著差异性，不存在一孩性别差异的显著性，一孩的社会期望显著影响着其心理健康的各个维度。最后本章从关注一孩成长，提升一孩的自我认知水平；多方位提升一孩社会期望，以促进心理健康发展两个方面给父母提出了建议，以期二孩家庭中的一孩能够获得更高的社会期望水平，从而获得健康的心理。

一、问题提出

社会期望是指社会或群体根据个体所处的社会地位及其所承担的社会角色提出的希望或要求，它反映的是社会公认的价值标准或行为规范，对个体而言构成一种社会压力，并成为个体的行为动机（车文博，2001）。个体对于社会认可的依赖程度和对不认可的惧怕，是影响个体行为的重要内在动机（Crowne & Marlowe，1960）。社会期望由“特质期望”和“社会认可需要”

两个部分构成（Derek & Kevin，1972），是指人们以一种他们认为更被社会接受的思考方式报告他们的反应，而不是他们认为“真实”的回答（Lavrakas，2008；Crandall，Crandall & Katkovsky，1965）。人们以普遍有利的方式表现自己的倾向性，特别是在个性和态度的自我评估领域（Holden & Passey，2009）。儿童社会期望的研究主要集中在一般现状与个体差异的研究，有研究表明小学阶段儿童社会期望的年级差异显著，随着年级的升高，社会期望值逐渐降低，其中 3 年级和 5 年级是两个急剧下降的阶段（杜蕾，2013）。有研究表明，低年级学生的社会期望得分显著高于高年级学生（张美峰，刘凤霞，2008）；不同年级小学生的差异有显著性（$p<0.001$），并且随着年级的增加小学生在《儿童社会期望量表》上的得分逐渐降低（刘超，梅建，2009）。但也有研究得出社会期望随年龄的增长而增加（Vigil Colet，Morales Vives & Lorenzo Seva，2013）。儿童社会期望男女生差异显著（徐远超，谭千保，2002），小学阶段儿童社会期望存在一定的性别差异，小学女生的社会期望值普遍高于男生，女生社会期望的发展呈线性下降的趋势，而男生社会期望的发展呈阶梯状下降的趋势（杜蕾，2013）。在《儿童社会期望量表》上，不同性别小学生的差异有显著性，女生的得分显著高于男生（刘超，梅建，2009）；也有研究结果表明儿童的社会期望男生高于女生（张美峰，刘凤霞，2008）；还有研究表明青少年社会期望没有显著的性别差异（陈猛，2008）。在特殊儿童研究方面，在特殊的儿童群体中，城市儿童显著高于农村儿童；在独生子女与非独生子女之间没有差异（张美峰，刘凤霞，2008）。南水北调移民地区小学生在社会期望上不存在年级差异（刘晋红，2012），聋生社会期望在年级和性别上均无显著差异（张丽娟，石彩秀，丁志鹏，2013）。在社会期望与其他相关因素的研究方面，儿童抑郁与儿童社会期望两者呈负相关，差异有显著性（刘超，梅建，2009）。父母教养方式与儿童社会期望存在一定程度的相关（徐远超，谭千保，2002）。情绪智力和自尊与社会期望存在显著的正相关（Jessica，Chockalingam & Satish，et al.，2006）。社会期望与体育活动偏好呈现显著正相关（Jago，Baranowski & Baranowski，et al.，

2006)。儿童社会期望得分与自我意识各因子及总分存在显著的正相关，而且社会期望能正向预测自我意识（范志光，袁群明，李菲，2017)。社会期望值较高的个体，社会性强化反应更为明显，有较强的社会责任感，容易把社会期望化作自我鼓励的精神力量，并对自身价值给予正面肯定和积极判断，从而表现得更为自信。社会期望在量表测试中得高分者较得低分者具有社会适应性较好、攻击行为较少等优良品质（周正，韩悦，2018)。本章研究希望探究一孩的社会期望现状及其对心理健康的影响。

二、数据测量与赋值

（一）数据测量

1. 儿童社会期望测量。《儿童社会期望量表》(CSD)，该量表在设计之初是用于评定儿童的认可需要，后来更改为对不认可的恐惧。该量表由 48 个题项组成，以“是”或“否”的形式作答，其中有 26 个题目答“是”得分，22 个题目反向计分，可能的得分范围是 0—48 分，高分表明对不认可的惧怕，得分越高的被试社会期望越高。原量表作者的研究结果显示该量表的信度、效度较好，分半相关从 0.82 到 0.95。一个月间隔的重测相关为 0.85—0.90，3 年重测相关男性为 0.43，女性为 0.19。CSD 与 MCSD《良好印象量表(CPI)》的相关分别为 0.78 和 0.81。

2. 心理健康的测量。采用《中小学生心理健康量表》，同本部分第八章关于心理健康测量的介绍。该量表共分 9 个分量表，其中 1 个为效度量表。测量的 8 个维度分别为：学习焦虑、对人焦虑、孤独倾向、自责倾向、过敏倾向、身体症状、恐怖倾向、冲动倾向。

（二）赋值

1. 儿童社会期望的赋值为连续变量，每个维度的得分为该维度各个题项之和，得分越高，社会期望水平越高。本量表为正性记分，得分越高，表明该儿童社会期望水平越高。

2. 心理健康的赋值。心理健康水平的测量共分 8 个维度，每个维度的得分为该维度各题项得分之和。得分越高，心理健康水平越差。

三、结果与分析

（一）社会期望的基本现状与差异检验

1. 一孩与独生子女社会期望基本现状与差异检验。通过对一孩和独生子女社会期望进行描述统计与 t 检验，结果如表 4.7.1 所示。

表 4.7.1　一孩与独生子女自我意识的描述统计与 t 检验

	一孩 393 人	独生子女 130 人	t 值	p 值
平均数	30.992	30.092	1.119	0.264
标准差	7.85	8.22		

由表 4.7.1 可知，一孩的社会期望略高于独生子女的社会期望，但没有显著性差异，$t=1.119$，$p=0.264$。

2. 一孩社会期望的性别差异及现状。通过对不同性别一孩的社会期望的各个维度进行描述统计与 t 检验，结果如表 4.7.2 所示。

表 4.7.2　不同性别一孩的社会期望的描述统计与 t 检验

	男 118 人	女 265 人	t 值	p 值
平均数	30.245	31.445	−1.389	0.166
标准差	6.81	8.19		

由表 4.7.2 可知，在一孩的社会期望中，女生略高于男生，但没有显著性差异，t=－1.389，p=0.166。

3. 一孩社会期望的年级差异及现状。通过分别对不同年级一孩社会期望的各个维度进行描述统计，并进行 F 检验，结果如表 4.7.3 所示。

表 4.7.3　不同年级一孩社会期望现状

	3 年级 50 人	4 年级 68 人	5 年级 103 人	6 年级 75 人	7 年级 74 人	8 年级 20 人
平均数	34.640	33.691	31.475	30.013	28.418	23.600
标准差	6.38	6.70	7.52	8.96	6.40	8.70

由表 4.7.3 可知，一孩社会期望随着年级的增加而逐年减少。F 检验的结果表明，F（5，389）=10.305，p=0.000<0.05。进一步进行事后检验，结果如表 4.7.4 所示。

表 4.7.4　一孩社会期望年级差异的事后检验

	3 年级	4 年级	5 年级	6 年级	7 年级
4 年级	0.948				
5 年级	3.164*	2.215+			
6 年级	4.626***	3.677**	1.462		
7 年级	6.221***	5.272***	3.056**	1.594	
8 年级	11.040***	10.091***	7.875***	6.413***	4.818**

注：+ p<0.1，* p<0.05，** p<0.01，*** p<0.001，本章表下同。

由表 4.7.3 可知，8 年级社会期望最低，显著低于其他年级，其他年级中，低年级的社会期望显著高于高年级，每相邻两个年级的社会期望差异不显著。

4. 一孩社会期望的二孩年龄差异及现状。通过对不同二孩年龄一孩的社会期望进行描述统计，并进行 F 检验，结果如表 4.7.5 所示。

表 4.7.5 不同二孩年龄一孩的社会期望现状

	3 岁以下	3—7 岁	7 岁以上
平均数	30.166	31.889	31.113
标准差	8.04	8.29	7.049

由表 4.7.5 可知，一孩的社会期望在不同二孩年龄段的得分，3 岁以下最低，其他两个年龄段的得分几乎无差异。F 检验的结果表明，$F(2, 391)=1.672$，$p=0.189>0.05$。

5. 一孩社会期望的二孩性别差异及现状。通过分别对不同二孩年龄的一孩的社会期望进行描述统计，并进行 F 检验，结果如表 4.7.6 所示。

表 4.7.6 一孩社会期望的二孩性别差异及现状

	男 236 人	女 154 人	t 值	p 值
平均数	30.847	31.438	−0.730	0.466
标准差	7.96	7.22		

由表 4.7.6 可知，一孩的社会期望不因二孩的性别不同而存在差异，但二孩为女孩的家庭的一孩的社会期望略高于二孩为男孩的家庭的一孩。

（二）一孩心理健康的回归分析

将一孩的社会期望纳入一孩心理健康基本模型，结果如表 4.7.7 所示。

表 4.7.7　一孩心理健康回归模型

	学习焦虑	对人焦虑	孤独倾向	过敏倾向	躯体症状	恐怖倾向	冲动倾向
一孩性别（男＝0）	－0.637	－0.631*	－0.487*	－0.315	－0.338	0.222	0.554*
一孩年龄	0.010	－0.080	－0.111	－0.098	0.031	－0.019	0.144
二孩性别（男＝0）	－1.328***	－0.867***	－0.235	0.080	－0.153	－0.317	－0.351
二孩年龄 3 岁以下＝0							
3—7 岁	0.531	0.138	0.306	－0.022	0.237	0.889**	－0.020
7 岁以上	0.058	0.211	0.309	－0.067	0.036	0.556	－0.474
社会期望	－0.048*	－0.070***	－0.058***	－0.081***	－0.119***	－0.065***	－0.153***
常数	11.019***	7.904***	5.566***	9.893***	8.073***	4.984**	5.332***
N	361	364	367	367	368	369	367
F	3.599**	6.461***	4.698***	5.499***	7.197***	3.919***	29.219***
R^2	0.057	0.098	0.072	0.084	0.107	0.061	0.327
校正 R^2	0.041	0.083	0.057	0.069	0.092	0.045	0.316

注：无显著影响变量的模型未列出。

由表 4.7.7 可知，一孩的社会期望显著影响着心理健康中除自责倾向之外的所有维度。具体表现为社会期望越高，其学习焦虑、对人焦虑、孤独倾向、过敏倾向、躯体症状、恐怖倾向、冲动倾向得分越高，也就是说社会期望越高，一孩的心理越健康。

四、讨论与结论

（一）一孩社会期望的个体差异分析

本章研究表明在一孩的社会期望中，虽然女生的社会期望略高于男生，但不存在显著的性别差异。在以往的研究中，既有结果表明女生的社会期望显著高于男生，也有研究结果表明男生的社会期望显著高于女生，还有研究结果表明男生、女生的社会期望无显著差异（陈猛，2008）。本章研究的结果与陈猛的（2008）研究结果一致，认为男生、女生的社会期望无显著差异。这可能是因为在不同的时期和环境中，家庭、社会和学校对男生与女生的社会期望不是固定的，特别是对于当前时期的一孩，之前他们都是家庭中的独生子女，家长对其的要求都是一样的，而且社会期望本就是个体对自我符合角色规范的理想化作答，每个人都希望成为父母理想中的自己。研究表明一孩的社会期望受年级差异的影响显著，随着年级的升高，社会期望降低，这与以往的大多数研究结果一致。这可能反映了儿童正常的认知发展变化，随着认知能力的发展，儿童能够准确地报告自己的实际情况而不是理想中的行为（Dadds，Perrin & Yule，1998）。随着年龄的增长，儿童的自我认同程度提高，社会期望就会降低，当儿童的评价更多依赖于自我时，他们的社会期望程度会降低（张美峰，刘凤霞，2008）。随着年龄的增长，儿童的独立性和评价能力也随之增长，从 3 年级开始，儿童道德判断进入可逆的阶段，学生不再无条件地服从、迷信权威。到了 5 年级，儿童的抽象逻辑思维逐渐发展起来，辩证思维也开始初步发展，从而促使其自我意识的萌发，开始摆脱对外部控制的依赖（林崇德，2002）。本章研究结果支持了儿童认知发展理论，认为相邻两个年级的社会期望差异不显著，而与其他年级的差异显著，这更说明了相邻年级的一孩认知发展水平相近，对社会期望的判断能力相近，故无显著差异。

（二）社会期望对一孩心理健康影响的分析

本章研究表明，社会期望显著影响着一孩心理健康中除自责倾向之外的所有维度，社会期望越高，一孩的心理健康水平越好。有研究指出，社会期望值能够正向预测身体活动偏好和自我效能（Mabe & Treiber，1989）。《儿童社会期望量表》得分越高，表明其行为越符合父母、老师等权威的期望与评价，其能够获得的积极反馈就越多，被认可的期望会激发流动儿童的积极行为（周正，韩悦，2018），儿童也因此更容易获得较高的自我评价。有研究表明，儿童的社会期望与自我评价之间存在显著的正相关（陈猛，2008），自我评价越高，儿童越容易获得认同与社会价值感，这样有利于其心理健康的发展。有研究通过探讨儿童抑郁与社会期望的关系发现，儿童的抑郁与社会期望呈现显著的负相关，即社会期望水平越低，儿童的抑郁程度越高（刘超，梅建，2009）。社会期望能正向预测自我意识（范志光，袁群明，李菲，2017）。在本书的系列研究中，第十二章研究结果表明，自我意识可以显著地影响一孩的心理健康水平，社会期望有可能通过影响一孩的自我意识来影响一孩的心理健康。二孩家庭中的一孩由于特殊时期的敏感性，希望能够获得父母更多的关注，希望自己的行为符合父母的规范和要求，并因此得到父母的认可和表扬。对社会期望的合理应用，有利于建构良好的亲子关系，从而促进一孩的心理健康发展。

五、教育建议

（一）关注一孩成长，提升一孩的自我认知水平

社会期望主要是对测量个体所处的社会地位及其所承担的社会角色提出的希望或要求，它反映的是社会公认的价值标准或行为规范。随着儿童年龄的增长，他们对自己所处社会环境的认知在逐渐提高，他们可能不再依赖于父母的规范和要求，而是形成具有自我价值判断的认知规范。作为父母要从一孩自身发展的特点出发，了解不同成长阶段儿童的道德与认知发展水平，提出不同的发展规范与要求，让一孩充分意识到哪些符合自己认知判断的东西也同样可以获得父母的赞同与认可，从而提高他们的社会期望。尤其是在二孩家庭中，当父母的价值规范与一孩有冲突时，父母需要了解这一时期、这一环境中一孩可能会出现的认知偏差，要科学引导，而不是一味地以自己处理事情的准则来约束和要求一孩。有研究表明，父母的养育方式极大地影响着儿童的自我评价、自我体验和自我调控等能力（Rueger，Katz & Risser，et al.，2011）。特别是在一孩与二孩的相处过程中，父母更要处理好他们之间出现的矛盾与冲突，而不抱有一孩比二孩更懂事、更懂得体谅父母、在同胞关系中能够更懂得礼让等错误的要求与评价。这种错误的教养行为，容易使一孩的自我认知与父母的认知发生矛盾与冲突，如得不到父母积极的反馈，会影响一孩的社会期望水平的发展。

（二）多方位提升一孩社会期望，促进其心理健康发展

社会期望主要测量的是个体所处社会环境中的角色期望与社会要求。儿童在学校中希望能够遵从学校和老师提出的要求，以此避免因不被认可而产生的惧怕心理。除了家庭，学校是对儿童影响最深的社会环境，学校对儿童的角色期望常常通过课程设置、课堂教学来体现，评价的结果也主要是通过学习成绩来体现。本章研究结果显示，随着年级的增加，一孩的社会期望在降低，一方面是因为儿童自我认知水平的提高，对他人的角色规范与要求具有了判断能力，不再一味地听从以成为好孩子；另一方面是因为学校和家庭对儿童的要求一成不变，希望他们能够好好学习取得好成绩，而忽视了成长过程中儿童的心理与社会需求的发展。他们已不满足于学习给他们带来的社会规范和压力，而希望能有更多的符合他们认知预期的社会准则让他们充分获得价值感和认同感。特别是在二孩时代，并不是每个家庭都会在短期内生育二孩，因此一孩在学校中会发生同伴比较，与那些仍是独生子女的同学相比，产生的落差感会影响他们在学校的表现。这就需要学校和老师要了解一孩在该阶段的心理变化，多关心和引导一孩，在他们通过努力取得不仅限于学习层面的进步时，及时给予积极的反馈和评价。获得的积极反馈越多，被认可的期望就会越激发儿童的积极行为，从而提高其心理健康水平。

第十四章　一孩的亲子依恋及其对心理健康影响的研究

【内容提要】本章通过对二孩家庭一孩亲子依恋的测量，了解一孩的亲子依恋现状并探讨其对一孩心理健康的影响。研究结果表明，一孩的亲子依恋存在年级的显著性差异，不存在一孩性别差异的显著性。一孩的亲子依恋显著影响着其心理健康的各个维度。一孩的母亲依恋显著影响其心理健康中的对人焦虑、躯体症状、恐怖倾向和冲动倾向维度。一孩的父亲依恋显著影响其心理健康中的对人焦虑、孤独倾向、过敏倾向和躯体症状维度。回归模型的结果表明，一孩的亲子依恋对其学习焦虑和自责倾向均无显著影响作用，而母亲依恋和父亲依恋对一孩心理健康的对人焦虑维度和躯体症状维度均具有显著的影响作用。最后本章从多花时间，保证一孩有高质量的亲子陪伴；积极关注，保证对一孩生活全方位的了解；遵从规律，满足一孩身心发展的需求；共同参与，形成和谐的父母在场的亲子环境四个方面给父母提出了建议，以期二孩家庭中的一孩能够获得更高质量的亲子关系，从而获得健康的心理。

一、问题提出

亲子关系是一种培养孩子身体、情感和社会发展的关系，这种关系可以为孩子的个性发展、生活选择和个体行为奠定基础。亲子关系作为最重要的家庭环境之一，是以血缘和共同生活为基础，由家庭中父母与子女互动所构成的人际关系（王云峰，冯维，2006），其对子女的身心健康和社会适应具有十分重要的作用。良好的亲子关系具有下列好处：在成长过程中，对父母有着安全和健康依恋的儿童更有可能在生活中与他人建立幸福和满足的关系；有着安全亲子依恋关系的儿童在压力和困境中能学会调节情绪；有利于促进儿童的心理、语言和情感发展；可以帮助孩子表现出乐观自信的社会行为；为孩子奠定更好的社会和学校技能的基础；安全的亲子依恋会促进儿童健康的社会交往、情感和认知发展，获得很强的解决问题的能力。一直以来，亲子关系研究热点从家庭教育、家庭关系和教养方式转向心理健康、留守儿童、同伴关系和亲子互动领域，随后又转向亲子依恋、师生关系、家长参与、代际关系和生活质量等领域（郭文斌，2017）。父母和子女自身的特征均会影响亲子关系，进而影响亲子关系对儿童、青少年发展的影响，积极的亲子关系是青少年健康成长及发展的重要保护因素（吴旻，刘争光，梁丽婵，2016）。在关于亲子关系的性别和年级差异的研究中，不同的研究结果并不一致。有研究表明，母亲依恋和父亲依恋均不存在显著年级和性别差异（陈燕，2019；康恒源，2019；黄郁，2017），在针对大学生群体的研究中，也表现为亲子依恋没有性别和年级的显著差异。也有研究得出儿童的亲子关系存在显著的性别与年龄差异（夏慕，2013），有研究表明初中生的亲子依恋因性别、年级存在显著差异（黄靖婷，2017；李文倩，2017），报告显示 7 年级的亲子冲突的得分显著低于 9 年级（单楠，2017），母亲沟通维度上存在性别主效应，女生与母亲的沟通程度显著高于男生（陈燕，2019）；女生在“对父母的感谢”亲子关系维度上显著高于男生。在亲子依恋方面，有研究认为是否为独生子女的影响作用不显著（夏慕，2013），也有研究得出独生子女父亲依恋水平显著低于非独生子女（康恒源，2019）。在亲子依恋方面，地域的差异显著，农村学生父亲依恋和母亲依恋显著低于城镇学生（夏慕，2013）。通过对亲子关系与其他变量之间关系的研究表明，亲子依恋对心理韧性有正向预测作用，母亲依恋对内外化问题行为有反向预测作用（陈燕，2019）。高中生亲子依恋与人际敏感性显著负相关；亲子依恋和社交焦虑存在显著负相关；人际敏感性和社交焦虑存在显著正相关（康恒源，2019）。留守儿童研究中，亲子依恋与初中生心理韧性及其各维度均存在显著正相关（赵永婧，范红霞，刘丽，2014）。大学生社交焦虑水平与亲子依恋得分存在显著负相关，亲子依恋得分对于社交焦虑水平的预测值为 0.347（夏慕，2013）。亲子依恋对心理健康有显著预测性（傅俏俏，苗静宇，陈启山，2013），亲子化程度越高，青少年采用积极应对方式越多，反之青少年采用消极应对方式则越多（邓林园，许睿，方晓义，2017）。流动儿童亲子关系中的忽视、当着外面人的吼骂显著影响流动儿童的心理健康（栾文敬，路红红，童玉林等，2013）。经常存在母子冲突和父子冲突的学生总体心理困难得分显著高于亲子关系和谐和一般的学生（刘文敬，尤美娜，张芳等，2019）。二孩父母养育的作用机制包括父母差别对待造成的儿童心理发展问题，以及父母在协调同胞关系中的作用（陈斌斌，施泽艺，2017）。由此可见，亲子关系是最重要的家庭关系，亲子关系对儿童的发展具有重要的作用，特别是在二孩家庭，一孩与父母的亲子关系由于二孩的出生而发生了变化，这可能对一孩的心理健康产生一定的影响作用。本章研究希望通过测量一孩的亲子依恋现状判断其对心理健康的影响。

二、数据测量与赋值

（一）数据测量

1. 亲子依恋测量。此次测量采用 Armsden 等人编制、Raja，Mcgee 和 Stantont（1992）修订的《亲子依恋问卷》（Inventory of Parent and Peer Attachment，IPPA）简版，旨在测量青少年与父亲、母亲依恋的水平。每种依恋对象都包含 10 个项目，每个项目采用 1—5 分计分，1 表示“完全不符合”，2 表示“比较不符合”，3 表示“不确定”，4 表示“比较符合”，5 表示“完全符合”。其中 3、5、7、8、13、15、17、18 题为反向计分。此次分为父亲依恋与母亲依恋两个分问卷，Cronbach's α 系数分别为 0.80 和 0.75，总分越高表示依恋的水平越高。以往的研究表明，亲子依恋问卷具有良好的信度和效度（王树青，2007）。

2. 心理健康的测量。采用《中小学生心理健康量表》，同本部分第八章关于心理健康测量的介绍。该量表共分 9 个分量表，其中 1 个为效度量表。测量的 8 个维度分别为：学习焦虑、对人焦虑、孤独倾向、自责倾向、过敏倾向、身体症状、恐怖倾向、冲动倾向。

（二）赋值

1. 亲子依恋赋值为连续变量，父亲依恋和母亲依恋维度的得分为该维度各个题项之和，得分越高，亲子依恋水平越高。本量表为正性记分，得分越高，则表明该儿童与父母的依恋水平越高。

2. 心理健康的赋值。心理健康水平的测量共分 8 个维度，每个维度的得分为该维度各题项得分之和。得分越高，心理健康水平越差。

三、结果与分析

（一）亲子依恋的基本现状与差异检验

1. 一孩与独生子女亲子依恋基本现状与差异检验。通过对一孩和独生子女亲子依恋进行描述统计与 t 检验，结果如表 4.8.1 所示。

表 4.8.1　一孩与独生子女亲子依恋的描述统计与 t 检验

	一孩 422 人	独生子女 130 人	t 值	p 值
母亲依恋	39.097（7.93）	39.846（7.91）	－0.972	0.331
父亲依恋	38.630（8.54）	38.674（8.97）	－0.050	0.959

注：括号内为标准差。

由表 4.8.1 可知，独生子女的母亲依恋和父亲依恋得分略高于一孩的得分，但均没有显著性差异，$ps>0.05$。

2. 一孩亲子依恋的性别差异及现状。通过分别对不同性别一孩亲子依恋的各个维度进行描述统计与 t 检验，结果如表 4.8.2 所示。

表 4.8.2　不同性别一孩亲子依恋的描述统计与 t 检验

	男生 127 人	女生 281 人	t 值	p 值
母亲依恋	38.354（7.93）	39.448（7.07）	－1.315	0.189
父亲依恋	38.433（8.46）	38.721（8.49）	－0.319	0.750

注：括号内为标准差。

由表 4.8.2 可知，在一孩的母亲依恋中，男生略低于女生，但没有显著性差异，$t=-1.315$，$p=0.189$；在一孩的父亲依恋中，男生略低于女生，但没有显著性差异，t=－0.319，p=0.750。

3. 一孩社会期望的年级差异及现状。通过分别对不同年级一孩亲子依恋的各个维度进行描述统计，并进行F检验，结果如表4.8.3所示。

表4.8.3　不同年级一孩亲子依恋现状：均值（标准差）

	3年级52人	4年级69人	5年级116人	6年级82人	7年级77人	8年级20人
母亲依恋	39.576 (6.94)	42.217 (6.55)	38.741 (7.69)	38.743 (8.40)	37.727 (8.21)	35.300 (9.88)
父亲依恋	38.769 (7.92)	40.362 (8.39)	38.254 (8.42)	39.536 (8.31)	37.576 (8.99)	34.350 (9.54)

由表4.8.3可知，一孩的亲子依恋基本上是小学阶段3—6年级高于初中阶段的7、8年级。在母亲依恋中，4年级的依恋得分最高，8年级的最低，从标准差可以看出，3—6年级的母亲依恋的标准差较小，而7、8年级的标准差较大，这表明在母亲依恋中，初中阶段的一孩个体差异较大。在父亲依恋中，4年级的依恋得分最高，8年级得分最低，但标准差相差不大，这表明，在父亲依恋中个体差异较小。

由表4.8.3可知，一孩的母亲依恋随着年级的增加几乎是逐年减少。F检验的结果表明，F（5，410）=3.759，p=0.002<0.05。进一步进行事后检验，结果如表4.8.4所示。

表4.8.4　一孩母亲依恋年级差异的事后检验

	3年级	4年级	5年级	6年级	7年级
4年级	-2.640^{+}				
5年级	0.835	3.476^{**}			
6年级	0.833	3.473^{**}	−0.002		
7年级	1.849	4.490^{***}	1.014	1.016	
8年级	4.276^{*}	6.917^{***}	3.441	3.443	2.427

注：$^{+}p<0.1$，$^{*}p<0.05$，$^{**}p<0.01$，$^{***}p<0.001$，本章表下同。

由表 4.8.4 可知，8 年级母亲依恋得分最低，显著低于 3、4 年级，4 年级的母亲依恋得分显著高于其他年级。在其他年级之间母亲依恋得分无显著差异。

由表 4.8.3 可知，一孩的父亲依恋随着年级的增加几乎也在逐年减少，F 检验的结果表明，F（5，413）＝2.059，p＝0.070＞0.05，差异不显著。

4. 一孩亲子依恋的二孩年龄差异及现状。通过分别对不同二孩年龄一孩的亲子依恋进行描述统计，并进行 F 检验，结果如表 4.8.5 所示。

表 4.8.5　不同二孩年龄一孩亲子依恋现状：均值（标准差）

	3 岁以下	3—7 岁	7 岁以上
母亲依恋	38.250（8.11）	40.234（7.77）	39.024（8.44）
父亲依恋	37.800（8.87）	38.789（7.71）	39.585（8.19）

由表 4.8.5 可知，一孩的母亲依恋在不同二孩年龄段的得分，在 3—7 岁最高，3 岁以下最低。F 检验的结果表示，F（2，414）＝2.321，p＝0.100＞0.05。一孩的父亲依恋在不同二孩年龄段的得分在 3—7 岁最高，3 岁以下最低。F 检验的结果表示，F（2，418）＝1.571，p＝0.209＞0.05。

5. 一孩亲子依恋的二孩性别差异及现状。通过分别对不同二孩年龄一孩的亲子依恋进行描述统计，并进行 t 检验，结果如表 4.8.6 所示。

表 4.8.6　一孩亲子依恋在二孩性别水平的差异及现状

	男 248 人	女 159 人	t 值
母亲依恋	38.674（7.68）	39.738（8.27）	−1.321
父亲依恋	38.932（8.07）	38.400（9.31）	0.613

由表 4.8.6 可知，一孩亲子依恋不因二孩的性别不同而存在差异。

（二）一孩心理健康的回归分析

将一孩的亲子依恋纳入一孩心理健康基本模型，结果如表 4.8.7 所示。

表 4.8.7　一孩心理健康回归模型

	对人焦虑	孤独倾向	过敏倾向	躯体症状	恐怖倾向	冲动倾向
一孩性别（男=0）	−0.569*	−0.510*	−0.397	−0.344	0.401	0.510*
一孩年龄	0.44	−0.059	0.055	0.167	0.100	0.329***
二孩性别（男=0）	−0.859***	−0.295	0.095	−0.240	−0.149	−0.305
二孩年龄 3 岁以下=0						
3—7 岁	0.170	0.322	−0.113	0.175	0.698*	0.017
7 岁以上	0.477	0.411	0.030	0.030	0.698*	−0.546*
母亲依恋	−0.045*	−0.019	−0.009	−0.059*	−0.055*	−0.102***
父亲依恋	−0.045**	−0.047***	−0.038*	−0.056*	−0.030	−0.016
常数	7.685***	5.728***	7.458***	7.259***	4.783***	2.934*
N	389	391	388	387	393	389
F	8.667***	6.432***	2.443*	6.166***	4.819***	16.774***
R^2	0.137	0.105	0.043	0.102	0.080	0.235
校正 R^2	0.121	0.089	0.025	0.085	0.064	0.221

注：无显著影响变量的模型未列出。

由表 4.8.7 可知，一孩的母亲依恋显著影响着心理健康中的对人焦虑、躯体症状、恐怖倾向和冲动倾向维度。具体表现为母亲依恋得分越高，这 4 个维度的得分越低，也就是说母亲依恋越高，一孩心理在这几个维度越健康。一孩的父亲依恋显著影响着心理健康中的对人焦虑、孤独倾向、过敏倾向和躯体症状维度。具体表现为父亲依恋得分越高，这 4 个维度的得分越低，也就是说父亲依恋越高，一孩心理在这几个维度越健康。回归模型的结果表明，一孩的亲子依恋对学习焦虑和自责倾向均无显著影响作用，而母亲依恋和父亲依恋对一孩心理健康中的对人焦虑维度和躯体症状维度均具有显著的影响作用。

四、讨论与结论

（一）一孩亲子依恋的个体差异分析

本章研究表明，在一孩的亲子依恋中，在母亲依恋和父亲依恋方面，男生均略低于女生，但没有显著性差异。在以往的研究中，有结果表明亲子依恋性别差异不显著（夏慕，2013）。也有研究得出儿童的亲子关系存在显著的性别差异，女生显著高于男生（陈燕，2019）。本章研究结果在得分趋势上体现出了女生高于男生，但在显著性上又支持了没有性别差异。这可能是因为研究对象中的男生、女生之前都是独生子女，由于二孩的出生，家庭中的亲子关系都发生了变化，父母与一孩的关系，不管是与男孩建构的亲子关系还是与女孩建构的亲子关系，都受到二孩出生的影响，且这种影响相似。研究表明，一孩亲子依恋的年级差异显著性表现在 8 年级母亲依恋得分最低，显著低于 3、4 年级，4 年级母亲依恋得分显著高于其他年级。其他年级之间的母亲依恋得分无显著差异。一孩父亲依恋随着年级的增加几乎也是逐年减少，但差异不显著。亲子关系与父母的陪伴具有一定相关性，3、4 年级父母陪伴的时间较长，而且父母对子女的照顾多于 5、6 年级和初中阶段在中国传统的家庭中，母亲的亲子互动强度要大于父亲，特别是在孩子年幼的时候，所以研究中的母亲的亲子依恋存在显著的年级差异，而父亲的亲子依恋没有显著的年级差异。

（二）亲子依恋对一孩心理健康影响的分析

本章研究表明，亲子依恋显著影响着一孩的心理健康，亲子依恋越高，心理健康水平越好。亲子依恋对心理健康有显著预测性（傅俏俏，苗静宇，陈启山，2013）。有研究指出儿童的亲子依恋对心理韧性具有显著的正向预测作用，对行为问题具有显著的反向预测作用，包括人际敏感、社交焦虑等。这一结果表明，良好的亲子依恋，有助于形成儿童的安全感和乐观自信，从而获得健康的情感发展、认知发展和分析与解决问题的能力。具有良好亲子依恋的儿童在生活中具有较高的安全感，对事物不会产生过度敏感反应，特别是在与人交往时，与母亲的依恋如果缺失，容易形成恐怖倾向和冲动倾向。这一结果表明，母亲依恋程度低，安全感缺失引起的反应更严重，容易导致极度强烈的负性情绪体验，即害怕和冲动。父亲依恋程度低，儿童更容易不自信，导致心思敏感，容易产生孤独情绪。虽然母亲与父亲在亲子依恋的预测作用有所差别，但良好的亲子依恋有助于儿童获得健康、乐观、充满韧性的应对能力。在二孩家庭，由于家庭结构和家庭关系的变化，一孩与父母之间的亲子关系多了同胞关系的竞争，有研究表明二孩父母差别对待一孩与二孩，会损害与一孩的亲子关系，容易造成儿童的心理发展问题（陈斌斌，施泽艺，2017）。因此，在二孩家庭中，希望父母能够充分关注与一孩的亲子关系，从而促进一孩心理健康的发展。

五、教育建议

（一）多花时间，保证一孩有质量的亲子陪伴

花时间陪伴是亲子关系构建的基础。与孩子们在一起时，父母可以通过自己的一言一行来传递自己对子女的重视和关心。特别是在二孩出生后，由于父母时间资源的有限性，陪伴一孩的时间被稀释，一孩从独自享受到时间资源被竞争，通常会产生不满的情绪体验。有时候即使父母陪在一孩身边，也常常会因为二孩的存在而分心分神，虽然有了一段陪伴一孩的时间，但质

量不高。因此，父母需要在二孩与一孩之间进行权衡，留出单独的，有质量的陪伴，与一孩共处的时候，要尽量多了解一孩的想法、感受和兴趣，通过与他们面对面的沟通与交流，塑造亲子之间的相互信任。然而，有的父母特别不注意方式，可能在陪伴一孩的过程中，觉得一孩已经大了，可以自己玩耍，则在一旁玩手机，显得心不在焉。要知道，当你与孩子在一起时，你可以不必回复每一条短信，也没有必要刷新每一个信息。否则，这样的一种陪伴只会产生相反的效果，使亲子关系更加糟糕。二孩出生后，家长的时间资源有限，有时候忽视了给一孩预留陪伴时间，有时候认为只要场域中有父母、有一孩就可以，这种陪伴忽略了一孩的个性化需要和唯一性需求。一孩希望与父母有单独的相处时间，也希望能够感受到陪伴他是父母生活中非常重要的一件事。这样他们会更能够感受到父母的温暖和情感陪伴，从而构建更好的亲子关系。

（二）积极关注，保证对一孩生活全方位的了解

中国的不少父母是最会操心的父母，但也是最不会科学育儿的父母。他们对子女的爱更多地停留在满足其物质需求的阶段，他们对子女的关心更多地体现在吃饱、穿暖和学习方面。对于孩子成长过程中的学校环境、生活中的朋友交往了解几乎很少。凡事都扯到学习，这是孩子最不愿意听到的，而父母偏偏认为这是与孩子沟通的唯一重要话题。因此，作为处于中小学阶段的一孩的父母而言，要与孩子建立良好的关系，不仅要询问和关心他们的学习情况，还要学会参与到一孩的生活中，全方面了解孩子。了解孩子的兴趣，而不仅仅是知道孩子喜欢吃什么；了解孩子的朋友，而不仅仅是知道他们朋友的名字；了解孩子在日常生活中遇到的各种烦恼，而不仅仅只关注他们的喜好。如果有可能，还应积极参与到孩子的学校活动中，积极参加家长会，定期与孩子的老师见面沟通，了解他们在学校的生活与学习。如果可以，还可以邀请孩子的朋友、同学一起进行体育活动，提供让孩子的朋友认识他父母的机会等。在其他的活动中，也可以让孩子参与其中，比如你在做饭时，孩子在你身边转悠，你可以请他帮个忙做点杂事，他也会乐在其中；比如家庭组织出游活动，你可以征求一孩的意见，让他为家庭的计划出点想法，他就会获得存在感和责任感。在不断地互动中，作为父母既了解了孩子的想法，又交流了情感，有利于亲子关系的建构。

（三）遵从规律，满足一孩身心发展的需求

父母对孩子的关心，似乎从小到大都是吃、穿和学习。当孩子长大后，父母所熟知的那一套可能已完全不适用于认知不断发展的孩子。随着他们受教育年限的增长，孩子的认知能力不断提升，他们可能会重新思考父母所制定的规则与约束。因此，作为父母可以与孩子一起商量每一个成长阶段的行为规范和家庭准则，倾听与吸收孩子们的建议，这也有利于孩子对规则的遵守以及对父母的信任。有些父母认为孩子上学了，成天跟小伙伴在一起玩，不再需要父母的陪伴。相反，随着儿童社会心理和认知能力的自然扩展，孩子的社会世界虽然也扩展到包括更多的人和家庭环境以外的环境，但亲子关系仍然是影响儿童发展的最重要因素。根据儿童的身心发展规律，父母可以制定一些严格且公平的家庭规则，比如如何与二孩相处；当一孩和弟弟妹妹发生冲突时，应用什么样的方法去解决问题等，这样可以帮助父母处理问题和教育子女的方式是始终如一，有章可循的。同时，父母应从孩子自身不同年龄发展的特点为出发点与其进行交流。对于不同年龄段的一孩需要有不同的交流方法与内容，这就需要父母不断自我学习，了解儿童成长过程中的认知特点、心理特点以及社会需求等，然后以一种孩子可以接受的方式传递自己的思想，达成沟通与交流，建构良好的亲子关系，从而促进儿童的心理健康。

（四）共同参与，形成和谐的父母在场的亲子环境

亲子依恋测量中，父亲依恋和母亲依恋对一孩心理健康不同维度的影响既有共性的对人的焦虑和躯体症状的影响，又有不同依恋类型对特定心理健康维度的影响。这一结果表明，在家庭亲子互动中，父母在互动过程中对一孩产生的影响作用是有区别的。母亲依恋的缺失容易引起激烈的负性情绪，父亲依恋的缺失容易引起弥漫性负性情绪体验。在中国的传统文化中，更多的人认为母亲在家庭育儿中具有显著的作用，研究结果也支持了这一观点。然而，将育儿的责任落在母亲一个人身上，显然不符合科学育儿的规律。微信公众号“壹心理”中有篇文章《爸爸在亲子关系中究竟起什么作用》，提到爸爸在家里，妈妈会感到身心愉悦，从而影响到孩子的社会性安全感。孩子会敏感地体会到父母之间关系的亲密、真实、温暖，从而不容易产生行为问题等（陈琼，2018）。有研究表明，父亲参与对母亲依恋关系的建立具有显著的影响，父亲介入会有效调节母子之间的亲子依恋，使得母亲依恋变得更易亲近，更融洽（王晓阳，2018）。有研究者在总结国外亲子关系的研究时也表示，父子关系在下述几个方面比母子关系更具预测性：个性与心理调适能力的发展问题、行为问题、品行问题、心理障碍和心理健康问题等（邓李薇，2007）。在二孩家庭中，由于母亲的资源和时间可能花在二孩身上更多一些，因此，父亲的参与一方面可以平衡家庭资源的分配，另一方面也可以凸显自身的优势，助力一孩的亲子关系发展，从而促进儿童心理健康的发展。

第五部分　亲子依恋对一孩心理健康影响的作用机制研究

二孩出生以后，家庭关系的建构由原来单一的亲子关系转变成了父母与两个孩子之间不同的亲子关系的建构。由于二孩的出生，影响了父母与一孩的亲子依恋，上一章的研究结果也表明了一孩的亲子依恋显著影响着他们的心理健康。本部分主要探讨亲子依恋影响一孩心理健康的作用机制。前述的研究中，分别探讨了情绪反应、生活质量、自尊、自我意识、社会期望对一孩心理健康的影响作用，这些变量之间是否相互关联、相互作用于一孩的心理健康？本部分主要通过对5个中介作用的分析，即第十五章，亲子关系对一孩心理健康的影响：情绪反应的中介作用；第十六章，亲子关系对一孩心理健康的影响：生活质量的中介作用；第十七章，亲子关系对一孩心理健康的影响：自尊的中介作用；第十八章，亲子关系对一孩心理健康的影响：自我意识的中介作用；第十九章，亲子关系对一孩心理健康的影响：社会期望的中介作用，来探讨亲子依恋对一孩心理健康影响的作用机制。

第十五章　亲子关系对一孩心理健康的影响：情绪反应的中介作用

【内容提要】通过对一孩的亲子关系、心理健康和情绪反应进行相关分析发现，一孩的亲子依恋与情绪反应和心理健康均存在显著的相关，情绪反应与心理健康之间也存在显著的相关。回归方程模型中，亲子关系对心理健康具有显著的预测作用，引入情绪反应作为中介变量后，亲子关系对心理健康的标准化回归系数β下降，而且下降后的回归系数仍显著。情绪反应的中介效应占总效应的比例为5.3%，因此，情绪反应是亲子关系与心理健康之间的中介变量，起到了部分中介作用。

一、问题提出

在前述章节的研究中发现，亲子关系显著影响一孩的心理健康，父亲依恋和母亲依恋虽然显著影响的心理健康维度有所不同，但总体上均对一孩的心理健康的影响作用显著。中小学生家庭亲子关系状况对其心理健康水平有显著的影响（杨莲清，1998）。有研究者在关于亲子关系影响青少年心理发展的文献综述中指出，亲子关系具有极强的情感亲密性，它直接影响儿童、青少年的身心发展（陈静，2009）。良好的亲子关系有利于儿童、青少年心理调适，不良的亲子关系对儿童、青少年的心理健康具有显著的负面影响（杨莲清，1998；Baumrind，1971）。情绪健康本身就是心理健康的一部分，情绪是人的一种本能反应，在人类的基本情绪反应中，有快乐、悲伤、愤怒、恐惧、好奇等，其中有积极的情绪反应，也有消极的情绪反应。从中医理论讲，七情过度反应都会有损心理健康。亲子关系不仅影响人的心理健康，也会影响人的情绪反应。不安全的亲子依恋显著预测儿童的焦虑情绪水平（赵金霞，朱彩琴，2011）。亲子关系与儿童的孤独感、社交焦虑等心理与行为均呈显著相关，亲子关系越好，情绪问题越低（王晖，熊昱可，刘霞，2018）。根据以往的研究发现，亲子关系影响儿童的心理健康，亲子关系能有效预测儿童的情绪水平，情绪与心理健康具有显著的相关性。本章希望从情绪反应层面研究亲子关系影响一孩心理健康的机制，也就是说探讨情绪反应在亲子关系影响一孩心理健康中的中介作用。

二、相关分析

通过分别对亲子关系、情绪反应和心理健康的各个维度及总分进行相关分析，负性情绪 1 为“看到二孩与父母互动时的负性情绪”，负性情绪 2 为“父母差别对待时的负性情绪”。结果如表 5.1.1 所示。

表 5.1.1　情绪反应与心理健康各个维度及总分的相关系数

	学习焦虑	对人焦虑	孤独倾向	自责倾向	过敏倾向	躯体症状	恐怖倾向	冲动倾向	总分
负性情绪1	0.112*	0.116*	0.005	0.112*	0.060	0.033	0.122*	0.122*	0.146**

续表

	学习焦虑	对人焦虑	孤独倾向	自责倾向	过敏倾向	躯体症状	恐怖倾向	冲动倾向	总分
负性情绪 2	0.099*	0.199**	0.073	0.024	0.176***	0.238***	0.160***	0.375***	0.233***
总分	0.122*	0.174**	0.039	0.085	0.126*	0.139**	0.158**	0.265***	0.210***

注：+ $p<0.1$，* $p<0.05$，** $p<0.01$，*** $p<0.001$，本章表下同。

由表 5.1.1 可知，一孩情绪反应总分与心理健康总分相关显著，相关系数 $r=-0.210$，$p<0.001$。情绪反应的维度 1 “看到二孩与父母互动时的负性情绪”的得分与心理健康的总分及学习焦虑、对人焦虑、自责倾向、恐怖倾向和冲动倾向具有显著的相关，$ps<0.05$；情绪反应的维度 2 “父母差别对待时的负性情绪”的得分与心理健康的总分及学习焦虑、对人焦虑、过敏倾向、躯体症状、恐怖倾向、冲动倾向具有显著的相关，$ps<0.05$；一孩情绪反应的总分与心理健康的总分及学习焦虑、对人焦虑、过敏倾向、躯体症状、恐怖倾向、冲动倾向具有显著的相关，$ps<0.05$。由此可见，一孩的情绪反应与除孤独倾向和自责倾向之外所有的心理健康维度呈现显著的正相关，即负性情绪得分越高，一孩的心理健康水平越差。

表 5.1.2 亲子依恋与心理健康各个维度及总分的相关系数

	学习焦虑	对人焦虑	孤独倾向	自责倾向	过敏倾向	躯体症状	恐怖倾向	冲动倾向	总分
母亲依恋	−0.180***	−0.269***	−0.243***	0.053	−0.130**	−0.270***	−0.213***	−0.393***	−0.307***
父亲依恋	−0.153**	−0.246***	−0.294***	0.022	−0.154**	−0.269***	−0.189***	−0.287***	−0.286***
总分	−0.182***	−0.282***	−0.294***	0.038	−0.155**	−0.297***	−0.218***	−0.374***	−0.326***

由表 5.1.2 可知，亲子依恋总分与心理健康总分相关显著，相关系数 $r=-0.326$，$p<0.001$。亲子依恋的母亲依恋维度得分与心理健康的总分及除自责倾向之外的所有维度均具有显著的相关，$ps<0.05$；亲子依恋的父亲依恋维度得分与心理健康的总分及除自责倾向之外的所有维度均具有显著的相关，$ps<0.05$；亲子依恋的总分与心理健康的总分及除自责倾向之外的所有维度均具有显著的相关，$ps<0.05$。

表 5.1.3　亲子依恋与情绪反应各个维度及总分的相关系数

	母亲依恋	父亲依恋	总分
负性情绪 1	−0.137**	−0.005	−0.073
负性情绪 2	−0.311**	−0.182**	−0.268**
总分	−0.243**	−0.094	−0.180**

由表 5.1.3 可知，亲子依恋总分与情绪反应总分相关显著，相关系数 $r=-0.180$，$p<0.01$。亲子依恋的母亲依恋维度得分与情绪反应的总分及所有维度均具有显著的相关，$ps<0.01$；亲子依恋的父亲依恋维度得分与情绪的总分及负性情绪 2 维度均具有显著的相关，$ps<0.05$；亲子依恋的总分与情绪反应的总分及负性情绪 2 均具有显著的相关，$ps<0.01$。这一结果表明，“父母差别对待时的负性情绪”与亲子依恋之间的相关更显著，包括父亲依恋和母亲依恋及总分，且母亲依恋与一孩的负性情绪在各个维度均具有显著的相关性。

三、中介效应分析

中介变量是一个重要的统计概念，如果自变量 X 通过某一变量 M 对因变量 Y 产生一定影响，则称 M 为 X 和 Y 的中介变量。研究中介作用的目的是在已知的 X 和 Y 关系的基础上，探索产生这个关系的内部作用机制。中介效应是通过中介变量的中介作用。

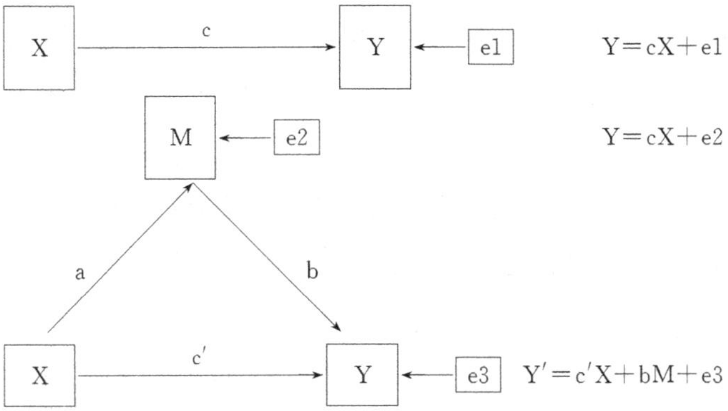

图 5.1.1　中介变量来源

因为亲子依恋、情绪反应与心理健康的总分两两之间的相关系数均达到统计学水平的显著检验。因此，可构建模型分析情绪反应在亲子关系与心理健康中的中介作用。

以亲子关系总分为自变量 X，心理健康总分为因变量 Y，情绪反应总分为中介变量 M 进行中介作用效应检验。根据温忠麟等人提出的中介作用检验程序（温忠麟，张雷，侯杰泰等，2004；温忠麟，侯杰泰，张雷，2005），对亲子关系影响心理健康，亲子关系影响情绪反应，亲子关系和情绪反应影响心理健康的效用进行回归分析。具体结果如表 5.1.4 所示。

1. 心理健康为因变量，亲子关系为自变量，进行线性回归分析，检验亲子关系的回归系数 B（c）是否具有显著性。结果表明，$F(1,377)=44.761$，$p=0.000<0.01$，决定系数 $R^2=0.106$，回归系数 $\beta=-0.292$，$t=-0.690$，$p<0.01$，说明亲子关系对心理健康的影响作用显著，解释率

为 10.6%。

2. 以情绪反应为因变量，亲子关系为自变量，进行线性回归分析，检验亲子关系的回归系数 B（a）是否具有显著性。结果显示，F（1，395）＝13.295，p＝0.000＜0.05，决定系数 R^2＝0.033，β＝0.238，t＝3.641，p＜0.05，说明亲子关系对心理健康的影响作用显著，解释率为 24.2%。

3. 以心理健康为因变量，亲子关系和情绪反应为自变量，进行多元逐步回归分析，检验亲子关系的回归系数 B（c′）和情绪反应的回归系数 B（b）是否具有显著性。结果表明，F（2，358）＝24.392，p＝0.000＜0.05，决定系数 R^2＝0.120，p＜0.05，说明亲子关系和情绪反应对心理健康的影响作用显著。具体的模型分析过程见表 5.1.4。

表 5.1.4 情绪反应对一孩心理健康影响中介效应依次检验模型

步骤	因变量	自变量	R^2	标准化回归系数	ΔR^2	SE	t
第一步	心理健康	亲子关系	0.106	－0.326		0.044	－6.690***
第二步	情绪反应	亲子关系	0.033	－0.180		0.065	9.493***
第三步	心理健康	情绪反应	0.120	0.096	0.014	0.034	－2.837**
		亲子关系		－0.258	0.087	0.045	－5.745***

由表 5.1.4 可知，ΔR^2情绪反应＝0.014，ΔR^2亲子关系＝0.087，即情绪反应和亲子关系可以分别独立解释心理健康 1.4%和 8.7%的变异量。

引入情绪反应作为中介变量时，亲子关系对心理健康的标准化回归系数β（c′）下降为 0.120，且下降后的回归系数仍显著，因此是亲子关系与心理健康之间的中介变量，起到了部分中介作用。中介效应占总效应的比例为：－0.180×0.096/（－0.326）＝5.3%，即中介效应占了总效应的 5.3%。情绪反应是亲子依恋与心理健康之间的一个中介变量，起到了部分的中介作用，即亲子关系一方面直接影响个体的心理健康，另一方面通过情绪反应间接影响心理健康。安全感对心理健康的中介作用可以用图 5.1.2 表示。

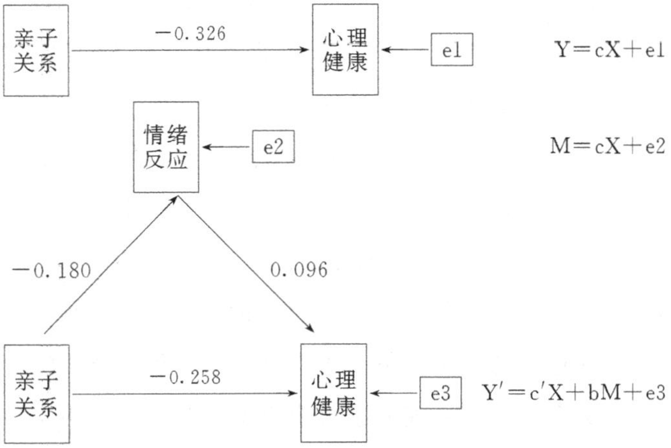

图 5.1.2 情绪反应中介变量来源

因此，回归分析的各个模型如下。

模型一：$Y=-0.326X+e1$

模型二：$M=-0.180X+e2$

模型三：$Y'=-0.258X+0.096M+e3$

四、讨论与结论

研究结果表明，一孩的亲子依恋与情绪反应存在显著的正相关，亲子依恋的母亲依恋维度得分与所有维度均具有显著的相关，也就是说母亲亲子关系越好，儿童情绪越稳定。父亲依恋和总分都主要与负性情绪 2 “父母差别对待时的负性情绪” 呈现显著相关。回归方程模型也显示，亲子关系总分对情绪反应具有显著的直接预测作用。这说明亲子关系对一孩情绪反应的总体表现具有明显的促进作用，这与以往的研究结果一致（赵金霞，朱彩琴，2011）。当与父母的亲子关系得分越高时（王晖，熊昱可，刘霞，2018），表明父母与儿童的亲子互动越好，这不仅保证了父母对一孩的陪伴时间增加，而且在互动过程中也建立了相互之间的交流与沟通，使得一孩不会因觉得父母偏向于二孩而产生不满的情绪。在回归方程模型中也发现，亲子关系对心理健康具有显著的预测作用，这个结果与以往的研究结果一致，亲子关系在儿童的成长过程中，对其心理健康具有重要的影响作用（Ranson & Urichuk，2008；傅俏俏，苗静宇，陈启山，2013）。良好的亲子关系有利于协调二孩家庭中一孩与二孩之间存在的同胞竞争。通过对回归方程中介效应的依次检验发现，情绪在亲子关系对一孩心理健康影响模型中起中介作用，其中介效应达到5.3%。虽然中介效应值相对不高，但情绪反应进行中介后，影响作用显著。可见，亲子关系不仅直接对心理健康起显著的影响作用，还体现在亲子关系作为重要自变量，通过影响儿童的情绪反应进而间接对其心理健康产生促进作用。与父母之间的亲子依恋、亲子关系越好，儿童的社会自我效能感、同伴质量就越高，当可以与同伴发生良好的互动时，儿童与父母的亲子关系也会得到促进。

五、教育建议

亲子关系不仅对一孩的心理健康起直接作用，还通过影响一孩的情绪反应对他们的心理健康产生显著的影响。全面二孩政策实施期间，常有报道称，一孩因为接受不了父母生育二孩而产生一些极端的情绪反应，很多家长不能了解一孩的行为反应，很少有家长从自身的亲子关系方面探究一孩为何有如此激烈的情绪。二孩出生后，家庭的结构、关系和环境都发生了变化，很多人意识到一孩有了一个弟弟或妹妹，却很少关注这种伴随家庭结构变化而带来的家庭关系和家庭环境的变化。二孩出生后，父母对一孩的关注与陪伴都会减少，亲子关系的变化，就使得一孩容易产生不良的情绪反应。一孩看到家人都围着二孩转，自己突然从聚光灯式的关爱对象到被冷落和边缘化，容易产生失落等较低的情绪体验，因而特别想利用自己年长的优势去与二孩竞争获得父母的资源。但在父母的认知中，一孩因为年长，所以凡是比二孩表现优秀的地方都被看作了理所当然，一孩很少从父母处获得积极反馈，从而产生挫败体验等消极情绪。因此，在二孩家庭中，父母一方面要构建良好的亲子关系，提升一孩的积极情绪，在养育二孩的过程中，注意增加与一孩的互动时间，正确处理一孩与二孩间的同胞冲突；另一方面也要对一孩进行科学的教育与引导，让他能够明白自己角色和身份的转变，形成较高的角色认同，和父母一起接纳二孩、关心二孩。同时，父母应对一孩进行一些必要的社会规范的约束与控制，适度激活儿童的情绪状态（周宗奎，1997），培养一孩调控自己情绪的能力。夫妻之间的感情融洽与否，也会影响一孩的情绪状态。因家里新生了二孩，家庭生活的复杂化和抚养压力都有所增加，此时夫妻之间不能相互责备，更不能将自己的情绪转嫁到一孩身上，让一孩成为父母不良情绪的受害者。

第十六章　亲子关系对一孩心理健康的影响：生活质量的中介作用

【内容提要】通过对一孩的亲子关系、心理健康和生活质量进行相关分析发现，一孩的亲子依恋与生活质量和心理健康均存在显著的相关，生活质量与心理健康之间也存在显著的相关。回归方程模型中，亲子关系对心理健康具有显著的预测作用，引入生活质量作为中介变量后，亲子关系对心理健康的标准化回归系数 β 下降，且不再显著。生活质量的中介效应占了总效应的 86.0%。因此，生活质量是亲子关系与心理健康之间的中介变量，起到了完全中介作用。

一、问题提出

亲子关系对心理健康具有显著的影响，亲子关系对一孩心理健康的影响在前述研究中已得到支持。亲子关系既直接影响一孩的心理健康，又通过影响情绪反应间接影响一孩的心理健康。以往的研究表明，亲子关系对生活质量具有一定的影响作用，小学生亲子沟通对生活质量具有预测作用，亲子关系中父母的开放性沟通以及父母面对问题时的沟通方式能预测生活质量。在亲子关系中，父母的亲子沟通效果与生活质量呈正相关（王悦，2018），亲子沟通效果越好，生活质量得分越高（陈敏丽，凌霄，2012）。生活质量中的社会心理功能因子和生理心理健康因子对心理健康总分具有正向预测作用（陈希，2018）。关于生活质量对人的心理健康影响的研究大多集中在其在病人术后康复中的作用方面，结果表明生活质量能够显著提升术后康复病人的心理健康水平（卓燕玲，刘四海，韩新作等，2019）。也有关于空巢老人的研究表明，生活质量的好坏与空巢老人的心理健康水平和社会支持水平密切相关（顾红霞，2015）。由此可见，在以往不同的研究群体中，亲子关系显著影响儿童的心理健康和生活质量，生活质量对不同群体的心理健康也具有显著的影响。本章希望通过探讨生活质量在亲子关系与一孩心理健康中的中介效应，从而分析亲子关系影响一孩心理健康的作用机制。

二、相关分析

通过对亲子关系、生活质量和心理健康的各个维度及总分进行相关分析，结果如下。

表 5.2.1　生活质量与心理健康各个维度及总分的相关系数

	学习焦虑	对人焦虑	孤独倾向	自责倾向	过敏倾向	躯体症状	恐怖倾向	冲动倾向	总分
社会心理功能	−0.233**	−0.335**	−0.330**	0.026	−0.249**	−0.376**	−0.206**	−0.380**	−0.382**
生理心理健康	−0.288**	−0.320**	−0.224**	−0.048	−0.307**	−0.434**	−0.292**	−0.451**	−0.450**
生活环境	−0.202**	−0.281**	−0.301**	−0.078	−0.272**	−0.353**	−0.288**	−0.336**	−0.391**

续表

	学习焦虑	对人焦虑	孤独倾向	自责倾向	过敏倾向	躯体症状	恐怖倾向	冲动倾向	总分
满意度	−0.286**	−0.362**	−0.287**	−0.013	−0.319**	−0.491**	−0.286**	−0.491**	−0.472**
总分	−0.297**	−0.386**	−0.359**	−0.005	−0.334**	−0.498**	−0.320**	−0.506**	−0.505**

注：+ $p<0.1$，* $p<0.05$，** $p<0.01$，*** $p<0.001$，本章表下同。

由表 5.2.1 可知，生活质量与心理健康总分相关显著，相关系数 $r=-0.505$，$p<0.001$。生活质量的社会心理功能维度得分与心理健康的总分及除自责倾向之外的所有维度均具有显著的相关，$ps<0.05$；生活质量的生理心理健康维度与心理健康的总分及除自责倾向之外的所有维度均具有显著的相关，$ps<0.05$；生活质量的生活环境维度得分与心理健康的总分及除自责倾向之外的所有维度均具有显著的相关，$ps<0.05$；生活质量的满意度得分与心理健康的总分及除自责倾向之外的所有维度均具有显著的相关，$ps<0.05$；生活质量的总分与心理健康的总分及除自责倾向之外的所有维度均具有显著的相关，$ps<0.05$。结果表明，生活质量仅与心理健康维度中的自责倾向相关不显著，与其他维度及总分相关均异常显著。生活质量得分越高，一孩的心理健康水平越高。

表 5.2.2　亲子依恋与心理健康各个维度及总分的相关系数

	学习焦虑	对人焦虑	孤独倾向	自责倾向	过敏倾向	躯体症状	恐怖倾向	冲动倾向	总分
母亲依恋	−0.180***	−0.269***	−0.243***	0.053	−0.130**	−0.270***	−0.213***	−0.393***	−0.307***
父亲依恋	−0.153**	−0.246***	−0.294***	0.022	−0.154**	−0.269***	−0.189***	−0.287***	−0.286***
总分	−0.182***	−0.282***	−0.294***	0.038	−0.155**	−0.297***	−0.218***	−0.374***	−0.326***

由表 5.2.2 可知，亲子依恋总分与心理健康总分相关显著，相关系数 $r=-0.326$，$p<0.001$。亲子依恋的母亲依恋维度得分与心理健康的总分及

除自责倾向之外的所有维度均具有显著的相关，ps＜0.05；亲子依恋的父亲依恋维度得分与心理健康的总分及除自责倾向之外的所有维度均具有显著的相关，ps＜0.05；亲子依恋的总分与心理健康的总分及除自责倾向之外的所有维度均具有显著的相关，ps＜0.05。

表 5.2.3　亲子依恋与生活质量各个维度及总分的相关系数

	社会心理功能	生理心理健康	生活环境	满意度	总分
母亲依恋	0.508*	0.379*	0.349**	0.459**	0.551**
父亲依恋	0.468**	0.365**	0.314**	0.395**	0.511**
总分	0.536**	0.407**	0.361**	0.465**	0.583**

由表 5.2.3 可知，亲子依恋总分与生活质量总分相关显著，相关系数 r=－0.583，p＜0.001。亲子依恋的母亲依恋维度得分与生活质量的总分及所有维度均具有显著的相关，ps＜0.05；亲子依恋的父亲依恋维度得分与生活质量的总分及所有维度均具有显著的相关，ps＜0.05；亲子依恋的总分与生活质量的总分及所有维度均具有显著的相关，ps＜0.05。

三、中介效应分析

因为亲子依恋、生活质量与心理健康的总分两两之间的相关系数均达到统计学水平的显著检验，依据方杰、张敏强和邱皓政（2012）提出的中介效应检验模型，笔者通过构建模型分析了生活质量在亲子关系与心理健康中的中介作用。

以亲子关系总分为自变量 X，心理健康总分为因变量 Y，生活质量总分为中介变量 M，进行中介作用效应检验。笔者根据温忠麟、张雷、侯杰泰等

(2004) 以及温忠麟、侯杰泰和张雷 (2005) 提出的中介作用检验程序，对亲子关系影响心理健康、亲子关系影响生活质量、亲子关系和生活质量影响心理健康的效用进行回归分析，具体结果如表 5.2.4 所示。

1. 以心理健康为因变量，亲子关系为自变量，进行线性回归分析，检验亲子关系的回归系数 B (c) 是否具有显著性。结果表明，$F(1, 377) = 44.761$，$p=0.000<0.01$，决定系数 $R^2=0.106$，回归系数 $\beta=-0.292$，$t=-0.690$，$p<0.01$，说明亲子关系对心理健康的影响作用显著，解释率为 10.6%。

2. 以生活质量为因变量，亲子关系为自变量，进行线性回归分析，检验亲子关系的回归系数 B (a) 是否具有显著性。结果显示，$F(1, 385) = 198.475$，$p=0.000<0.05$，决定系数 $R^2=0.340$，回归系数 $\beta=0.772$，$t=14.088$，$p<0.05$，说明亲子关系对心理健康的影响作用显著，解释率为 34.0%。

3. 以心理健康为因变量，亲子关系和生活质量为自变量，进行多元逐步回归分析，检验亲子关系的回归系数 B (c′) 和生活质量的回归系数 B (b) 是否具有显著性。结果表明，$F(2, 355) = 63.052$，$p=0.000<0.05$，说明亲子关系和生活质量对心理健康的影响作用显著。具体的模型分析过程见表 5.2.4。

表 5.2.4　生活质量对一孩心理健康影响中介效应依次检验模型

步骤	因变量	自变量	R^2	标准化回归系数	ΔR^2	SE	t
第一步	心理健康	亲子关系	0.106	−0.326		0.044	−6.690***
第二步	生活质量	亲子关系	0.340	0.583		0.055	14.088***
第三步	心理健康	生活质量	0.262	−0.481	0.078	0.037	−8.679***
		亲子关系		−0.051	−0.156	0.050	−0.911

如表 5.2.4 所示，ΔR^2生活质量＝0.078，生活质量可以独立解释心理健康。ΔR^2亲子关系＝－0.156，不再显著。

当引入生活质量作为中介变量时，亲子关系对心理健康的标准化回归系数 β（c′）下降为 －0.051，且下降后的回归系数不再显著，因此其作为亲子关系与心理健康之间的中介变量，起到了全部中介作用。中介效应占总效应的比例为：－0.481×0.583/（－0.326）＝86.0％，即中介效应占了总效应的86.0％。生活质量是亲子依恋与心理健康之间的一个中介变量，起到了完全的中介作用，即亲子关系影响了生活质量后，就不再对一孩的心理健康产生直接的影响作用，而是完全通过影响生活质量间接影响一孩的心理健康。生活质量对心理健康的中介作用如图 5.2.1 所示。

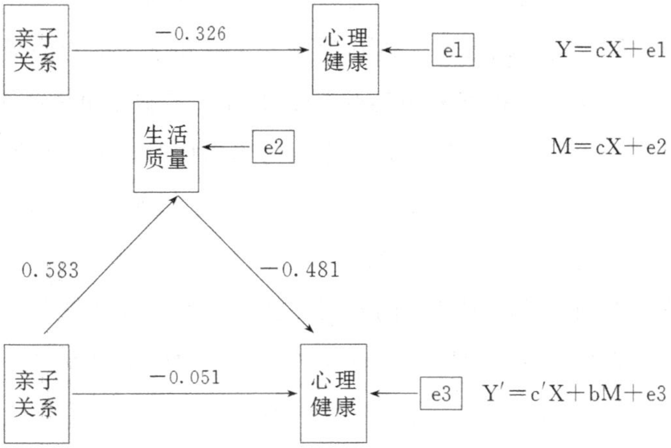

图 5.2.1　生活质量中介变量来源

因此，各个模型分别如下。

模型一：Y＝－0.326X＋e1

模型二：M＝0.583X＋e2

模型三：Y′＝－0.051X＋（－0.481）M＋e3

四、讨论与结论

研究结果表明，一孩的亲子关系与生活质量总分及其各个维度存在显著的正相关，亲子关系越好，一孩的生活质量越高。回归分析的模型也表明，亲子关系对生活质量具有显著的直接预测作用$\beta=0.772$，$p<0.001$，这表明亲子关系对生活质量具有显著的促进作用，这与以往的研究结果具有一致性，即亲子关系有利于提高儿童的生活质量（王悦，2018；陈敏丽，凌霄，2012）。当亲子关系越好时，与父母所表现出来的良好关系模型能有效促进儿童的社会化发展，如在与同伴、师生交往中形成良好的人际关系，提高其学校生活的质量，同时也可以有效促进其学业的完成和学习能力的提升。当亲子关系越好时，一孩在二孩家庭中感受到的来自于同胞竞争的压力就越小，竞争焦虑也就越小，当一个人经常处在竞争与焦虑中时，为了获得关注和缓减焦虑，他们容易产生情绪甚至躯体化反应，引起生理心理的不健康体验。良好的亲子关系有利于一孩获得安全感和良好的家庭生活氛围以及对自我和家庭的满意度，有利于其心理健康的发展。良好的亲子关系是良好家庭生活氛围的关键，是青少年身心发展与健康成长不可或缺的重要发展性资源之一（Pittman，Irby & Tolman，et al.，2001）。通过对回归方程中介效应的依次检验发现，生活质量在亲子关系对一孩心理健康影响模型中起着完全中介作用，其中介效应达到86.0%。亲子关系对一孩心理健康的影响完全通过生活质量起作用。生活质量可以完全中介亲子关系对一孩心理健康的直接影响，因此生活质量对一孩的心理健康具有重要的作用，特别是二孩家庭中的一孩，虽然家庭生活质量受到二孩出生的影响，但良好的亲子关系可以帮助一孩建构良好的生活质量环境，从而调节其面对二孩出生后所产生的一些不良心理体验。

五、教育建议

在本章研究中，亲子关系影响一孩心理健康的机制完全通过影响生活质量来影响一孩的心理健康。生活质量是重要的中介变量，因此父母要高度重视亲子关系对生活质量的影响。在二孩家庭中，一孩所产生的心理问题，很多时候被认为是一孩由于独生子女时期的娇生惯养所造成的。娇生惯养其实就是父母在与一孩建构亲子关系的过程中，因溺爱一孩对他们的要求有求必应，从而形成了过度保护的亲子关系。这样使得一孩在独生子女时期形成的固定的思维模式，在二孩出生后难以发生改变。他们和父母的关系发生了变化，而这个变化在二孩出生前缺少父母与之的有效沟通与心理建设。有研究指出，一孩的认知预期影响他们对同胞二孩的出生期望（伏干，2019）。竞争焦虑与压力使他们变得更敏感，也使得他们在人际交往和学校生活中出现了不良的反应，从而影响了他们在家庭、学校中的同伴交往，以及对自己的满意度。因此，当二孩出生后，父母如何与一孩更好地建构亲子关系，是当前乃至未来一段时期内二孩家庭可能要面临的问题。良好的亲子关系始于高质量的陪伴。高质量的陪伴不是有求必应，而是通过树立边界，满足孩子，让孩子感受到被尊重和价值感，既可以是鼓励孩子探索发现，也可以是拒绝无理要求等，从而达到与孩子的积极交流与反馈。高质量的陪伴不是用时间来衡量的，时间只是高质量陪伴的基础，在陪伴孩子的过程中，还要积极参与互动与反馈。现在手机已经成为深入人们生活的电子产品，手机的功能已从传统的通话功能到涉及生活的方方面面。许多家长平时工作繁忙，陪伴孩子时正好有时间可以一边陪孩子一边玩手机。特别是二孩家庭，工作生活本已占用了父母太多的时间，在陪孩子时又因感觉自己帮不上多少忙，所以通常会一边看孩子，一边玩手机。这其实是一种有害的亲子沟通，长此以往，不仅会影响父母与孩子的亲子关系，还会使孩子因模仿家长的行为而对手机产生依赖，孩子认为父母经常玩手机的比例高达82.7%（廖春贵，熊小菊，胡宝清，2017）。高质量的陪伴源于良好的家庭情绪氛围。首先，体现在父母的情绪控制能力。如果父母过度敏感与易激动，便容易将这种情绪传递给孩子，使他们在人际交往过程中也容易产生这样的情绪反应。其次，家庭中的夫妻对子女的教育方式要具有一致性。不能因为教育孩子而产生强烈的夫妻之间的情绪冲突，这样容易影响孩子，使他们在矛盾中无所适从，无法形成良好的习惯和情绪控制能力。最后，夫妻之间要具有良好的婚姻家庭关系。当一个家庭由于父母的婚姻破裂而使得家庭结构缺失时，孩子的亲子关系会受到严重的冲击，即使父母没有离异，因父母感情不和而经常争吵的家庭，不仅会影响亲子关系，更会对孩子未来的婚姻家庭观产生影响，不利于他们的心理健康。

第十七章　亲子关系对一孩心理健康的影响：自尊的中介作用

【内容提要】通过对一孩的亲子关系、心理健康和自尊进行相关分析发现，一孩的亲子依恋与自尊和心理健康均存在显著的相关，自尊与心理健康之间也存在显著的相关。回归方程模型中，亲子关系对心理健康具有显著的预测作用，引入自尊作为中介变量后，亲子关系对心理健康的标准化回归系数β下降，而且下降后的回归系数仍显著。自尊的中介效应占总效应的比例为48.3%。因此，自尊是亲子关系与心理健康之间的中介变量，起到了部分中介作用。

一、问题提出

亲子关系作为家庭微环境中的关键因素，是影响儿童、青少年身心健康发展的主要因素（吴念阳，张东昀，2004），Ranson 和 Urichuk（2008）通过元分析研究发现，安全型亲子依恋的儿童社会发展能力、认知发展能力、身心健康发展水平更高。亲子依恋对心理健康有显著预测性（傅俏俏，苗静宇，陈启山，2013）。初中生自尊水平与心理健康的总分在不同维度之间均存在显著的负相关关系（苏昊，许霞，2011）。在个体层面，自尊能够预测主观幸福感（Diener，2009）。关于贫困生的研究表明，亲子关系对个体自尊水平的影响主要体现在亲子关系的互动中哪些方面做得不够好（乐国安，李文姣，王雪松，2011）。个体的自尊主要来源于他人的评价且个体有追求其所处社会中他人接纳的需要。当学生被重要他人接纳和喜欢的时候，他们的自尊就会上升；反之则降低（张林，李元元，2009）。师生关系对自尊具有显著的预测作用，中学生亲子依恋与自尊显著相关（郭明佳，刘儒德，甄瑞等，2017）。根据以往的研究发现，亲子关系影响儿童的心理健康水平，亲子关系能有效预测儿童的自尊水平，自尊与心理健康具有显著的相关性。本章希望从自尊层面研究亲子关系影响一孩心理健康的机制，也就是说探讨自尊在亲子关系影响一孩心理健康中的中介作用。

二、相关分析

通过分别对亲子关系、自尊和心理健康的各个维度及总分进行相关分析，结论如表 5.3.1 所示。

表 5.3.1　自尊与心理健康各个维度及总分的相关系数

	学习焦虑	对人焦虑	孤独倾向	自责倾向	过敏倾向	躯体症状	恐怖倾向	冲动倾向	总分
外表	−0.216***	−0.135*	−0.189***	−0.156**	−0.140**	−0.210***	−0.160***	−0.185***	−0.263***
体育运动	−0.221**	−0.132**	−0.071	0.014	−0.112*	−0.174***	−0.239***	−0.250***	−0.253***
能力	−0.419**	−0.410***	−0.278***	−0.160***	−0.248***	−0.415***	−0.298***	−0.269***	−0.483***
成就感	−0.107*	−0.117*	−0.150**	0.041	−0.085	−0.168***	−0.115*	−0.270***	−0.195***
纪律	−0.033	−0.137**	−0.095	0.093	−0.104*	−0.127*	−0.087	−0.241***	−0.145**

续表

	学习焦虑	对人焦虑	孤独倾向	自责倾向	过敏倾向	躯体症状	恐怖倾向	冲动倾向	总分
公德与助人	−0.047	−0.144**	−0.127*	.136**	−0.098*	−0.184***	−0.043	−0.262***	−0.156**
总分	−0.297***	−0.301***	−0.241***	−0.028	−0.219***	−0.346***	−0.246***	−0.241***	−0.402***

注：+ $p<0.1$，* $p<0.05$，** $p<0.01$，*** $p<0.001$，本章表下同。

由表 5.3.1 可知，自尊与心理健康总分相关显著，相关系数 $r=-0.402$，$p<0.001$。自尊的外表维度得分与心理健康的总分及所有维度均具有显著的相关，$ps<0.05$；自尊的体育运动维度与心理健康的总分及学习焦虑、对人焦虑、过敏倾向、躯体症状、恐怖倾向、冲动倾向具有显著的相关，$ps<0.05$；自尊的能力维度得分与心理健康的总分及所有维度均具有显著的相关，$ps<0.05$；自尊的成就感维度得分与心理健康的总分及除自责倾向和过敏倾向之外的所有维度均具有显著的相关，$ps<0.05$；自尊的纪律维度得分与心理健康的对人焦虑、过敏倾向、躯体症状、冲动倾向维度均具有显著的相关，$ps<0.05$；自尊的公德与助人维度得分与心理健康的总分及除学习焦虑、恐怖倾向之外的所有维度均具有显著的相关，$ps<0.05$；自尊的总分与心理健康的总分及除自责倾向之外的所有维度均具有显著的相关，$ps<0.05$。

表 5.3.2　亲子依恋与心理健康各个维度及总分的相关系数

	学习焦虑	对人焦虑	孤独倾向	自责倾向	过敏倾向	躯体症状	恐怖倾向	冲动倾向	总分
母亲依恋	−0.180***	−0.269***	−0.243***	0.053	−0.130**	−0.270***	−0.213***	−0.393***	−0.307***
父亲依恋	−0.153**	−0.246***	−0.294***	0.022	−0.154**	−0.269***	−0.189***	−0.287***	−0.286***
总分	−0.182***	−0.282***	−0.294***	0.038	−0.155**	−0.297***	−0.218***	−0.374***	−0.326***

由表 5.3.2 可知，亲子依恋总分与心理健康总分相关显著，相关系数

r=－0.326，p<0.001。亲子依恋的母亲依恋维度得分与心理健康的总分及除自责倾向之外的所有维度均具有显著的相关，ps<0.05；亲子依恋的父亲依恋维度得分与心理健康的总分及除自责倾向之外的所有维度均具有显著的相关，ps<0.05；亲子依恋的总分与心理健康的总分及除自责倾向之外的所有维度均具有显著的相关，ps<0.05。

表 5.3.3 亲子依恋与自尊的各个维度及总分的相关系数

	外表	体育运动	能力	成就感	公德与助人	纪律	总分
母亲依恋	0.116*	0.252***	0.350***	0.305***	0.432***	0.360***	0.456***
父亲依恋	0.178***	0.247***	0.335***	0.293***	0.372***	0.314***	0.438***
总分	0.163***	0.273***	0.377***	0.329***	0.372***	0.903***	0.492***

由表 5.3.3 可知，亲子依恋的总分与自尊的总分相关显著，相关系数 r=0.492，p<0.001。亲子依恋的母亲依恋维度得分与自尊的总分及所有维度均具有显著的相关，ps<0.05；亲子依恋的父亲依恋维度得分与自尊的总分及所有维度均具有显著的相关，ps<0. 001；亲子依恋的总分与自尊的总分及所有维度均具有显著的相关，ps<0.001。

三、中介效应分析

因亲子依恋、自尊与心理健康的总分两两之间的相关系数均达到统计学水平的显著检验，笔者依据方杰、张敏强和邱皓政（2012）提出的中介效应检验模型，构建模型分析自尊在亲子关系与心理健康中的中介作用。

以亲子关系总分为自变量 X，心理健康总分为因变量 Y，自尊总分为中介变量 M 进行中介作用效应检验。现根据温忠麟等人提出的中介作用检验程序（温忠麟，张雷，侯杰泰等，2004；温忠麟，侯杰泰，张雷，2005），对亲子关系影响心理健康，亲子关系影响自尊，亲子关系和自尊影响心理健康的效用进行回归分析。具体结果如表 5.3.4 所示。

1. 以心理健康为因变量，亲子关系为自变量，进行线性回归分析，检验亲子关系的回归系数 B（c）是否具有显著性。结果表明，$F(1, 377) = 44.761$，$p = 0.000 < 0.01$，决定系数 $R^2 = 0.106$，回归系数 $\beta = -0.292$，$t = -0.690$，$p < 0.01$，说明亲子关系对心理健康的影响作用显著，解释率为 10.6%。

2. 以自尊为因变量，亲子关系为自变量，进行线性回归分析，检验亲子关系的回归系数 B（a）是否具有显著性。结果显示，$F(1, 395) = 126.049$，$p = 0.000 < 0.05$，决定系数 $R^2 = 0.242$，$\beta = 0.511$，$t = 11.227$，$p < 0.01$，说明亲子关系对心理健康的影响作用显著，解释率为 24.2%。

3. 以心理健康为因变量，亲子关系和自尊为自变量，进行多元逐步回归分析，检验亲子关系的回归系数 B（c′）和自尊的回归系数 B（b）是否具有显著性。结果表明，$F(2, 362) = 40.662$，$p = 0.000 < 0.01$，说明亲子关系和自尊对心理健康的影响作用显著。具体的模型分析过程见表 5.3.4。

表 5.3.4　自尊对一孩心理健康影响中介效应依次检验模型

步骤	因变量	自变量	R^2	标准化回归系数	ΔR^2	*SE*	*t*
第一步	心理健康	亲子关系	0.106	−0.326		0.044	−6.690***
第二步	自尊	亲子关系	0.242	0.492		0.045	11.227***
第三步	心理健康	自尊		−0.320	0.078	0.047	−3.116**
		亲子关系		−0.170	0.078	0.049	−5.868***

如表 5. 3. 4 所示，ΔR^2自尊＝0. 078，ΔR^2亲子关系＝0. 078，即自尊和亲子关系可以分别独立解释心理健康 7. 8%和 7. 8%的变异量。

引入自尊作为中介变量时，亲子关系对心理健康的标准化回归系数 β（c′）下降为 0. 170。而且下降后的回归系数仍显著，因此自尊是亲子关系与心理健康之间的中介变量，起到了部分中介作用。中介效应占总效应的比例为：0. 492×0. 320/0. 326＝48. 3%，即中介效应占了总效应近二分之一。自尊是亲子依恋与心理健康之间的一个中介变量，起到了部分的中介作用，即亲子关系一方面直接影响个体的心理健康，另一方面通过自尊间接影响心理健康。安全感对心理健康的中介作用如图 5. 3. 1 所示。

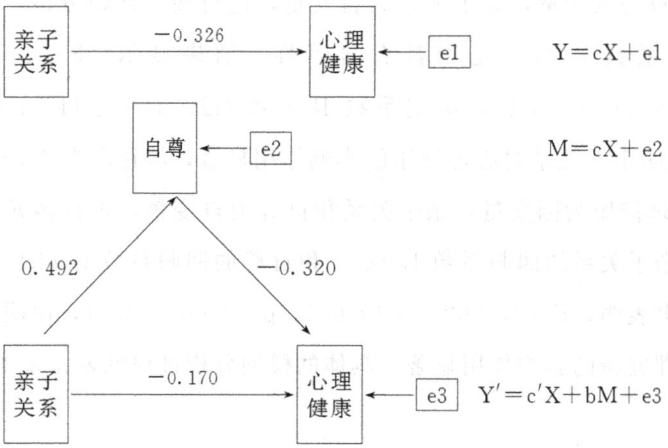

图 5. 3. 1　自尊中介变量来源

因此，各模型分别如下。

模型一：Y＝－0. 326X＋e1

模型二：M＝0. 492X＋e2

模型三：Y′＝－0. 170X＋（－0. 320）M＋e3

四、讨论与结论

研究结果表明，亲子依恋与自尊存在显著的正相关，亲子依恋的母亲依恋维度得分和父亲依恋维度与自尊的总分及所有维度均具有显著的相关，也就是说亲子关系越好，自尊水平越高。通过对回归方程模型的研究也发现，亲子关系对自尊具有显著的直接预测作用，这说明亲子关系对一孩自尊具有明显的促进作用，这也与以往的研究结果一致（郭明佳，刘儒德，甄瑞等，2017；张林，李元元，2009）。当与父母的亲子关系得分高时，个体评价来源于父母的评价与接纳较高，一孩就会感到自尊提升。亲子关系与心理健康存在显著的正相关，且在回归方程模型中也发现，亲子关系对心理健康具有显著的预测作用，这说明亲子关系对一孩心理健康具有明显的促进作用，这与本书第四部分及以往的研究结果一致（Ranson & Urichuk，2008；傅俏俏，苗静宇，陈启山，2013）。良好的亲子关系是良好家庭生活氛围的关键，是青少年身心发展与健康成长不可或缺的重要发展性资源之一。（Pittman，Irby，Tolman & Yohalem，et al.，2001）。通过对回归方程模型中介效应的依次检验发现，自尊在亲子关系对一孩心理健康影响模型中起中介作用，其中介效应达到48.3%。可见，亲子关系不仅直接对心理健康起显著的影响作用，其作用还体现在亲子关系作为环境因素，通过影响儿童的自尊进而间接对其心理健康产生促进作用。在青少年儿童发展研究中，发展资源理论强调外部环境与内部环境共同影响人的发展，外部环境主要通过内部环境起作用，能够使得个体得以充分发展，通过提升复原力提高心理健康水平（Benson，Scales & Hamilton，et al.，2006）。亲子关系来源于父母对儿童的评价与接纳，属于外部环境，自尊是儿童对自我的评价与接纳，属于内部环境，外部环境既可直接作用，又可通过影响内部环境间接作用于一孩的心理健康的发展。

五、教育建议

亲子关系对一孩心理健康的影响不仅起直接作用，还通过影响一孩的自尊对他们的心理健康产生显著的影响。这就提醒父母在日常的家庭环境中要形成良好的亲子关系，以增加一孩的自尊，进而促进他们心理健康的发展。在二孩家庭中，由于二孩的出生，父母与一孩的亲子关系发生变化，由于二孩年幼，父母对二孩的照料可能更为耗费资源，且因此忽略了一孩的需求。在自己的需求得不到满足，自己的努力得不到正向反馈时，一孩不容易感受到父母的接纳与积极评价，容易产生较低的自尊，对自我的接纳与评价也会降低，从而进一步影响一孩对父母的信任和亲子关系的质量，并形成一种不良的循环反应。长此以往将会影响一孩的心理健康。因此，在二孩家庭中，如何提高一孩的亲子关系和自尊水平，需要父母给予关注和重视。首先，保证与一孩的相处时间。陪伴是亲子关系建构的基础，不能因为二孩占用时间多，而忽略了一孩对父母陪伴的需求。其次，欣赏一孩的点滴进步。一孩与二孩相比，虽认知发展相对成熟，但仍处于认知高速发展时期，从不懂到懂的很多事情都需要父母的捕捉与反馈，并给以积极的评价。父母不应在将一孩与二孩的认知相比之后，忽略了一孩需要的积极反馈。再次，充分发挥一孩认知发展的优势。在亲子关系建构的过程中，可以充分发挥一孩认知发展的优势，帮助父母在二孩养育过程中发挥其主观能动作用。如和二孩一起游戏与阅读，让二孩一起听一孩讲述在学校中发生的故事、做一孩的观众等，鼓励一孩多体验和二孩在一起时的哥哥姐姐的角色功能，建立权威与自信，提升自尊。最后，发挥父亲在养育孩子过程中的作用。二孩因年幼可能更需要母亲的照顾，那么父亲可以参与到一孩的陪伴中来，由于一孩年长一些，体育运动能力得到了一定程度的发展，父亲可以带着一孩多参加一些户外活动，培养其勇敢、自信的能力。经常与父亲接触和一起玩耍的孩子更多地表现出勇敢、自信、意志坚强等良好的人格品质（Edward，1982）。

第十八章　亲子关系对一孩心理健康的影响：自我意识的中介作用

【内容提要】通过对一孩的亲子关系、心理健康和自我意识进行相关分析发现，一孩的亲子依恋与自我意识和心理健康均存在显著的相关，自我意识与心理健康之间也存在显著的相关。在回归方程模型中，亲子关系对心理健康具有显著的预测作用，引入自我意识作为中介变量后，亲子关系对心理健康的标准化回归系数β下降，且仍然显著。自我意识的中介效应占了总效应的65.2%。因此，自我意识是亲子关系与心理健康之间的中介变量，起到了部分中介作用。

一、问题提出

亲子关系是父母与子女亲子互动过程中的情感联结与反应，对心理健康具有显著的影响，这在本书前述章节中均已进行过探讨，亲子关系越好，一孩的心理健康水平越高。自我意识是指一个人对他自己的心理过程和心理内容的反映（张增杰，1986）。良好的自我意识有利于儿童、青少年心理健康的发展（彭以松，聂衍刚，蒋佩，2007）。以往关于亲子关系对意识影响的研究主要有两个方向，一是直接测量儿童的亲子关系与自我意识之间的相互关系，相关研究表明，亲子关系对儿童的自我意识有重要影响（贾文华，2011），亲子关系越好，儿童的自我意识越好，良好的亲子关系有利于其自我意识的发展（马晨曦，郑莉君，2012）。二是主要测量亲子关系的不同内容对儿童自我意识的影响，如父母的接纳、情感卷入等都与儿童的自我意识水平有关（Dekovic & Meeus，1997）。母亲情感的温暖和理解与儿童的自我意识存在显著的正相关（周正，韩悦，2018），父母的温暖和理解与儿童自我意识水平呈正相关，而惩罚、拒绝、否认等消极方式与其不同侧面呈负相关（凌辉，2004）。父母教养方式上的一致性对儿童自我意识也有正相关性，父母的教育方式和家庭气氛对儿童自我意识具有显著的影响作用（张静，石淑华，胡美荣等，2003），学生越感觉到父母的关心、奖励、宽容、赞赏、爱护，他们的自我意识越高（郭远兵，2007）。同时，父母与孩子的交流情况对留守儿童自我意识评价状况有显著影响（尹勤，刘越，高祖新等，2011），这不仅体现在正常儿童群体中，有研究发现，ADHD 患儿自我意识低下也受到不良的亲子依恋及严厉管教方式的影响（王峰，周国权，谢红涛等，2017）。通过以往的研究可知，亲子关系显著影响儿童的心理健康，亲子关系也影响着儿童的自我意识，自我意识又是儿童心理健康的重要预测变量，因此本章希望从自我意识层面研究亲子关系影响一孩心理健康的机制，也就是说探讨自尊在亲子关系影响一孩心理健康中的中介作用。

二、相关分析

通过分别对亲子关系、自我意识和心理健康的各个维度及总分进行相关分析，结果如表 5.4.1 所示。

表 5.4.1　自我意识与心理健康各个维度及总分的相关系数

	学习焦虑	对人焦虑	孤独倾向	自责倾向	过敏倾向	躯体症状	恐怖倾向	冲动倾向	总分
行为	−0.276**	−0.359**	−0.276**	−0.098*	−0.336**	−0.428**	−0.262**	−0.494**	−0.470**
智力	−0.243**	−0.255**	−0.315**	−0.037	−0.195**	−0.348**	−0.163**	−0.248**	−0.346**
躯体与外貌	−0.267**	−0.226**	−0.314**	−0.089	−0.164**	−0.267**	−0.147**	−0.171**	−0.317**
焦虑	−0.420**	−0.521**	−0.353**	−0.201**	−0.419**	−0.562**	−0.523**	−0.522**	−0.659**
合群	−0.320**	−0.431**	−0.412**	−0.116*	−0.334**	−0.441**	−0.321**	−0.364**	−0.506**
幸福	−0.249**	−0.335**	−0.384**	.008	−0.181**	−0.380**	−0.189**	−0.395**	−0.414**
总分	−0.385**	−0.448**	−0.429**	−0.132**	−0.333**	−0.504**	−0.343**	−0.441**	−0.565**

注：$^{+}p<0.1$，$^{*}p<0.05$，$^{**}p<0.01$，$^{***}p<0.001$，本章表下同。

由表 5.4.1 可知，自我意识与心理健康总分相关显著，相关系数 $r=-0.565$，$p<0.001$。自我意识的行为维度得分与心理健康的总分及所有维度均具有显著的相关，$ps<0.01$；自我意识的智力维度与心理健康的总分及除自责倾向以外的所有维度均具有显著的相关，$ps<0.01$；自我意识躯体与外貌维度得分与心理健康的总分及除自责倾向以外的所有维度均具有显著的相关，$ps<0.01$；自我意识的焦虑维度得分与心理健康的总分及所有维度均具有显著的相关，$ps<0.01$；自我意识的合群维度得分与心理健康的总分及所有维度均具有显著的相关，$ps<0.05$；自我意识的幸福维度得分与心理健康的总分及除自责倾向之外的所有维度均具有显著的相关，$ps<0.01$；自我意识的总分与心理健康的总分及所有维度均具有显著的相关，$ps<0.01$。

表 5.4.2　亲子依恋与心理健康各个维度及总分的相关系数

	学习焦虑	对人焦虑	孤独倾向	自责倾向	过敏倾向	躯体症状	恐怖倾向	冲动倾向	总分
母亲依恋	−0.180***	−0.269***	−0.243***	0.053	−0.130**	−0.270***	−0.213***	−0.393***	−0.307***

续表

	学习焦虑	对人焦虑	孤独倾向	自责倾向	过敏倾向	躯体症状	恐怖倾向	冲动倾向	总分
父亲依恋	−0.153**	−0.246***	−0.294***	0.022	−0.154**	−0.269***	−0.189***	−0.287***	−0.286***
总分	−0.182***	−0.282***	−0.294***	0.038	−0.155**	−0.297***	−0.218***	−0.374***	−0.326***

由表 5.4.2 可知，亲子依恋总分与心理健康总分相关显著，相关系数 r=−0.326，p<0.001。亲子依恋的母亲依恋维度得分与心理健康的总分及除自责倾向之外的所有维度均具有显著的相关，ps<0.001；亲子依恋的父亲依恋维度得分与心理健康的总分及除自责倾向之外的所有维度均具有显著的相关，ps<0.001；亲子依恋的总分与心理健康的总分及除自责倾向之外的所有维度均具有显著的相关，ps<0.001。

表 5.4.3　亲子依恋与自我意识各个维度及总分的相关系数

	行为	智力	躯体与外貌	焦虑	合群	幸福	总分
母亲依恋	0.429**	0.314**	0.215**	0.326**	0.299**	0.366**	0.389**
父亲依恋	0.294**	0.330**	0.263**	0.285**	0.249**	0.308**	0.358**
总分	0.396**	0.355**	0.263**	0.336**	0.301**	0.370**	0.411**

由表 5.4.3 可知，亲子依恋总分与自我意识总分相关显著，相关系数 r=411，p<0.001。亲子依恋的母亲依恋维度得分与自我意识的总分及所有维度均具有显著的相关，ps<0.01；亲子依恋的父亲依恋维度得分与自我意识的总分及所有维度均具有显著的相关，ps<0.01；亲子依恋的总分与自我意识的总分及所有维度均具有显著的相关，ps<0.01。

三、中介效应分析

因为亲子依恋、自我意识与心理健康的总分两两之间的相关系数均达到统计学水平的显著检验，本章依据方杰、张敏强和邱皓政（2012）提出的中介效应检验模型，构建模型分析自我意识在亲子关系与心理健康中的中介作用。

以亲子关系总分为自变量 X，心理健康总分为因变量 Y，自我意识总分为中介变量 M 进行中介作用效应检验。笔者根据温忠麟等人提出的中介作用检验程序（温忠麟，张雷，候杰泰等，2004；温忠麟，候杰泰，张雷，2005），对亲子关系影响心理健康，亲子关系影响自我意识，亲子关系和自我意识影响心理健康的效用进行回归分析，具体结果如表 5.4.4 所示。

1. 以心理健康为因变量，亲子关系为自变量，进行线性回归分析，检验亲子关系的回归系数 B（c）是否具有显著性。结果表明，F（1，377）＝44.761，$p=0.000<0.01$，决定系数 $R^2=0.106$，回归系数 $\beta=-0.292$，$t=-0.690$，$p<0.01$，说明亲子关系对心理健康的影响作用显著，解释率为 10.6％。

2. 以自我意识为因变量，亲子关系为自变量，进行线性回归分析，检验亲子关系的回归系数 B（a）是否具有显著性。结果显示，F（1，379）＝77.152，$p=0.000<0.05$，决定系数 $R^2=0.169$，$\beta=0.352$，$t=9.305$，$p<0.01$，说明亲子关系对心理健康的影响作用显著，解释率为 16.9％。

3. 以心理健康为因变量，亲子关系和自我意识为自变量，进行多元逐步回归分析，检验亲子关系的回归系数 B（c′）和自我意识的回归系数 B（b）是否具有显著性。结果表明，F（2，354）＝86.801，$p=0.000<0.01$，说明亲子关系和自我意识对心理健康的影响作用显著。具体的模型分析过程见

表 5.4.4。

表 5.4.4　自我意识对一孩心理健康影响中介效应依次检验模型

步骤	因变量	自变量	R^2	标准化回归系数	ΔR^2	SE	t
第一步	心理健康	亲子关系	0.106	−0.326		0.044	−6.690***
第二步	自我意识	亲子关系	0.169	0.411		0.040	8.784***
第三步	心理健康	自我意识	0.329	−0.517	0.223	0.050	−10.822**
		亲子关系		−0.113	0.160	0.043	−2.373*

如表 5.4.4 所示，ΔR^2 自我意识＝0.223，ΔR^2 亲子关系＝0.160，即自我意识和亲子关系可以分别独立解释心理健康 22.3%和 16.0%的变异量。

引入自我意识作为中介变量时，亲子关系对心理健康的标准化回归系数 β（c′）下降为 0.13，且下降后的回归系数仍显著，因此自我意识是亲子关系与心理健康之间的中介变量，起到了部分中介作用。中介效应占总效应的比例为：0.411×（−0.517）/（−0.326）＝65.2%，即中介效应占了总效应的 65.2%，超三分之二。自我意识是亲子依恋与心理健康之间的一个中介变量，起到了部分的中介作用，即亲子关系一方面直接影响个体的心理健康，另一方面通过自我意识间接影响心理健康。自我意识对心理健康的中介作用如图 5.4.1 所示。

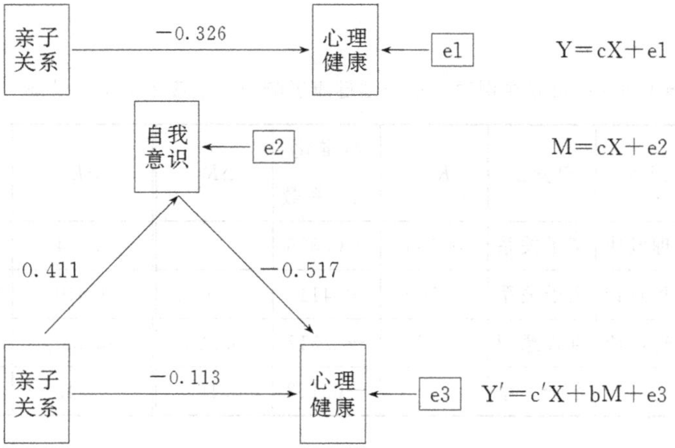

图 5.4.1　中介变量来源

因此，各模型分别为如下。

模型一：Y=−0.326X+e1

模型二：M=0.411X+e2

模型三：Y′=−0.113X+（−0.517）M+e3

四、讨论与结论

研究结果表明，一孩的亲子关系与自我意识及其各个维度存在显著的正相关，亲子关系越好，一孩的自我意识越高。回归分析的模型也表明，亲子关系对自我意识具有显著的直接预测作用，$\beta=0.352$，$t=9.305$，$p<0.01$，这表明亲子关系对自我意识具有显著影响作用，这与以往的研究结果具有一致性，亲子关系有利于提高儿童的自我意识（贾文华，2011；马晨曦，郑莉君，2012）。当亲子关系越好时，父母的温暖、理解与有效沟通能够积极促进

儿童的社会化发展和对自我心理活动的认知与对自我的认识。亲子关系越好，儿童的行为问题越少（宗金莎，李雪平，2013），良好的亲子关系能够有效地预测儿童、青少年会有较少的违纪、犯罪（Johnson，Giordano & Manning，et al.，2011）、攻击、退缩行为等（Reitz，Dekovic & Meijer，et al.，2006）。亲子关系越好，儿童、青少年的幸福感越高，亲子能正向预测儿童的主观幸福感（张兴旭，郭海英，林丹华，2019；郭海英，朱婉灵，朱倩，2014）。亲子关系还会影响学习态度和成绩（伍瑾，李经天，卫虹等，2018；朱倩雨，2017）。本章研究的结果表明亲子关系与儿童自我意识的行为、智力、躯体与外貌、焦虑、合群和幸福维度均具有显著的相关性，亲子关系越好，一孩的自我意识越好。一孩的自我意识越好，就会对自我有正确的认知与评价，二孩的出生虽然会对他们产生影响，但具有良好自我意识的二孩能够正确认识这件事发生的合理性与应然性，他们感受到的竞争压力就会减少，他们能够很好地适应新的角色所带来的变化，具有较高的安全感，同时因为有了同胞关系和同胞情感，他们也多了幸福的体验，具有较高的心理健康水平。通过对回归方程中介效应的依次检验发现，自我意识在亲子关系对一孩心理健康影响模型中起着完全中介作用，其中介效应达到65.2%。亲子关系对一孩心理健康的影响完全通过自我意识起作用。自我意识完全中介了亲子关系对一孩心理健康的直接影响，因此自我意识对一孩的心理健康具有重要的作用，特别是对二孩家庭中的一孩，家庭结构和家庭关系虽受到二孩出生的影响，但良好的亲子关系可以帮助一孩建构良好的自我认知与评价体系，从而可以更好地接纳二孩的出生和调节自己的认知和应对能力。

五、教育建议

亲子关系对一孩心理健康的影响不仅起直接作用，还通过影响自我意识对一孩的心理健康产生显著的影响。有研究表明亲子关系对儿童发生作用的心理机制有父母的态度改变、儿童的观察与模仿和儿童的认同作用（周宗奎，1997）。根据这三类发生机制，为提高二孩家庭中一孩与父母的亲子关系，让一孩在与父母良好的亲子互动中提高自我意识，我们应注意以下几方面。首先，父母态度的改变会影响与儿童的亲子关系。二孩出生后，对于一孩而言，不仅是发生了家庭结构和亲子关系的变化，更为显著的是自己由原来的独生子女向非独生子女的转变，这不仅是身份的变化，随之而来的还有家庭中心位置的变化、家庭资源享用的变化。这些变化会导致一孩产生来自同胞的竞争体验和来自父母的态度变化的体验。这些体验常常是负面与消极的，会使得一孩产生不良的自我认知和否定性的自我意识。不仅是一孩在二孩出生后发生了身份与环境的变化，其父母在二孩出生后也会发生一系列变化，如在抚养孩子时感到精力、经济和时间的有限性等，这些有限性常常使父母难以在短时间内获得补偿。因此，他们不得不削减对一孩的付出，无论是时间上的陪伴，还是精神上的鼓励，或者是物质层面的消费，都难以及时和充分满足一孩的需求，这些态度的改变会影响其与一孩的亲子关系。因此，父母在亲子关系建构中可以使用“最小充分性原则”满足一孩的需要（Lepper & Greene，1978），以建构良好的亲子关系。其次，儿童的观察与模仿会影响亲子关系。父母在家庭教育中的教养方式是温暖的还是忽视的，是权威的还是专制的，都潜移默化地影响着一孩在处理问题时的态度与行为。二孩家庭中，一孩如何面对二孩出生后所带来的压力体验和竞争焦虑，很大程度上受其父母在亲子关系中的行为范式的影响，当二孩出生后，一孩之前形成的固有行为范式便会显现出来，网络上一些儿童极端的行为方式其实就是父母亲子互动的反应。当然，大多数家庭中的一孩的反应是正常或愉快的，但在一孩有情绪的家庭，父母要调整自己的教养方式，多关心和爱护一孩，让他们感受到温暖与爱，从而才能使他们更好地爱自己的同胞兄弟姐妹。最后，基于儿童的认同作用。对于一孩而言，认同不仅体现在对父母亲子方式的认同，也体现在对自己新的角色身份的认同。柯尔伯格就曾强调儿童的认知能力在认同中的作用（Maccoby & Martin，1983）。在二孩出生后，父母要有意识地帮助一孩树立哥哥姐姐这一社会角色，使他们形成较高的身份认同，当具有哥哥姐姐的角色时，也能有效地改善他们与父母的关系，体验到幸福与满足，形成较高的自我意识。

第十九章　亲子关系对一孩心理健康的影响：社会期望的中介作用

【内容提要】通过对一孩的亲子关系、心理健康和社会期望进行相关分析发现，一孩的亲子依恋与社会期望和心理健康均存在显著的相关，社会期望与心理健康之间也存在显著的相关。在回归方程模型中，亲子关系对心理健康具有显著的预测作用，引入社会期望作为中介变量后，亲子关系对心理健康的标准化回归系数β下降，但仍然显著。社会期望的中介效应占了总效应的39.7%。因此，社会期望是亲子关系与心理健康之间的中介变量，起到了部分中介作用。

一、问题提出

亲子关系对儿童心理健康的影响在以往的研究中已有相关支持性结论，这一结论在本书前述章节中也得到了证实。本书前述章节中通过研究发现，亲子关系对一孩心理健康的影响，可以通过情绪反应、自我意识、生活质量、自尊的完全或部分中介作用而实现，这也与以往的研究结果具有一致性。前述研究中探讨了一孩的社会期望是其心理健康的显著预测变量，社会期望水平越高，一孩的心理健康越好。亲子关系与社会期望也存在着一定的相关关系，以往的研究表明，亲子关系中的重要内容——母亲情感温暖理解与儿童的自我意识和社会期望存在显著的正相关（贾文华，2011），母亲情感温暖理解与流动儿童的社会期望、自我意识存在显著的正相关；母亲拒绝、否认和严厉惩罚与流动儿童的社会期望、自我意识存在显著的负相关。视障儿童父母的教养方式与社会期望有显著相关（周正，韩悦，2018），视障儿童社会期望与父亲的惩罚、严厉（FA2）和拒绝、否认（FA5）有显著的负相关，与母亲的拒绝、否认（MO3）有显著的负相关（陈玉赟，2017），父母的教养方式与儿童社会期望存在一定程度的相关（徐远超，谭千保，2002）；聋哑儿童社会期望与父母的教养方式有显著相关，父母的养育方式是影响聋哑儿童社会期望值的重要因素。文献中的研究结果表明，亲子关系与儿童的社会期望存在显著的相关关系（李建伟，刘昌龙，聂玉玲等，2007），亲子关系越好，儿童的社会期望越高。虽然之前的研究大多集中在特殊儿童亲子关系与社会期望关系的探讨，但这些研究结果表明了亲子关系对儿童社会期望的显著影响。社会期望影响儿童的心理健康，亲子关系也影响儿童的心理健康。那么社会期望在亲子关系与心理健康之间有没有中介作用的存在，影响如何？因此本章希望从社会期望层面研究亲子关系影响一孩心理健康的机制，也就是说探讨社会期望在亲子关系影响一孩心理健康中的中介作用。

二、相关分析

通过分别对亲子关系、社会期望和心理健康的各个维度及总分进行相关分析，结果如下。

表 5.5.1 社会期望与心理健康各个维度及总分的相关系数

	学习焦虑	对人焦虑	孤独倾向	自责倾向	过敏倾向	躯体症状	恐怖倾向	冲动倾向	总分
儿童社会期望	−0.162**	−0.254**	−0.243**	0.121*	−0.268**	−0.330**	−0.178**	−0.546**	−0.343**

注：+ p<0.1，* p<0.05，** p<0.01，*** p<0.001，本章表下同。

由表 5.5.1 可知，儿童社会期望与心理健康总分显著相关，相关系数 r=−0.343，p<0.001。儿童社会期望与心理健康各维度均具有显著的相关，ps<0.05。

表 5.5.2 亲子依恋与心理健康各个维度及总分的相关系数

	学习焦虑	对人焦虑	孤独倾向	自责倾向	过敏倾向	躯体症状	恐怖倾向	冲动倾向	总分
母亲依恋	−0.180***	−0.269***	−0.243***	0.053	−0.130**	−0.270***	−0.213***	−0.393***	−0.307***
父亲依恋	−0.153**	−0.246***	−0.294***	0.022	−0.154**	−0.269***	−0.189***	−0.287***	−0.286***
总分	−0.182***	−0.282***	−0.294***	0.038	−0.155**	−0.297***	−0.218***	−0.374***	−0.326***

由表 5.5.2 可知，亲子依恋总分与心理健康总分显著相关，相关系数 r=−0.326，p<0.001。亲子依恋的母亲依恋维度得分与心理健康的总分及除自责倾向之外的所有维度均具有显著的相关，ps<0.001；亲子依恋的父亲依恋维度得分与心理健康的总分及除自责倾向之外的所有维度均具有显著的相关，ps<0.001；亲子依恋的总分与心理健康的总分及除自责倾向之外的所有维度均具有显著的相关，ps<0.001。

表 5.5.3 亲子依恋与社会期望各个维度及总分的相关系数

	母亲依恋	父亲依恋	总分
儿童社会期望	0.523**	0.402**	0.509**

由表 5.5.3 可知，亲子依恋总分与儿童社会期望总分相关显著，相关系数 $r=0.509$，$p<0.001$。

三、中介效应分析

因为亲子依恋、社会期望与心理健康的总分两两之间的相关系数均达到统计学水平的显著检验。笔者依据方杰、张敏强和邱皓政（2012）提出的中介效应检验模型，构建模型分析自我意识在亲子关系与心理健康中的中介作用。

以亲子关系总分为自变量 X，心理健康总分为因变量 Y，社会期望总分为中介变量 M 进行中介作用效应检验。笔者根据温忠麟等人提出的中介作用检验程序（温忠麟，张雷，侯杰泰等，2004；温忠麟，侯杰泰，张雷，2005），对亲子关系影响心理健康，亲子关系影响社会期望，亲子关系和社会期望影响心理健康的效用进行回归分析。具体结果如表 5.5.4 所示。

1. 以心理健康为因变量，亲子关系为自变量，进行线性回归分析，检验亲子关系的回归系数 B（c）是否具有显著性。结果表明，F（1，377）＝44.761，$p=0.000<0.01$，决定系数 $R^2=0.106$，回归系数 $\beta=-0.292$，$t=-0.690$，$p<0.01$，说明亲子关系对心理健康的影响作用显著，解释率为 10.6%。

2. 以社会期望为因变量，亲子关系为自变量，进行线性回归分析，检验亲子关系的回归系数 B（a）是否具有显著性。结果显示，F（1，385）＝134.411，$p=0.000<0.05$，决定系数 $R^2=0.259$，$\beta=0.271$，$t=11.594$，$p<0.01$，说明亲子关系对社会期望的影响作用显著，解释率为 25.9%。

3. 以心理健康为因变量，亲子关系和社会期望为自变量，进行多元逐步回归分析，检验亲子关系的回归系数 B（c′）和社会期望的回归系数 B（b）是否具有显著性。结果表明，F（2，357）＝29.658，p＝0.000＜0.01，说明亲子关系和社会期望对心理健康的影响作用显著。具体的模型分析过程见表 5.5.4。

表 5.5.4 社会期望对一孩心理健康影响中介效应依次检验模型

步骤	因变量	自变量	R^2	标准化回归系数	ΔR^2	SE	t
第一步	心理健康	亲子关系	0.106	－0.326		0.044	－6.690***
第二步	社会期望	亲子关系	0.259	0.509		0.023	11.594***
第三步	心理健康	社会期望	0.142	－0.254	0.024	0.097	－4.469**
		亲子关系		－0.178	0.036	0.178	－3.126**

如表 5.5.4 所示，引入社会期望作为中介变量时，亲子关系对心理健康的标准化回归系数 β（c′）下降为 0.13，而且下降后的回归系数仍显著，因此社会期望是亲子关系与心理健康之间的中介变量，起到了部分中介作用。中介效应占总效应的比例为：0.509×（－0.254）/（－0.326）＝39.7%，即中介效应占了总效应的 39.7%，超三分之一。社会期望是亲子依恋与心理健康之间的一个中介变量，起到了部分的中介作用，即亲子关系一方面直接影响个体的心理健康，另一方面通过社会期望间接影响心理健康。社会期望对心理健康的中介作用如图 5.5.1 所示。

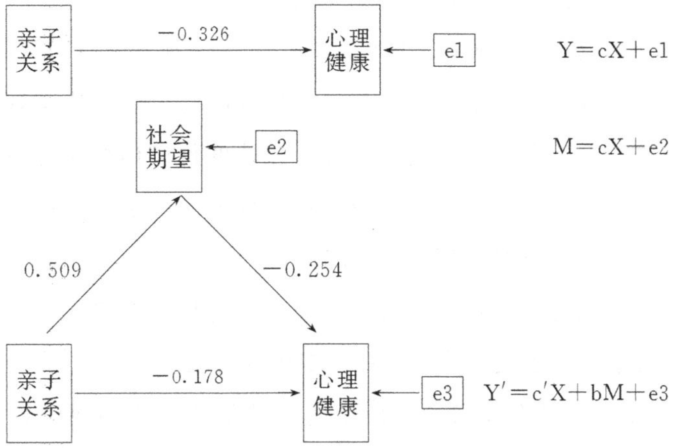

图 5.5.1　中介变量来源

因此，各回归模型分别为如下。

模型一：$Y=-0.326X+e1$

模型二：$M=0.509X+e2$

模型三：$Y'=-0.178X+(-0.254)M+e3$

四、讨论与结论

研究结果表明，一孩的社会期望与亲子关系及其各个维度存在显著的正相关，亲子关系越好，一孩的社会期望越高。社会期望是指社会或群体根据个体所处的社会地位及其所承担的社会角色提出的希望或要求，它反映的是社会公认的价值标准或行为规范，其对个体而言构成一种社会压力，并成为个体的行为动机（车文博，2001）。亲子关系是父母与儿童互动过程中建构起来的关系，形成于父母养育过程中对儿童进行的社会化标准、规范教育和情感的传递等，儿童通过对父母所传递的信息的认知、吸收、评价与反馈，从而获得社会化发展以及身心成长。良好的亲子关系有利于儿童与父母的互动，也有利于儿童对父母所传递信息的认知、评价吸收与反馈，从而对自身具有较高的社会期望，希望自己能够更符合社会公认的价值标准或行为规范，从而产生强烈的自我塑造动机。回归分析的模型也表明，亲子关系对儿童的社会期望具有显著的直接预测作用，$\beta=0.509$，$t=11.594$，$p<0.001$，这表明亲子关系对儿童的社会期望具有显著影响作用，这与以往的研究结果具有一致性，即亲子关系有利于提高儿童的社会期望（贾文华，2011；周正，韩悦，2018）。二孩出生后，具有较高社会期望的一孩很快就能够适应新的身份角色，喜爱和陪伴他们的弟弟妹妹，这样一种积极行为，使他们一方面可以获得愉快的心理体验，另一方面也会获得父母积极的反馈，从而进一步强化了一孩的这种社会性行为，使其做出符合新角色身份的行为且动机更强烈，从而形成一种良性循环。通过对回归方程中介效应的依次检验发现，社会期望在亲子关系对一孩心理健康影响模型中起着部分中介作用，其中介效应达到39.7%。亲子关系不仅对一孩心理健康具有直接的显著影响，还通过影响儿童的社会期望来影响一孩的心理健康。自我意识部分中介了亲子关系对一孩心理健康的直接影响，且中介效应达40%，因此社会期望对一孩的心理健康具有重要作用。

五、教育建议

亲子关系对一孩心理健康的影响不仅起直接作用，还通过影响一孩的社会期望对他们的心理健康产生显著的影响。亲子关系可以直接对儿童的社会期望起促进作用，亲子关系与同伴关系和师生关系也会相互作用，从而影响儿童的社会期望。首先，根据亲子关系对儿童社会期望的直接作用，父母需要在亲子沟通、亲子互动以及教养方式方面都能够采取有利于儿童发展与适应的方法，应当给予一孩更多的温暖、理解、支持、赞许和鼓励，使一孩体会到来自父母的积极期望，产生较强烈的被认可的需要，进而提高他们的自我意识水平。积极的亲子关系会使儿童感受到爱与尊重，对自己、他人和周围环境有积极、乐观的认识与期望（周正，韩悦，2018）。其次，儿童的亲子关系与同伴关系相互作用。有研究表明，儿童成长的环境主要分为家庭内环境和家庭外环境，其中亲子关系、同伴关系和师生关系是儿童主要的社会关系，对其发展起着至关重要的作用（叶子，庞丽娟，1999）。对于儿童而言，家庭内环境中的关系主要是指与父母的亲子关系，家庭外环境中的关系主要是指与同伴和老师的关系。有研究认为亲子关系与同伴关系和师生关系这三者之间存在主从关系，亲子关系可以影响儿童的同伴关系和师生关系，父母与儿童之间的情感联结和亲子关系的质量决定同伴关系与师生关系的质量（叶子，庞丽娟，1999）。也有研究者认为这三者之间相互独立又相互影响。师生关系对儿童亲子关系、同伴关系有很大的影响，对儿童不良的亲子关系有一定的弥补作用，并影响其同伴交往的主动性、交往能力及社交地位等（Howes，Hamilton & Matheson，1995）。研究发现，即使亲子关系质量不高的儿童，他们与老师仍可能产生良好的师生关系，良好的师生关系同样会对儿童的社会能力等产生积极的影响（Howes，Hamilton & Phillipsen，1998），亲子依恋、师生关系呈显著的正相关（郭明佳，刘儒德，甄瑞等，2017），师生关系可以促进或补偿儿童的亲子关系，因此，为提高一孩的社会期望还可以提高他们的师生关系。这就希望在学校环境中，教师能够更多地关注生育政策转型期一孩的心理健康水平，多与他们建构良好的师生关系。在同伴关系层面，随着儿童年龄的增长，特别是小学高年级以上，同伴关系作为儿童人际关系的重要内容，对儿童影响作用逐渐增大。随着儿童独立性的增强和心智的不断成熟，他们对成人的权威感有所降低，而同伴之间的关系则表现出越来越大的影响，甚至超过了亲子关系和师生关系（叶子，庞丽娟，1999）。因此，父母要多鼓励一孩与同伴交往，而不是一味强调儿童在学业上的投入，限制他们与同伴游戏和交往的时间。

第六部分　总模型分析与对策建议

本部分主要是对二孩家庭中一孩心理健康影响因素的总模型的建构与分析，从中确定哪些因素对一孩的心理健康起着主要的影响作用，结果为：控制其他变量后，一孩的心理健康水平无个体差异；控制其他变量后，一孩心理健康的总体水平与二孩的个体特征无显著关联；生活质量显著影响着一孩心理健康的总体水平，且影响作用最强；自我意识显著影响着一孩心理健康的总体水平，影响作用次之；亲子关系对一孩心理健康的影响作用不再显著，被其他变量完全中介。本部分针对总模型的结果从三个方面提出对策建议，分别为：家庭层面应建立良好的亲子关系，父母共同参与；学校层面应建立良好的师生关系和同伴关系，促进一孩心理健康发展；社会层面应构建完善的社会服务体系，助力父母学习亲子教育的理念与实施。

第二十章　总模型分析与对策建议

【内容提要】 本章在前述各章节基础上，构建总模型探讨各因素对一孩心理健康的影响机制。分析个体差异、亲子关系、情绪反应、生活质量、自尊、自我意识、社会期望等因素对一孩心理健康的影响作用的大小。结果发现，控制了其他变量后，一孩的心理健康水平不存在显著的个体差异；总体上一孩的心理健康水平与二孩的个体特征无显著关联；生活质量显著影响一孩心理健康总体水平，且影响作用最强、自我意识的影响作用次之，自尊影响作用在多个因素共同作用后，呈现负向影响；亲子关系的影响作用不再显著，被其他变量完全中介。最后，提出建议：从家庭层面建立良好亲子关系，培养一孩自我意识、自尊，提高其生活质量水平、社会期望水平；学校层面建立良好师生关系和同伴关系；社会层面构建社会服务体系，助力父母学习亲子教育的理念与实施等多方面，帮助一孩更好地适应政策调整期，二孩出生后家庭结构、家庭环境、自我身份的变化，从而促进其心理健康水平的发展与提高。

一、总模型分析

在前面各个章节的研究中分别探讨了亲子关系、情绪反应、生活质量、自尊、自我意识和社会期望对二孩家庭中一孩的心理健康的影响。结果表明，这些变量对一孩的心理健康均具有显著的影响。在分析了情绪反应、生活质量、自尊、自我意识和社会期望在亲子关系对心理健康影响中的中介作用后发现，情绪反应、自尊、自我意识和社会期望在亲子关系对心理健康影响中起部分中介作用，而生活质量则在亲子关系对心理健康影响中起完全中介作用。也就是说，亲子关系既直接影响一孩的心理健康，又通过影响其他变量间接影响一孩的心理健康。本章希望通过建构总的模型，并分析这些变量中哪些是对一孩心理健康影响最为深远和显著的变量，构建的多元回归模型如表 6.1 所示。

表 6.1　一孩心理健康总回归模型

	学习焦虑	对人焦虑	孤独倾向	过敏倾向	身体症状	冲动倾向	总分
一孩性别(男=0)	−0.673	−0.735**	−0.410	−0.274	−0.412	0.531*	−2.177
一孩年龄	0.031	−0.089	−0.110	−0.060	−0.037	0.143	−0.043
二孩性别(男=0)	−0.830	−0.752	−0.108	0.081	0.047	−0.377	−2.562
二孩年龄 3 岁以下=0							
3—7 岁	0.572	0.042	0.116	−0.128	0.037	−0.086	1.911
7 岁以上	−0.011	0.184	0.117	−0.157	−0.231	−0.413	0.410
亲子关系	0.003	−0.010	−0.016	0.016	−0.006	−0.012	−0.025
情绪反应	−0.004	−0.001	−0.010*	0.003	−0.004	0.015**	0.013
生活质量	−0.016	−0.029**	−0.018*	−0.027**	−0.044***	−0.020*	−0.160**
自尊	−0.015	0.015	0.023*	0.019	0.030*	0.017	0.121*
自我意识	0.077***	−0.053***	−0.059***	−0.039*	−0.095***	−0.035*	−0.504***
社会期望	0.037	0.005	0.002	−0.045*	−0.016	−0.094***	−0.053
常数	15.875***	12.175***	9.049***	11.131***	15.169***	7.185	82.941***

续表

	学习焦虑	对人焦虑	孤独倾向	过敏倾向	身体症状	冲动倾向	总分
N	320	321	323	324	324	323	311
F	6.155***	10.233***	9.035***	5.515***	14.253***	19.932***	17.361***
R^2	0.180	0.266	0.242	0.162	0.334	0.413	0.389
校正 R^2	0.151	0.240	0.215	0.133	0.310	0.392	0.367

注：无显著影响变量的模型未列出。$^+ p<0.1$，$^* p<0.05$，$^{**} p<0.01$，$^{***} p<0.001$，本章表下同。

由表 6.1 可知，控制了其他变量后，一孩心理健康回归总模型中，学习焦虑模型仅有自我意识对其具有显著的预测作用，即自我意识的得分越高，学习焦虑的得分越低，一孩的学习焦虑心理越健康。

由表 6.1 可知，控制了其他变量后，对人焦虑模型中，一孩的性别对人焦虑具有显著的预测作用，具体表现为女生的对人焦虑得分显著低于男生，即女生的对人焦虑水平优于男生；生活质量能显著预测一孩的对人焦虑，生活质量得分越高，一孩的对人焦虑得分越低，也就是说一孩的生活质量越高，对人焦虑水平越低，心理越健康；自我意识能显著预测一孩的对人焦虑水平，自我意识得分越高，一孩的对人焦虑得分越低，即一孩的自我意识越高，对人焦虑水平越低，心理越健康。

由表 6.1 可知，控制了其他变量后，孤独倾向模型中，情绪反应对孤独倾向具有显著的预测作用，情绪反应得分越高，一孩的孤独倾向得分越高，也就是说，负性情绪水平越高，一孩的孤独感越强烈；自我意识对孤独倾向具有显著的预测作用，自我意识得分越高，一孩的孤独倾向得分越高，也就是说，自我意识越高，一孩的孤独感越低。自尊对一孩的孤独倾向具有显著的预测作用，控制了其他变量后，自尊对一孩孤独倾向的影响发生了逆转，自尊得分越高，孤独倾向得分越高，越孤独。

由表 6.1 可知，过敏倾向模型中，控制了其他变量后，生活质量对过敏倾向具有显著的预测作用，生活质量得分越高，一孩的过敏倾向得分越低，也就是说，生活质量越高，一孩的过敏倾向越健康；自我意识对一孩过敏倾向具有显著的预测作用，自我意识得分越高，一孩的过敏倾向得分越低，可知自我意识越高，一孩的过敏倾向越低；儿童社会期望对一孩过敏倾向具有显著的预测作用，社会期望得分越高，一孩的过敏倾向得分越低，也就是说自我意识越高，一孩的过敏倾向越低。

由表 6.1 可知，躯体症状模型中，控制了其他变量后，生活质量对躯体症状具有显著的预测作用，生活质量得分越高，一孩的躯体症状得分越低，也就是说，生活质量越高，一孩的躯体症状越健康；控制了其他变量后，自我意识对一孩躯体症状具有显著的预测作用，自我意识得分越高，一孩的躯体症状得分越低，即自我意识越高，一孩的躯体症状越好。自尊对一孩的躯体症状具有显著的预测作用，控制了其他变量后，自尊对一孩躯体症状的影响发生了逆转，自尊得分越高，躯体症状得分越高，越孤独。

由表 6.1 可知，冲动倾向模型中，控制了其他变量后，情绪反应对冲动倾向具有显著的预测作用，情绪反应得分越高，一孩的冲动倾向得分越高，也就是说，一孩的负性情绪越高，冲动倾向越高；控制了其他变量后，生活质量对冲动倾向具有显著的预测作用，生活质量得分越高，一孩的冲动倾向得分越低，即生活质量越高，一孩的冲动倾向越健康；控制了其他变量后，自我意识对一孩冲动倾向具有显著的预测作用，自我意识得分越高，一孩的冲动倾向得分越低，也就是说自我意识越高，一孩的冲动倾向越好。

由表 6.1 可知，一孩心理健康总模型中，控制了其他变量后，生活质量对一孩心理健康总模型具有显著的预测作用，生活质量得分越高，一孩心理健康总模型得分越低，也就是说，生活质量越高，一孩心理越健康；控制了其他变量后，自我意识对一孩心理健康总模型具有显著的预测作用，自我意识得分越高，一孩心理健康总模型得分越低，也就是说自我意识越高，一孩心理健康越好。自尊对一孩的心理健康总模型具有显著的预测作用，控制了其他变量后，自尊对一孩心理健康总体水平的影响发生了逆转，自尊得分越高，心理健康得分越高，心理健康水平越差。

在一孩心理健康及各个维度的回归模型中，自责倾向模型和恐怖倾向模型自变量不显著，因此未呈现在结果中。之前对分变量的回归分析表明，亲子关系、情绪反应、生活质量、自尊、自我意识和社会期望对一孩的心理健康总分均具有显著影响，在已有的自变量对总模型的影响中，哪一个变量的影响作用最大，这些变量对心理总模型的方差解释率如表 6.2 所示。

表 6.2　一孩心理健康总回归模型

	B	SE	标准 B	t
常数	82.941***	8.435		9.833***
一孩性别（男=0）	−2.177	1.451	−0.076	−1.500
一孩年龄	−0.043	0.455	−0.005	−0.095
二孩性别（男=0）	−2.562	1.383	−0.093	−1.853
二孩年龄 3 岁以下=0				
3—7 岁	1.911	1.483	0.068	1.289
7 岁以上	0.410	1.558	0.014	0.263
亲子关系	−0.025	0.053	−0.027	−0.464
情绪反应	0.013	0.032	0.020	0.417
生活质量	−0.160**	0.054	−0.241	−2.974***
自尊	0.121*	0.060	0.143	2.011*
自我意识	−0.504***	0.085	−0.471	−5.919***
社会期望	−0.053	0.105	−0.031	−0.506
N	311			
F	17.361***			
R^2	38.9			
校正 R^2	36.7			

如表 6.2 所示，控制了其他变量后，除了生活质量、自我意识和自尊仍

对一孩心理健康总回归模型具有显著的影响作用，其他变量如一孩的性别、年龄、二孩的性别、年龄均对一孩的心理健康无显著的影响。且控制了亲子关系、生活质量、自尊的变量后，一孩的亲子关系、情绪反应和社会期望对他们的心理健康总分无显著影响。在具有显著影响的三个变量中，通过标准回归系数B值可知，自我意识对一孩总体的心理健康具有最强的影响作用，标准回归系数B=－0.471；其次为生活质量，标准回归系数B=－0.241；最后为自尊，标准回归系数B=0.143。

二、总讨论与结论

（一）控制了其他变量后，一孩的心理健康水平无个体差异

儿童的心理健康水平在中小学生中存在显著的年龄差异（房广梅，江金荣，徐菊芬，2019），与初中男生相比，女生的人际状况更好（俞国良，王勍，2018）。本书之前的研究也得出了在性别显著影响一孩的对人焦虑方面，女生好于男生。而关于流动儿童的研究表明，儿童心理健康水平在性别方面存在显著的差异，女孩显著差于男孩（蔺秀云，方晓义，刘杨等，2009）。在留守儿童中，男童在偏执和情绪稳定性方面明显不如女童（郭智慧，杨丽丽，上官青云等，2014）。女生在学习焦虑、对人焦虑、自责倾向、过敏倾向、身体症状、恐怖倾向、冲动倾向及总焦虑强度上的得分显著高于男生。不同年级中小学生在学习焦虑、对人焦虑、孤独倾向、过敏倾向、身体症状、冲动倾向及总焦虑强度上的得分差异都具有统计学意义（卫萍，许成武，刘燕等，2017）。不同年级初中生的心理健康水平存在显著差异，7年级学生低于9年级学生（刘影，刘佳佳，张扩滕等，2014），高三学生比高一和高二学生心理健康水平更低（俞国良，李天然，王勍，2016）。本书之前的研究也显示，年龄显著影响躯体症状和冲动倾向，年龄越大倾向性越大。然而，当控制其他变量后，一孩心理健康总体水平的回归模型显示，一孩的性别和年龄对其心理健康无显著的影响。这可以说明，当没有控制一孩的亲子关系、情绪反应、生活质量、自尊、自我意识和社会期望时，性别和年龄对一孩的心理健康具有显著的影响，当控制了这些变量后影响不再显著，主要是性别和年龄的影响被这些变量给稀释了。也就是说，生活质量等变量才是影响一孩心理健康的主要变量。

（二）控制了其他变量后，一孩心理健康的总体水平与二孩的个体特征无显著关联

二孩家庭中一孩的心理健康水平不如独生子女好（房广梅，江金荣，徐菊芬，2019）。二孩的出生影响了一孩的心理健康，在前面章节的研究中，二孩的性别显著影响一孩的心理健康水平，特别是学习焦虑、对人焦虑和冲动倾向，均表现为二孩为男孩的家庭中的一孩心理健康水平较低。由于全面二孩生育政策才刚刚实施几年，关于二孩家庭中一孩心理的研究还相对较少，特别是关于二孩特征对一孩心理健康影响的研究还鲜有涉及。当控制了其他变量，如亲子关系、情绪反应、生活质量、自尊、自我意识和社会期望时，二孩的性别对一孩的心理健康不再发生显著的预测作用，这也说明了当控制了这些变量后，二孩的性别对一孩心理健康的影响被这些控制后的变量所稀释，也就是说，一孩的生活质量等变量才是影响一孩心理健康的主要变量。

（三）生活质量显著影响着一孩心理健康的总体水平，且影响作用最强

以往研究中关于生活质量对心理健康影响的研究大多集中在对特殊群体的研究，如老年人生活质量与心理健康的研究（王庆华，杨玉霞，丁志荣等，2007）、特殊病患者生活质量与心理健康的研究（王咏梅，辛春燕，路静等，2015；朱淑青，张利霞，赵姜楠等，2015）等，而生活质量是一个普遍意义的概念，不同文化和价值体系中的个体对他们的生活状态的体验，不仅与其生活环境有关，还受其目标、期望、标准和所关心的事物的影响（THE WHOQOL GROUP，1998）。因此本章测量的儿童生活质量，包括师生关系、同伴关系、亲子关系、学习能力、躯体感觉和负性情绪、作业态度、生活环境便利性、活动机会性、运动能力、自我满意度等。这些测量的指标关乎儿童生活的方方面面，因此测量其对一孩心理健康的影响具有良好的信效度，可以反映在这些生活环境中，不同的生活质量可以预测一孩的心理健康水平。本章研究通过单独检验生活质量对一孩心理健康影响的回归模型和总的控制其他变量后发现，生活质量对一孩心理健康影响的模型，以及在亲子关系与心理健康的中介模型中，都是一个强劲的预测变量，生活质量越高，一孩的心理健康水平越高。且在对总模型的标准化回归系数的比较中发现，一孩的生活质量对他们心理健康的影响作用最强烈。这可能主要是因为生活质量测量的内容之广，涉及生活的方方面面，各个方面影响的累积使得预测效应变大。同时，心理健康来源于生活中与他人的人际关系，个体的社会心理功能的发展以及生理心理情绪的调控和生活满意度等。

（四）自我意识显著影响着一孩心理健康的总体水平，影响作用次之

关于自我意识与心理健康关系的研究大多集中在心理健康教育或心理健康咨询中提高儿童自我意识，促进心理健康教育与咨询效果的建设方面（王玉娇，宋天，张林，2018；赵琼，2018；吴红，2018；王淑华，冯红线，2017）。也有研究结果表明，自我意识对积极心理品质具有显著正向预测效应，累积解释度达 40.7%（赵海鹏，陶剑飞，仇妙芹，2018）。学习成绩优秀的儿童自我意识水平高（王丽，李廷玉，2011）。高焦虑与高自我意识相关（Lechner & Rosenthal，1984）。本章测量了一孩自我意识的行为、智力与学校情况、躯体与外貌属性、焦虑、合群、幸福与满足等方面。本章在单独检验了自我意识对一孩心理健康影响的回归模型和总的控制其他变量后发现，自我意识对一孩心理健康影响的模型，以及在亲子关系与心理健康的中介模型中，都是一个强劲的预测变量，自我意识越高，一孩的心理健康水平越高。且在对总模型的标准化回归系数的比较中发现，一孩的自我意识对他们心理健康的影响作用仅次于生活质量。这可能主要是因为人类不仅能意识到周围存在的世界，也能够感知到他们自己，包括他们所进行的身体和精神活动，这就是自我意识，也就是对自我的感知。生活质量是他们对外部世界的感知，而自我意识是他们对内部世界的感知，人的生活离不开人的自我感知与调节，并可以影响其心理健康水平。

（五）自尊显著影响着一孩心理健康的总体水平，且与独自影响时发生逆转

自尊是影响个体心理健康的重要因素，当一个人产生消极的自尊，他们会容易产生自卑、焦虑、恐惧、愤怒和抑郁的情绪（Farshi，Sharifi & Rad，2013）。自尊有高低之分，低自尊者倾向于在其他的心理问题中陷入恶性循环，高自尊者往往具有更为积极的情感，能满意地看待自己，而低自尊者常常伴有负面情绪，更容易抑郁（张静，2013）。自尊对心理健康与行为的影响还受其他变量的中介影响，初中生自我控制在自尊对攻击性的影响中起部分中介作用（张丽华，霍东杰，顾谦浩，2019）。自尊水平和心理韧性与积极应对正相关（刘晓东，梁瑞琼，2019）。本章测量了一孩自尊的外表、体育运动、能力、成就感、纪律、公德与助人维度。研究发现，在单独检验自尊对一孩心理健康影响的回归模型和总的控制其他变量后，在自尊对一孩心理健康影响的模型，以及在亲子关系与心理健康的中介效应模型中都是一个强劲的预测变量，但是自尊的各个维度对心理健康不同维度的影响大多数表现为自尊越高，一孩的心理健康水平越高。自尊的外表维度则对有些维度是正向的积极预测作用，躯体维度在 0.1 水平呈现外表得分越高，躯体症状得分越高，即躯体症状越明显。纪律自尊也是在冲动倾向维度得分越高冲动倾向越低，但在自责倾向维度，纪律自尊在 0.1 水平影响显著，自尊水平越高，自责倾向越高。而在功德与助人维度，得分越高，自责倾向越高。在心理健康总水平模型中，控制了其他变量后，自尊对一孩心理健康的影响完全体现为自尊越高，心理健康得分越高，即越不健康。而在整体模型中，则出现了影响作用的反转。这可能是因为控制的亲子关系变量、情绪反应变量、生活质量、自我意识、社会期望变量，特别是生活质量和自我意识变量稀释了自尊变量中原来对心理健康起促进效应的变量的影响作用。相反，则促进了那些本来自尊水平越高，心理健康水平越低的变量的影响效应。

（六）亲子关系对一孩心理健康影响作用不再显著，被其他变量完全中介

通过亲子关系对心理健康及心理相关变量影响的研究表明，亲子关系对心理健康起直接影响作用。也有研究表明，亲子关系对心理健康的作用通过影响其他变量再影响心理健康（牛更枫，李占星，王辰宵等，2019；高雯，王玉红，方臻等，2019；刘玲玲，田录梅，郭俊杰，2019；凌辉，黎任水，张建人等，2019；郭海英，朱婉灵，朱倩，2014；王艳辉，李董平，孙文强等，2017；黄时华，蔡枫霞，刘佩玲等，2015）。本章研究结果表明，亲子关系对一孩心理健康影响作用在中介效应模型分析中，受到一孩情绪反应、社会期望、自尊和自我意识的部分中介作用，受到生活质量的完全中介作用。这一结果表明亲子关系可以直接对一孩的心理健康起作用，亲子关系越好，心理健康水平越高。有研究表明亲子依恋对心理健康有显著预测性（傅俏俏，苗静宇，陈启山，2013），亲子依恋越高，心理健康水平越好。父母与一孩的亲子关系越好，一孩对父母依恋的安全感就会越高，在二孩出生后，他们也不会强烈感受到来自二孩的竞争焦虑，从而获得健康的情感发展和适应。亲子关系还通过对情绪反应、社会期望、自尊、自我意识起作用。亲子关系可以影响儿童的情绪，亲子关系越好，儿童的情绪问题越少（王晖，熊昱可，刘霞，2018），不安全的亲子依恋显著预测儿童的焦虑情绪水平。在亲子关系中，父亲、母亲的亲子沟通效果与生活质量呈正相关（赵金霞，朱彩琴，2011），亲子沟通效果越好，生活质量得分越高（陈敏丽，凌霄，2012）。生活质量中的社会心理功能因子和生理心理健康因子对心理健康总分具有正向预测作用（陈希，2018）。亲子关系显著影响儿童的生活质量，亲子关系越好，生活质量越高，这在本研究中得到了进一步的验证。亲子关系影响儿童的自尊和社会期望。中学生亲子依恋与自尊显著相关（郭明佳，刘儒德，甄瑞等，2017），亲子依恋越高，自尊越高。亲子关系越好，儿童社会期望就越高。父母教养方式与儿童社会期望存在一定程度的相关（徐远超，谭千保，2002），对儿童的自我意识有重要影响（贾文华，2011），亲子关系越好，儿童的自我意识越好，良好的亲子关系有利于其自我意识的发展（马晨曦，郑

莉君，2012）。特别是自我意识和生活质量、自尊在一孩心理健康总模型中完全稀释了亲子关系对一孩心理健康的影响作用。因此，虽然亲子关系对一孩心理健康的直接作用影响不再显著，但亲子关系仍是一孩心理健康中最重要的影响变量，只是对一孩心理健康的影响完全通过影响其他变量之后，再通过其他变量来影响心理健康而完成。

三、总的对策与建议

（一）家庭层面应建立良好的亲子关系，父母共同参与

亲子关系虽然在总的心理健康模型中不再具有显著的影响作用，但之前中介效应模型分析表明，一孩的情绪反应、自我意识、生活质量、自尊、社会期望全部或部分中介了亲子关系对一孩心理健康的影响。因此，亲子关系通过影响了一孩的自我意识、生活质量、自尊来显著影响一孩的心理健康。要提高一孩的自我意识、生活质量和自尊首先要求父母与一孩构建良好的亲子关系。

父母是儿童的第一任老师，也是儿童社会化发展最初的家庭场域。亲子关系建构中父母与子女的关系具有不对称性，一方面表现在父母在亲子关系建构过程中居于主导地位。亲子关系质量主要来源于父母在亲子教育中的自身素质、教育观念和态度（陈静，2009）；父母通常处于制定规则的权威一方，而儿童通常处于遵从权威和规则的一方（周宗奎，1997）。因此，父母在制定规则和规范时要能够符合儿童心理发展的特点，特别是在二孩家庭中，父母制定的规则和行为规范要以能够促进一孩和二孩的共同成长为基础，父母要具有较高的育儿素质和正确的教育观念与态度，才能制定出比较优化的育儿规范，从而有利于亲子关系的建构。另一方面，亲子关系的不对称性还表现在父母与子女都对对方抱有良好亲子沟通的期望，儿童希望父母能够给

予即时的舒适、满足的沟通，父母则希望子女能做长期的努力，父母对儿童未来规划得更远；儿童希望父母满足的需要远远大于父母从儿童那里希望得到满足的需要（周宗奎，1997）。这种不对称性容易形成相互冲突的亲子沟通，当儿童思维仅限于当前的事情时，可能父母会联想到更多，甚至儿童的未来。比如，儿童没写作业，对于孩子而言知道这件事错在哪儿改了就行，而父母可能认为发生这样的事是因为学习自觉性不高，意味着不好好学习，从而为儿童未来的学习担忧。当父母与子女需要不对等时，当孩子一味索取，父母一味付出，容易养成儿童不懂分享、自我中心等人格特征，既会影响他们在家庭之外人际关系的建构，也会影响亲子关系良好发展。

家庭中亲子关系的建构需要父母共同参与，父母共同参与首先意味着父母双方对婚姻质量的共同维护。良好的家庭氛围是亲子关系建构的基础，父母的婚姻质量均与自身亲子亲密呈显著正相关，与自身亲子冲突呈显著负相关（李苗苗，者亚囡，阴桐桐等，2019）。父母婚姻质量影响二孩家庭中一孩的亲子关系和情绪反应（周梦婷，2019）。父母婚姻质量总分及夫妻交流、解决冲突的方式、子女和婚姻等分量表得分与亲子依恋均呈显著正相关，亲子依恋在父母婚姻质量与幼儿焦虑的关系中起部分中介作用（王美芳，刘莉，王玉廷，2010）。这些均表明父母婚姻质量对亲子关系的重要性，对亲子关系影响儿童心理健康的重要性，特别是在二孩家庭，由于二孩出生后家庭结构和家庭关系的变化不仅对一孩产生影响，还会对二孩的父母产生影响，由于家庭经济、时间和精力等资源的有限性，在抚养两个孩子的过程中，夫妻之间的压力和负担通常会增加，这对二孩父母而言需要及时调整，不能因为压力无处释放而影响了夫妻的婚姻质量，从而影响良好的家庭氛围，影响与子女的亲子关系。父母共同参与还意味养育孩子是夫妻之间共同的责任。传统的养育孩子的责任通常落在女性身上，认为母亲依恋对儿童未来的发展起着关键性的作用，而且依恋关系的测量大多在婴幼儿与母亲之间，使得中国父亲成为母亲教育孩子的帮手和附庸（邓李薇，2007）。父亲对孩子的支持、鼓励和亲密对他们的心理健康和社会性发展等均具有预测性（Amato & Rivera,

1999)。特别是在二孩家庭，由于家庭中多了一个孩子，对于母亲而言，精力难以在两个孩子之间平均分配，而一孩从独生子女到非独生子女的转变，最大的竞争就是来自于二孩与一孩对亲子关系的竞争。这个时候，父亲需要在第一时间主动与母亲共同陪伴孩了，特别是陪伴一孩，充分发挥父亲的功能和优势，陪伴与教育孩子成长，与孩子构建良好的亲子关系。

（二）学校层面应建立良好的师生关系和同伴关系，促进一孩心理健康发展

发展情境理论认为，人类发展的本质是与他们所处的多样化环境之间形成的一种动态的、变化的相互关系。该理论更强调的是各个因素之间的相互作用对人的个体发展所产生的系统性影响（Lerner，1998）。儿童发展所处的环境离不开父母、教师和同伴。师生关系是儿童、青少年成长和发展环境中的重要保护因子（Sakiz，Pape & Hoy，2012）。有研究表明，高师生关系时，亲子依恋可以显著地降低儿童问题行为；低师生关系时，两者相关不显著（黄彦，谢晓琳，周晖，2016；Buyse，Verschueren & Doumen，2011）。因此，良好的师生关系是亲子关系对儿童心理健康影响的调节变量。有研究表明，良好的师生关系对同伴交往也有积极的影响（Howes，Hamilton & Matheson，1994）。在学校环境中，师生关系相处得好，从一个侧面反映了学校的人文环境好，师生之间的良性互动，能够将老师与学生之间相处的模式迁移到学生与同伴之间的相处模式中，从而形成良好的同伴关系。同伴关系还在亲子关系与自我分化关系中起调节作用（曹娟，安芹，2016），不同同伴关系、亲子关系对儿童的心理健康的影响不一样。同伴关系和师生关系对亲子关系产生一定的显著影响，有研究还表明，青少年同伴关系对其自我意识具有一定的影响和重要性（陈华平，陈书洋，2009；高军，2006）。青少年同伴关系越好、自我生活评价越好，则总体满意度越高，儿童主观生活质量也越高（周琴，刘晓瑛，宋媛，2009）。同伴关系对儿少主观生活质量中总体满意度、情感成分、认知成分有显著影响（胡华，张波，陈云华，2004）。师生关系和同伴关系均影响着儿童的自我意识和生活质量。在本书的研究中，生活质量和自我意识对一孩的心理健康在单独模型、中介模型和总模型中均起显著的预测作用。因此，提高一孩的同伴关系和师生关系有助于提高一孩的心理健康。特别是在全面二孩政策实施初期，当大多数家庭中的一孩还没有完全适应新的政策所带来的变化时，老师要充分学习和了解这一时期一孩的心理特点，特别要善于发现那些心理健康受到较大影响的一孩，积极与他们构建良好的师生关系，促进一孩心理健康的发展；同时，也要宣传和鼓励同学、同伴之间团结友爱、相互关心，使之形成良好的互助合作的关系，从而帮助二孩家庭中的一孩顺利渡过这一生育政策调整期。

（三）社会层面应构建社会服务体系，助力父母学习亲子教育的理念与实施

党的十九大报告指出，要加强社会心理服务体系建设，培育自尊自信、理性平和、积极向上的社会心态。贺培育（2019）在《光明日报》发文，概括了当前加强社会心理服务体系的四个发力点：一是建立社会心理的宣传与引导机制；二是健全社会心理的教育辅导机制；三是改进社会心理的服务管理机制；四是完善社会心理的服务机制。就二孩家庭的心理服务而言，主要集中在健全社会心理的教育辅导和社会心理服务两个层面。儿童心理健康已纳入家庭教育范畴。而作为普通群众的父母，他们拥有的是祖辈传递下来的育儿经验，以及自己在不断摸索过程中的经验总结，他们很少具有家庭教育学与儿童心理学的理论知识，对于儿童成长规律和认知发展缺少科学的认识。因此，在全面二孩政策时期，作为政府和社会机构需要帮助这些二孩家庭的父母学会如何养育孩子，如何处理好一孩与二孩的关系等。应充分利用社会组织与社区居委会功能，组织家庭教育专家开展家庭教育辅导与讲座，充分运用社会心理辅导机构和社工组织的优势，引导社会力量广泛积极参与，助力二孩家庭父母的亲子教育和心理健康教育。充分吸收来自学校、医疗和心理咨询机构等专业人才作为志愿者，充实到社区和有组织的专业人才一线服务工作队伍中。政府要搭建平台，建立信息库，包括二孩家庭数据库和志愿者服务信息库，实现服务资源的线上、线下通道大联合，为家庭的教育心理服务提供智力与技术支持。在政府层面，也要积极制定相应政策，鼓励更多家庭生育二孩，帮助二孩家庭解决一些实际存在的困难，如二孩家庭子女的入托、入园问题，二孩家庭中一孩放学、上学路上的安全问题，中小学生放学后的作业辅导问题，以及儿童闲暇时间的拓展活动开展等。也可以将社会组织力量组织到学校层面，聘请专家开展讲座，帮助教师构建良好的师生关系，帮助学生构建良好的同伴关系；在学业获得的同时，开展丰富多彩的活动，让儿童在活动中放松自我，缓减压力；设立学校心理咨询室，让有话说的孩子能够有专业的倾听和疏导，全方位立体式帮助儿童培养健康心态。特别是对于二孩家庭中的一孩而言，帮助他们更好地接纳弟弟妹妹，与弟弟妹妹构建良好的同胞关系，可以有效地提升其心理健康水平。

参考文献

一、英文类

[1] ADLER N, STEWART J. Self-Esteem. Research Network on Socioeconomic Status and Health [EB/OL]. [2019-12-23]. http://www.macses.ucsf.edu/Research/Psychosocial.

[2] ALI S A, SUHAIL N.Low self-esteem leads to depression among elderly: case study of nursing home[J].Journal of Universal Surgery, 2016, 4(2).

[3] ALTER J K.The relationship between language maturity and the adjustment to the birth of a sibling (Unpublished doctoral dissertation)[D].Columbia University, New York, 1996.

[4] AMATOP R, RIVERA F.Paternal involvement and children's behavior problems[J].Journal of Marriage and the Family, 1999, 61(2).

[5] ANASTASI A. Intelligence and family size[J]. Psychological Bulletin, 1956, 43(3).

[6] ANDREAS H, ULRIKE S, MARTIN F. Gender differences in the self-concept of preadolescent children[J]. School Psychology International, 2004, 25(2).

[7] ANDRIOT A, OWENS T J. Identity [EB/OL]. [2019-12-23].https://www.oxfordbibliographies.com/view/document/obo-9780199756384/obo-9780199756384-0025.xml? rskey=kiSVlm&result=2&q=role+identity

#firstMatch.

[8] BARBER J S, East P L. Home and parenting resources available to siblings depending on their birth intention status[J]. Child development, 2009, 80(3).

[9] BARR R, HAYNE H. It's not what you know, it's who you know: Older siblings facilitate imitation during infancy[J]. International Journal of Early Years Education, 2003, 11(1).

[10] BAUMRIND D. Current patterns of parental authority[J]. Developmental Psychology, 1971, 4(1, Pt.2).

[11] BAYDAR N, HYLE P, BROOKS-GUNN J. A longitudinal study of the effects of the birth of a sibling during preschool and early grade school years[J]. Journal of Marriage and the Family, 1997, 59(4).

[12] BENSON P L, SCALES P C, HAMILTON S F, et al. Positive youth development: Theory, research, and applications. In Lerner R. M. (Eds.), Theoretical Models of Human Development. Handbook of Child Psychology (6th eds.). Editors-in-chief: W. Damon &R. M. Lerner. Hoboken, NJ: Wiley, 2006.

[13] BERGE J M, HANSON-BRADLEY C, TATE A, et al. Do parents or siblings engage in more negative weight-based talk with children and what does it sound like? A mixed-methods study[J]. Body Image, 2016, 18.

[14] BERNARDI F, HARKONEN J, BOERTIEN D, et al. Effects of Family Forms and Dynamics on Children's Wellbeing and Life Chances: Literature Review. State of the Art Report[J]. Families and Societies Working paper series, 2013, 4.

[15] BINISH S. A Comparative Study of the Self-Conciousness of Adolescents in Segregated and Non-Segregated Educational Settings [D]. Bahria University, 2017.

[16] BLAKE J. Family size and achievement[M].Berkeley: University of California Press, 1989.

[17] BLAKE J. Family Size and the Quality of Children[J]. Demography, 1981, 18(4).

[18] BLAKE J. The only child in America: Prejudice versus performance[J]. Population and Development Review, 1981, 7(1).

[19] BOWEN M. Alcoholism as viewed through family systems theory and family psychotherapy[J].Annals of the New York Academy of Sciences, 1974, 233(1).

[20] BOELBY J. Attachment and loss[M]. Attachment. New York: Basic Books, 1969.

[21] BRENDA L V. Family transitions following the birth of a siblings: An empirical review of changes in the firstborn's adjustment [J]. Psychological Bulletin, 2012, 138(3).

[22] BRODY G H.Siblings' direct and indirect contributions to child development[J].Current Directions in Psychological Science, 2004, 13.

[23] BRODY G H, STONEMAN Z, MCCOY J K. Forecasting sibling relationships in early adolescence from child temperaments and family processes in middle childhood[J].Child Development, 1994, 65(3).

[24] BURKE P J, STETS J E. Identity theory[M].New York: Oxford University Press, 2009.

[25] BUYSE E, VERSCHUEREN K, DOUMEN S.Preschoolers' attachment to mother and risk for adjustment problems in kindergarten: Can teachers make a difference? [J].Social Development, 2011, 20(1).

[26] CAVANAGH S E, HUSTON A C. Family instability and children's early problem behavior[J].Social Forces, 2006, 85(1).

[27] CHATURVEDI S K, MULIYALA K P. The meaning in quality of life

[J].Journal of Psychosocial Rehabilitation and Mental Health, 2016, 3(2).

[28] CHEN Z, LIU R X.Comparing adolescent only children with those who have siblings on academic related outcomes and psychosocial adjustment [J].Child Development Research, 2014(3).

[29] CHESS S, THOMAS A.Issues in the clinical application of temperament. In G. A. Kohnstamm, J. E. Bates, M. K. Rothbart (Eds.), Temperament in childhood[C].New York: Wiley, 1989.

[30] CHEUNG S Y, ANDERSEN R. Time to read: Family resources and educational outcomes in Britain[J].Journal of Comparative Family Studies, 2003, 34.

[31] CRANDALL V C, CRANDALL V J, KATKOVSKY W. A Children's Social Desirability Questionnaire[J].Journal of Consulting Psychology, 1965, 29.

[32] CROWNE D P, MARLOWE D.A new scale of social desirability independent of psychopathology[J].Journal of Consulting Psychology, 1960, 24(4).

[33] DADDS M R, PERRIN S, YULE W.Social desirability and self-reported anxiety in children: an analysis of the RCMAS Lie Scale[J].Journal of abnormal child psychology, 1998, 26(4).

[34] DAVIES K.Siblings, stories and the self: The sociological significance of young people's sibling relationships[J].Sociology, 2015, 49(9).

[35] DAVIS M H , FRANZOI S L.Stability and change in adolescent self-consciousness and empathy[J].Journal of Research in Personality, 1991, 25(1).

[36] DEKOVIC M, MEEUS W.Peer relations in adolescence: effects of parenting and adolecents'self-concept[J].Journal of Adolescence, 1997, 20.

[37] DEREK L P, KEVIN J C.Some Effects of "Social Desirability"in Survey Studies[J]. American Journal of Sociology, 1972, 77(5).

[38] DIENER E.The science of well-being: The collected works of Ed Diener [J].Nursing Standard Official Newspaper of the Royal College of Nursing, 2009, 47.

[39] DONALD A.What is quality of life? Hayward Medical Communications, a division of Hayward Group Ltd.2009.

[40] DOSS B D, RHOADES G K, STANLEY S M, et al. The effect of the transition to parenthood on relationship quality: An 8-year prospective study[J].Journal of Personality and Social Psychology, 2009, 96(3).

[41] DOUGHERTY L R, SMITH V C, OLINO T M, et al. Maternal psychopathology and child temperament predict young children's salivary cortisol 3 years later[J].Journal of Abnormal Child Psychology, 2013, 41.

[42] DOWNEY D B.Number of Siblings and Intellectual Development: The Resource Dilution Explanation[J]. American Psychologist, 2001, 56(6-7).

[43] DOWNEY D B. When bigger is not better: Family size, parental resources, and children's educational performance [J]. American Sociological Review, 1995, 60.

[44] DUNN J.Normative life events as risk factors in childhood. In M.Rutter (Ed.), Studies of psychosocial risk: The power of longitudinal data[C]. Cambridge, United Kingdom:Cambridge University Press, 1988.

[45] EDWARD F Z. Socialization and Personality Development [M]. New York: Oxford University Press, 1982.

[46] ERSCHENS R, KEIFENHEIM K E, HERRMANN-WERNER A. Professional burnout among medical students: systematic literature review and meta-analysis[J].Medical Teacher, 2019, 41(2).

[47] FARSHI M G, SHARIFI H P, RAD M A.The relationship between self-esteem, mental health and quality of life in Patients with skin diseases[J].Asian Journal of Medical and Pharmaceutical Researches, 2013, 3(2).

[48] FEINBERG M E, SOLMEYER A R, MCHALE S M.The third rail of family systems: sibling relationships, mental and behavioral health, and Preventive Intervention in Childhood and Adolescence[J].Clinical Child and Family Psychology Review, 2012, 15(1).

[49] FIELD T, REITE M.Children's responses to separation from mother during the birth of another child[J].Child Development, 1984, 55.

[50] FINLAY A Y, KHAN G.Dermatology Life Quality Index (DLQI)—a simple practical measure for routine clinical use. Clinical and experimental dermatology, 1994, 19(3).

[51] FRALEY R C, TANCREDY C M.Twin and sibling attachment in a nationally representative sample[J]. Personality & Social Psychology Bulletin, 2012, 38(3).

[52] FREUD A. Psychoanalytic treatment of children[EB/OL].London, United Kingdom: Imago, 1946. Gold, A. Why self-esteem is important for mental health[2019-12-24]. https://www. nami. org/Blogs/NAMI-Blog/July-2016/Why-Self-Esteem-Is-Important-for-Mental-Health.

[53] GOLDBERG S, JANUS M, WASHINGTON J, et al.Prediction of preschool behavioral problems in healthy and pediatric samples[J].Journal of Developmental and Behavioral Pediatrics, 1997, 18(5) .

[54] GORDON S. Sibling Bullying Effects and Consequences. [EB/OL].https://www. verywellfamily. com/what-is-the-big-deal-with-sibling-bullying-460624. [2019-12-24]

[55] GREENBERG J. Understanding the vital human quest for self-esteem [J].Perspectives on Psychological Science, 2008, 3(1).

[56] GULLICKS J N, CRASE S J.Sibling behavior with a newborn: Parents' expectations and observations[J].Journal of Obstetrical, Gynecological and Neonatal Nursing, 1993, 22.

[57] HA T S, TAM C L.A study of birth order, academic performance, and personality[J]. In International Conference on Social Science and Humanity, IPEDR , 2011, 5(1).

[58] HART S L, BEHRENS K Y. Affective and behavioral features of jealousy protest: Associations with child temperament, maternal interaction style, and attachment[J].Infancy, 2013, 18.

[59] HARTUP W W.Peer relations. In P.H. Mussen (Ed.), Handbook of child psychology: Socialization, personality and social development (4th eds).New York: Wile, 1983.

[60] HASHIM R, AHMAD H.Family Environment, Sibling Relationship and Rivalry towards Quality of Life[C]. AcE-Bs2016Taipei7th Asian Conference on Environment-Behaviour Studies National Taiwan University, Taipei, Taiwan, 09-10 April, 2016.

[61] HEWITT J P.Oxford Handbook of Positive Psychology[M].New York: Oxford University Press, 2009.

[62] HOFFMAN L W.The influence of the family environment on personality: Accounting for sibling differences[J].Psychological Bulletin, 1991, 110(2).

[63] HOLDEN R R, PASSEY J.Social desirability.In M.R.Leary & R.H. Hoyle (Eds.), Handbook of individual differences in social behavior. The Guilford Press, 2009.

[64] HOWES C, HAMILTON C E, MATHESO C C.Children's relationships with peers: differential associations with aspects of the teacher-child relationship[J].Child Development, 1994, 65(1).

[65] HOWES C, HAMILTON C E, PHILIPSEN L C.Stability and continuity of child-caregiver and child-peer relationships[J].Child development, 1998, 69 (2).

[66] JAEGER M M.Sibship size and educational attainment. A joint test of the confluence model and the resource dilution hypoghesis[J]. Research Social Stratification and Mobility, 2009, 27(1).

[67] JAGO R, BARANOWSKI T, BARANOWSKI J C, et al.Social desirability is associated with some physical activity, psychosocial variables and sedentary behavior but not self-reported physical activity among adolescent males[J].Health Education Research, 2006, 22(3).

[68] JEANNIN R, VANLEEEUWEN K.Associations between direct and indirect perceptions of parental differential treatment and child socio-emotional adaptation[J].Journal of Child and Family Studies, 2015, 24(6).

[69] JESSICA M M, CHOCKALINGAM V, SATISH D, et al.Social desirability:the role of over-claiming, self-esteem, and emotional intelligence [J].Psychology Science, 2006, 48(3).

[70] JIAO S, JI G, JING Q.Cognitive development of Chinese urban only children and children with siblings[J].Child Development, 1996, 67.

[71] JOHNSON W L, GIORDANO P C, MANNING W D, et al .Parent-child relations and offending during young adulthood [J]. Journal of Youth and Adolescence, 2011, 40(7).

[72] JUSTO C F.Creative relaxation, motor creativity, self-concept in a sample of children from Early Childhood Education[J].Electronic Journal of Research in Educational Psychology, 2008, 6(1).

[73] KIMMEL J, CONNELLY R.Mothers' Time Choices:Caregiving, Leisure, Home Production, and Paid Work [J]. Journal of Human Resources, 2007, 42(3).

[74] KOWALESKI-JONES L, DUNIFON R.Children's home environments: Understanding the role of family structure changes[J].Journal of Family Issues, 2004, 25(1).

[75] KRAMER L, RAMSBURG D.Advice given to parents on welcoming a second child:A critical review[J].Family Relations, 2002, 51.

[76] LANGLOIS J H.From the eye of the beholder to behavioral reality: Development of social behaviors and social relations as a function of physical attractiveness. In C. P.Herman, M.P.Zanna, & E.T. Higgins (Eds.), Ontario symposium on personality and social psychology. Hillsdale, NJ: Erlbaum, 1986, 3.

[77] LAVRAKAS P J. Encyclopedia of survey research methods[M]. Thousand Oaks, CA: Sage Publications, Inc.2008.

[78] LAZARUS R S, FOLKMAN S.Stress, Appraisal and Coping[M].New York:Springer, 1984.

[79] LECHNER C R, ROSENTHAL D A.Adolescent self-consciousness and the imaginary audience[J].Genetic Psychology Monographs, 1984, 110.

[80] LENERZ K, KUCHER J S, EAST P L, et al. Early adolescents' physical organismic characteristics and psychosocial functioning: Findings from the Pennsylvania early adolescent transitions study (PEATS). In R. M. Lerner & T. T. Foch(Eds), Biological-psychosocial interactions in early adolescence. Hillsdale, NJ: Erlbaum, 1987.

[81] LEPPER M R, GREENE D. Thehidden cost of reward[Eds].Hillsdale, N.J.:Erlbaum, 1978.

[82] LERNER R M.Theories of human development: Contemporary perspectives. In W. Damon & R.M. Lerner(Eds.), Handbook of child psychology: Theoretical models of human development. John Wiley & Sons Inc, 1998.

[83] LU Y, TREIMAN D J.The effect of sibship size on educational attainment in china: Period variations[J]. American Sociological Review, 2008, 5.

[84] MABE P A, TREIBER F A.Social desirability response tendencies in psychiatric inpatient children[J].Journal of clinical psychology, 1989, 45(2).

[85] MACCOBY E E, MARTIN J A.Socialization in the context of the family: parentchild interaction. In P. Mussen (Eds) Handbook of Child Psychology.1983, 4.

[86] MAGNUSSON D, STATTIN H.Person-context interaction theories In W. Damon & R. M. Lerner, Handbook of child psychology: Theoretical models of human development(Eds).New York, USA: Wiley, 1998.

[87] MANCILLAS A.Only children. In J. Caspi(Eds). Sibling development: Implications for mental health practitioners. Springer Publishing Company, 2011.

[88] MARTIN J L, ROSS H S.The development of aggression within sibling conflict[J].Early Education and Development, 1995, 6(4).

[89] MARTINEZ B, HOWE N.Canadian early adolescent's self-disclosure to siblings and best friends[J]. International Journal of Child, Youth and Family Studies, 2013, 4(2).

[90] MASLOW A H.Motivation and Personality(Third ed.)[M].New York: Harper & Row, 1987.

[91] MCGUIRK E M, PETTIJOHN T F.Birth order and romantic relationship styles and attitudes in college students[J].North American Journal of Psychology, 2008, 10.

[92] MCHALE S M, UPDEGRAFF K A, WHITEMAN S D.Sibling relationships and influences in childhood and adolescence[J].Journal of Marriage and Family, 2012, 74(5).

[93] MCSWEENY A J, GRANT I, HEATON R K, et al. Life quality of patients with chronic obstructive pulmonary disease. Archives of internal medicine, 1982, 142(3).

[94] MENAGHAN E G, PARCEL T L.Social sources of change in children's home environment: The effects of parental occupational experiences and family conditions[J].Journal of Marriage and the Family, 1995, 57.

[95] MENESINI E, CAMODECA M, NOCENTINI A.Bullying among siblings: The role of personality and relational variables[J]. British Journal of Developmental Psychology, 2010, 28(4).

[96] MULLER D, JUDD C M, YZERBYT V Y. When moderation is mediated and mediation is moderated[J]. Journal of Personality and Social Psychology, 2005, 89(6).

[97] MUNN P, DUNN J.Temperament and the Developing Relationship Between Siblings[J]. International Journal of Behavioral Development, 1989, 12(4).

[98] PENDLEY J S.Preparing your child for a new sibling. Kids Health from Nemours[EB/OL]. [2019-12-23]. https://kidshealth. org/en/parents/sibling-prep.html.

[99] PIKE A, KRETSCHMER T, JUDITH F. Siblings-friends or foes? [J]. The British Psychological Society, 2009, 22.

[100] PITTMAN K J, IRBY M, TOLMAN J, et al. Preventing problems, promoting development, encouraging engagement: Competing priorities or inseparable goals? [EB/OL] https://Forum for youth investment.org.

[101] PUNCH S."Negotiating the Birth Order: Children's Experiences". In Putting Sibling Relationships on the Map: A Multi-disciplinary Perspective, edited by Klett-Davies, M[C]. London: Family and

Parenting Institute, 2008.

[102] PUUR A, OLAH L S, TAZI-PREVE M I, et al. Men's childbearing desires and views of the male role in Europe at the dawn of the 21st century[J].Demographic Research, 2008, 19(56).

[103] RAJA S N, MCGEE R, STANTON W R. Perceived attachment to parents and peers and psychological well- being in adolescence. Journal of Youth and Adolescence, 1992, 21(4).

[104] RANKIN J L, LANE D J, GIBBONS F X, et al. Adolescent self-consciousness: Longitudinal age changes and gender differences in two cohorts[J].Journal of Research on Adolescence, 2004, 14(1).

[105] RANSON K E, URICHUK L J. The effect of parent-child attachment relationship on child biopsychosocial outcomes: a review[J]. Early Child Development and Care, 2008, 178(2).

[106] REITZ E, DEKOVIC M, MEIJER A M, et al. Longitudinal relations among parenting, best friends, and early adolescent problem behavior: Testing bidirectional effects[J]. The Journal of Early Adolescence, 2006, 26(3).

[107] RICHARD P L, THOMAS M B.Self-perspectives Across the Life Span [M].New York: SUNY Press, 1992.

[108] RICHARDSON P. Women's perceptions of change in relationships shared with children during pregnancy[J]. MCN: The American Journal of Maternal/Child Nursing, 1983, 12(2).

[109] ROSENBERG F R, SIMMONS R G.Sex differences in the self-concept in adolescence[J].Sex roles, 1975, 1(2).

[110] ROSKAM I, MEUNIER J C, STIEVENART M. From parents to siblings and peers: The wonderful story of social development[J]. Sage Open, 2015, 5.

[111] RURGER S Y, KATZ R L, RISSER H J, et al. Relations between parental affect and parenting behaviors: A meta-analytic review[J]. Parenting: Science and Practice, 2011, 11(1).

[112] SAKIZ G, PAPE S J, HOY A W. Does perceived teacher affective support matter for middle school students in mathematics classrooms? [J].Journal of school Psychology, 2012, 50(2).

[113] SBICIGO J B, DELLE AGLIO D D. Family Environment and Psychological Adaptation in Adolescents[J]. Psicologia: Reflexão e Crítica, 2012, 25(3).

[114] SHAFFER D R, KIPP K. Developmental Psychology[M]. Belmon: Thomson Wadsworth, 2007.

[115] Shapka, J D, Keating D P.Structure and Change in Self-Concept During Adolescence[J].Canadian Journal of Behavioural Science/Revue canadiennedes sciences ducomportement, 2005, 37(2).

[116] SHEPPES G, SURI G, GROSS J J. Emotion regulation and psychopathology[J]. Annual review of clinical psychology, 2015, 11.

[117] SOYSAL F S Ö. A study on sibling relationships, life satisfaction and loneliness level of adolescents[J]. Journal of Education and Training Studies, 2016, 4(4).

[118] STEWART R B. The second child: Family transition and adjustment [M].Newbury Park , CA:SAGE, 1990.

[119] STOCKER C M, BURWELL R A, BRIGGS M L. Sibling conflict in middle childhood predicts children's adjustment in early adolescence [J].Journal of Family Psychology, 2002, 16(1).

[120] STONEMAN Z, BRODY G H. Sibling temperaments, conflict, warmth, and role asymmetry[J].Child Development, 1993, 64(6).

[121] STONEMAN Z, BROY GH, CHURCHILL S L, et al. Effects of resi-

dential instability on head start children and their relationship with other siblings: influences of child emotionality and conflict between family caregivers[J].Child Development, 1999, 70(5).

[122] SUSAN M M, KIMBERLY A U, SHAWN D W. Sibling Relationships and Influences in Childhood and Adolescence[J].Journal of Marriage and Family, 2012, 74.

[123] SZABO N. Families in motion: changes with the arrival of a second child[D].Utrecht: Utrecht University, 2012.

[124] TETI D M, SAKIN J W, KUCERA E, et al. And baby makes four: Predictors of attachment security among preschool-age firstborns during the transition to siblinghood[J].Child Development, 1996, 67(2).

[125] THE WHOQOL GROUP. The World Health Organization quality of life assessment (WHOQOL): development and general psychometric properties[J].Social science & medicine, 1998, 46(12).

[126] VALIENTE C, LEMERY C K, REISER M. Pathways to problem behaviors: Chaotic homes, parent and child effortful control, and parenting[J].Social Development, 2007, 16(2).

[127] VIGIL-COLET A, MORALES-VIVES F, LORENZO-SEVA U. How social desirability and acquiescence affect the age-personality relationship[J]. Psicothema, 2013, 25(3).

[128] VOLLING B L. Family transitions following the birth of a sibling: An empirical review of changes in the firstborn's adjustment[J].Psychological Bulletin, 2012, 138(3).

[129] VOLLING B L, ELINS J L. Family relationships and children's emotional adjustment as correlates of maternal and paternal differential treatment: A replication with toddler and preschool siblings[J].Child Development, 1998, 69(6).

[130] VOLLING B L. Family transitions following the birth of a sibling: An empirical review of changes in the firstborn's adjustment[J]. Psychological bulletin, 2012, 138(3).

[131] WAGNER H. And baby makes four. Welcoming a second child into the family[M].New York: Avon, 1998.

[132] WHITEMAN S D, MCHALE S M, SOL A. Theoretical perspectives on sibling relationships [J]. Journal of Family Theory & Review, 2011, 3.

[133] WINNICOTT D W. The child, the family, and the outside world[M]. Harmandsworth, Middlesex, England:Penguin Books, 1964.

[134] YANG B, OLLENDICK T H, DONG Q, et al. Only children and children without siblings in the people's republic of China:Levels of fear, anxiety and depression[J].Child Development, 66.

[135] YEH H C, LEMPERS J D. Perceived sibling relationships and adolescent development[J].Journal of Youth and Adolescence, 2004, 33(2).

[136] DUNN J, KENDRICK C.Siblings: love, envy, and understanding[M]. Cambridge, MA: Harvard University Press, 1982.

二、中文类

[1] 安芹，贾晓明. 北京市独生与非独生子女中学生行为及情绪反应比较[J]. 中国学校卫生，2009，11：1003-1005.

[2] 班永飞，宋娟，吴孝勇. 仡佬族中小学生的主观生活质量与情绪行为问题[J]. 中国心理卫生杂志，2013，27（2）：151-154.

[3] 包蕾萍，陈建强. 中国“独生父母”婚育模式初探：以上海为例 [J]. 人口研究，2005，4：62-72.

[4] 包蕾萍. 独生子女公众观的变迁：一种刻板印象的社会心理溯源 [J]. 当代青年研究，2008，6：58-64.

[5] 包蕾萍. 中国独生子女刻板印象的实证研究 [J]. 当代青年研究，2011，

9：13-19.

[6] 鲍立铣，魏龙华. 家庭环境对儿童社会影响研究的综述 [J]. 社会心理科学，2001，62（4）：16-22.

[7] 布尔迪厄，华康德. 反思社会学导引 [M]. 北京：商务印书馆，2015.

[8] 曹娟，安芹. 亲子关系与自我分化的关系：同伴关系、恋爱关系的调节作用 [J]. 中国临床心理学杂志，2016，24（5）：925-930.

[9] 曾从周，赵振国，刘文博. 家庭嘈杂度对学前儿童发展的影响 [J]. 学前教育研究，2014，3：52-59.

[10] 曾荣. 独生子女大学生家庭教育状况的调查分析 [J]. 中国家庭教育，2008，2：35-39.

[11] 曾远力，闫红红. 工作支持与女性生育二孩决策——以广东省S市为例 [J]. 华东理工大学学报（社会科学版），2018，33（6）：39-49.

[12] 钞秋玲，汪萍. 城市与农村中学生自我概念的比较研究 [J]. 健康心理学杂志，2001，4：262-263.

[13] 车文博. 当代西方心理学新词典 [M]. 长春：吉林人民出版社，2001.

[14] 陈斌斌，施泽艺. 二胎家庭的父母养育 [J]. 心理科学进展，2017，25（7）：1172-1181.

[15] 陈斌斌，王燕，梁霁，等. 二胎进行时：头胎儿童在向同胞关系过渡时的生理和心理变化及其影响因素 [J]. 心理科学进展，2016，24（6）：863-873.

[16] 陈斌斌，赵语，韩雯，等. 手足之情：同胞关系的类型、影响因素及对儿童发展的作用机制 [J]. 心理科学进展，2017，25（12）：2168-2178.

[17] 陈翠玲，冯莉，王大华，等. 成年独生子女自尊水平和主观幸福感的特点及二者间的关系 [J]. 心理发展与教育，2008，3：71-76.

[18] 陈洪岩，李军，杨世昌，等. 独生子女初中生攻击行为与父母教养方式及家庭环境的关系 [J]. 中国学校卫生，2014，35（2）：219-232.

[19] 陈华平，陈书洋. 青少年同伴关系对自我意识发展的影响 [J]. 辽宁医

学院学报，2009，7（1）：38-40.
[20] 陈建平.“可爱”不是单纯词 [J]. 江南大学学报（教育科学版），2000，4：17.
[21] 陈静. 关于亲子关系及其对青少年心理发展影响的研究 [J]. 长江师范学院学报，2009，25（4）：144-146.
[22] 陈静仪，方耀华，姜轶. 广州市儿童少年生活质量现况调查 [J]. 中国学校卫生，2009，30（7）：647-648.
[23] 陈猛. 青少年社会期望与自我评价的关系及其对教育的启示 [J]. 西华大学学报（哲学社会科学版），2008，3：98-100.
[24] 陈敏丽，凌霄. 武汉市中小学生亲子沟通状况及其与生活质量的关系 [J]. 中国学校卫生，2012，33（11）：1323-1325.
[25] 陈琼. 爸爸在亲子关系中究竟什么作用？[EB/OL]. 壹心理，（2018-5-21）[2019. 12-30]. https://www.xinli001.com/info/100395728.
[26] 陈卫，靳永爱. 中国妇女生育意愿与生育行为的差异及其影响因素[J]. 人口学刊，2011，2：3-13.
[27] 陈希. 小学高年级外来务工子女与城市子女生活质量和心理健康的比较研究 [D]. 天津师范大学，2018.
[28] 陈鑫慧，周丽华. 小学生歧视知觉、父母教养方式及自尊的关系研究 [J]. 中小学生心理健康教育，2019，386（3）：14-18.
[29] 陈燕. 青少年亲子依恋、心理韧性与问题行为的关系 [D]. 山东师范大学，2019.
[30] 陈一心，王玲. 独生子女家庭的亲子关系 [J]. 上海教育科研，2006，12：57-58.
[31] 陈友华. 人口新政及其经济社会影响 [J]. 探索，2016，1：66-70+2.
[32] 陈玉赟. 视障儿童父母教养方式与社会期望的关系 [J]. 中国健康心理学杂志，2017，25（4）：609-613.
[33] 陈志华，肖汉森，陈倩，等. 重庆市“单独二孩”政策背景下二孩生育

意愿及相关因素分析 [J]. 中国计划生育学杂志，2014，10：661-665.
[34] 陈钟翰，吴瑞君. 城市较高收入群体生育意愿偏高的现象及其理论解释——基于上海的调查 [J]. 西北人口，2009，30（6）：54-61.
[35] 陈宇，邓昌荣. 中国妇女生育意愿影响因素分析 [J]. 中国人口科学，2007，6：75-81+96.
[36] 迟毓凯. “独二代”教育：从“说理式”到“友谊式” [J]. 中国德育，2013，1：28-30.
[37] 崔伊薇，高文华，王桂英. 独生子女心理特点与心理健康教育探讨 [J]. 中国学校卫生，1994，15（4）：244-246.
[38] 单楠. 亲子关系、同伴关系、心理韧性对青少年自尊的影响 [D]. 山东师范大学，2017.
[39] 大河网—大河报. 13 岁女儿以死相逼 44 岁妈妈放弃二胎. 搜狐新闻网，(2015-1-19) [2019-11-21]. http://news.sohu.com/20150119/n407887539.shtml.
[40] 邓李薇. 亲子依恋中父亲对儿童发展的影响及其角色建构 [J]. 牡丹江师范学院学报（哲社版），2007，137（1）：108-111.
[41] 邓林园，许睿，方晓义. 父母冲突、亲子三角关系与青少年应对方式之间的关系 [J]. 北京师范大学学报（社会科学版），2017，1：83-91.
[42] 宗金莎，李雪平. 亲子关系对 3-7 岁儿童问题行为的影响 [J]. 教育科学论坛，2013，10：77-79.
[43] 丁红莉，龚洁. 中小学生自我意识发展现状调查与思考 [J]. 校园心理，2016，14（6）：399-401.
[44] 丁嫄，李雪平. 山西省贫困地区小学高年级学生心理健康状况 [J]. 中国健康心理学杂志，2017，25（1）：140-144.
[45] 伊璐. 母亲想怀二孩被 13 岁孩子威胁：有他没有我 [EB/OL]. 东北新闻网，(2015-11-13) [2019-11-20]. http://baby.sina.com.cn/news.
[46] 杜蕾. 德州市小学生社会期望发展状况的调查研究 [J]. 中国儿童保健

杂志，2013，21（4）：416-419.
[47] 范志光，袁群明，李菲. 儿童社会期望与自我意识的关系研究［J］. 黑龙江科学，2017，8（15）：22-23.
[48] 方大春，裴梦迪. 居民二孩生育意愿的影响因素研究——基于CGSS2015数据的经验研究［J］. 调研世界，2018，9：9-13.
[49] 方杰，张敏强，邱皓政. 中介效应的检验方法和效果量测量：回顾与展望［J］. 心理发展与教育，2012（1）：105-111.
[50] 方雅倩，聂欢迎，张天睿，等. 核心家庭育龄期夫妻二孩生育意愿调查与分析——基于“单独二孩”生育政策背景［J］. 法制博览，2015，19：280-281.
[51] 房广梅，江金荣，徐菊芬. 扬州市二胎家庭“大宝”与独生子女心理健康状况差异及影响因素统计分析［J］. 开封教育学院学报，2019，39（1）：154-155.
[52] 费孝通. 生育制度［M］. 天津：天津人民出版社，1981.
[53] 风笑天. “单独二孩”：生育政策调整的社会影响前瞻［J］. 国家行政学院学报，2014，5：57-62.
[54] 风笑天. “单独二孩”生育政策对年轻家庭亲子社会化的影响［J］. 东南大学学报（哲学社会科学版），2015，17（4）：5-12.
[55] 风笑天. 独生子女：媒介负面形象的建构与实证［J］. 社会学研究，2010a，25（3）：177-198＋245-246.
[56] 风笑天. 独生子女青少年的社会化过程及其后果［J］. 中国社会科学，2000，6：118-131.
[57] 风笑天. 独生子女研究：回顾与前瞻［J］. 江海学刊，2002，5：90-99＋207.
[58] 风笑天. 独生子女政策对青少年教育的影响［J］. 探索与争鸣，2003，3：38-39＋44.
[59] 风笑天. 给孩子一个伴：城市一孩育龄人群的二孩生育动机及其启示

[J]. 江苏行政学院学报，2018a，4：57-65.

[60] 风笑天. 农村第一代独生子女的居住方式及相关因素分析 [J]. 南京社会科学，2010b，4：53-61.

[61] 风笑天. 为什么不生二孩：对城市一孩育龄人群的调查与分析 [J]. 河北学刊，2018b，38（6）：180-187+199.

[62] 风笑天. 已婚独生子女身份与夫妻权力——全国5城市1216名已婚青年的调查分析 [J]. 广西民族大学学报（哲学社会科学版），2011，33（5）：2-9.

[63] 风笑天. 影响育龄人群二孩生育意愿的真相究竟是什么 [J]. 探索与争鸣，2018c，10：54-61+142.

[64] 风笑天. 中国第一代城市独生子女的社会适应 [J]. 教育研究，2005，309（10）：28-34.

[65] 风笑天，李芬. 生不生二孩？城市一孩育龄人群生育抉择及影响因素 [J]. 国家行政学院学报，2016，1：94-83.

[66] 风青杨. 头胎反二胎，父母太失败 [EB/OL]. 天涯论坛，（2017-7-21）[2018-7-3]. http://bbs.tianya.cn/post-free-5765850-1.shtml.

[67] 伏干. 资源稀释理论视阈下二孩家庭中一孩心理问题形成机理分析 [J]. 盐城师范学院学报（人文社会科学版），2019，39（5）：104-108.

[68] 傅俏俏，苗静宇，陈启山. 亲子依恋对小学高年级儿童心理健康的影响 [J]. 中国儿童保健杂志，2013，21（12）：1246-1249.

[69] 高军. 同伴交往与儿童自我意识的发展 [J]. 山西财经大学学报，2006，S1：163.

[70] 高雯，王玉红，方臻，等. 亲子三角关系和心理韧性在父母冲突与青少年问题行为之间的作用：一个有调节的中介模型 [J]. 心理发展与教育，2019，35（6）：729-739.

[71] 古洪能，金禹. 论关于贫困的生活资源理论 [J]. 社科纵横，2017，32（10）：72-77.

[72] 顾红霞. 空巢老人生活质量和心理及社会支持 [J]. 中国健康心理学杂志，2015，23 (8)：1218-1222.

[73] 关颖. 独二代成长警示：健康权的隐性剥夺不容忽视 [J]. 少年儿童研究，2010 (11)：23-25.

[74] 雅婉. 生二胎，先保证 [EB/OL]. 广州日报，(2015-01-31) [2019-9-22]. http://opinion.people.com.cn/big5/n/2015/0131/c159301-26483335.html.

[75] 郭海英，朱婉灵，朱倩，等. 亲子沟通与农村青少年幸福感的关系：基本心理需要满足的中介作用 [J]. 心理发展与教育，2014，2：129-136.

[76] 郭明佳，刘儒德，甄瑞，等. 中学生亲子依恋对主观幸福感的影响：师生关系及自尊的链式中介作用 [J]. 心理与行为研究，2017，15 (3)：351-358.

[77] 郭文斌. 亲子关系研究的热点领域构成及主题分布 [J]. 西北师大学报(社会科学版)，2017，54 (6)：133-139.

[78] 郭远兵. 自我意识的研究概述 [J]. 湖北经济学院学报（人文社会科学版)，2007，4 (2)：26-27.

[79] 郭智慧，杨丽丽，上官青云，等. 西北地区农村留守儿童心理健康状况 [J]. 中国健康心理学杂志，2014，22 (7)：1093-1095.

[80] 国家统计局. 2018 年出生人口中二孩及以上数量多于一孩[EB/OL].每日经济新闻，(2019-1-12) [2020-5-3]. http//finance.eastmoney.com/a/201901241033005259.html.

[81] 国家统计局人口和就业统计司. 中国人口统计年鉴 (2006) [Z]. 北京：中国统计出版社，2006.

[82] 韩进之，魏华忠. 我国中、小学生自我意识发展调查研究 [J]. 心理发展与教育，1985，1：11-18.

[83] 韩雷，田龙鹏. “全面二孩”的生育意愿与生育行为——基于 2014 年湘潭市调研数据的分析 [J]. 湘潭大学学报（哲学社会科学版)，2016，1：

51-56.

[84] 韩阳，于辛瑞. 家庭对独生子女社会化的影响研究 [J]. 赤峰学院学报（汉文哲学社会科学版），2018，39（2）：58-60.

[85] 韩玉蓉. 从家庭环境独生子女的心理偏差与越轨行为 [J]. 中国青年研究，2006，10：8-10.

[86] 郝春冬. 第二代独生子女的调查报告 [G] //国际中华应用心理学研究会第九届学术年会论文集 [C]. 黑龙江：黑龙江大学教育科学研究院，2012.

[87] 郝克明，汪明. 独生子女群体与教育改革——我国独生子女状况研究报告 [J]. 教育研究，2009，349（2）：42-51.

[88] 贺培育. 加强社会心理服务体系建设 [EB/OL]. 光明日报，（2019-1-22）[2020-1-4]. http://theory.people.com.cn/n1/2019/0122/c40531-30583235.html.

[89] 洪秀敏，马群. "全面二孩" 政策与北京市学前教育资源需求 [J]. 北京师范大学学报（社会科学版），2017，1：22-33.

[90] 洪秀敏，朱文婷. 二孩时代生还是不生？——独生父母家庭二孩生育意愿及影响因素探析 [J]. 北京社会科学，2017，5：69-78.

[91] 侯亚非，马小红. 北京城市独生子女生育意愿研究 [J]. 北京社会科学，2008，1：27-31.

[92] 胡华，张波，陈云华. 儿童主观生活质量及其影响因素研究 [J]. 重庆医科大学学报，2004，2：213-215.

[93] 胡明月，李嫱，王文蔚. 温州市儿童少年生活质量状况及影响因素分析 [J].卫生研究，2010，39（6）：776-778.

[94] 胡文燕，宗像恒次，杨文洁，等. 情感支持认知在大一新生维持心理健康中的作用 [J]. 中国健康心理学杂志，2011，19（7）：832-834.

[95] 黄靖婷. 初中生亲子依恋、情绪调节对攻击行为的影响 [D]. 山西大学，2017.

[96] 黄俊官. 论独生子女健康人格的培养 [J]. 教育与职业，2006，18：87-89.
[97] 黄龙，杭荣华，王雪琴，等. 独生与非独生大学新生心理健康状况的变迁 [J]. 齐齐哈尔医学院学报，2016，37（34）：4337-4340.
[98] 黄时华，蔡枫霞，刘佩玲，等. 初中生亲子关系和学校适应：情绪调节自我效能感的中介作用 [J]. 中国临床心理学杂志，2015，23（1）：171-173+177.
[99] 黄希庭. 当代中国青年价值观研究 [M]. 北京：人民教育出版社，2005.
[100] 黄彦，谢晓琳，周晖. 亲子依恋与儿童问题行为的相关：师生关系的调节作用 [J]. 中国临床心理学杂志，2016，6：1074-1078.
[101] 黄莹，李燕，陈桂存，等. 独生与非独生中学生抑郁症状及影响因素分析 [J]. 中国公共卫生，2011，8：984-986.
[102] 黄郁. 亲子依恋对独生子女接纳“二胎”的影响—共情和自尊的作用 [D]. 四川师范大学，2017.
[103] 冯晓玉. 夫妻为生二胎写保证书：永远第一喜欢你. 东方今报，（2015-1-29）[2019-12-21]. https://news.ijjnews.com/system/2015/01/29/010828240.html.
[104] 计划生育基层指导司. 国家卫生计生委指导司负责人就 2017 年出生人口答健康报、中国人口报记者问 [EB/OL]. 中国政府网，（2018-1-22）[2019-11-13]. http://www.nhc.gov.cn/jczds/s3582r/201801/b2e4fa203b7a475bb3649e33425807f8.shtml.
[105] 贾凤芹，刘电芝. 中国独生子女大学生性别角色特质分析 [J]. 中国学校卫生，2013，34（8）：943-945.
[106] 贾继超，刘金同，王旸，等. 农村初中生主观幸福感及与自尊、社会支持的关系 [J]. 中国临床心理学杂志，2014，22（3）：522-525.
[107] 贾文华. 亲子关系对留守小学生自我意识的影响及启示 [J]. 现代预防医学，2011，38（7）：1251-1253.

[108] 贾志科，风笑天. 城市青年的婚恋年龄期望及影响因素——以南京、保定调查为例 [J]. 人口学刊，2018，40 (2)：72-85.

[109] 贾志科，罗志华. 我国生育意愿研究述评与展望 (1982-2016) [J]. 河北大学学报 (哲学社会科学版)，2018，43 (1)：152-160.

[110] 姜健，么加利. 历史与现状：我国独生子女的优势与劣势 [J]. 教育学术月刊，2010，3：18-20.

[111] 蒋逸民. 国外对中小学生家庭环境影响的研究及其启示 [J]. 外国教育研究，2007，34 (4)：29-34.

[112] 蒋志成，储志远，李翠翠，等. 蚌埠市小学生对二孩接纳状况及其影响因素分析 [J]. 实用预防医学，2019，26 (11)：1309-1313.

[113] 金婷，戴斌荣. 农村留守儿童生活质量状况及影响因素 [J]. 中国健康心理学杂志，2019，27 (4)：614-619.

[114] 靳永爱，赵梦晗，宋健. 父母如何影响女性的二孩生育计划——来自中国城市的证据 [J]. 人口研究，2018，42 (5)：17-29.

[115] 康恒源. 高中生亲子依恋和社交焦虑的关系：人际敏感性的中介作用 [D].河南大学，2019.

[116] 乐国安，李文姣，王雪松. 亲子关系对自尊的影响：一项基于贫困大学生的研究 [J]. 应用心理学，2011，17 (1)：3-9.

[117] 李何丽，韩巍，张慧敏. 基于全面二胎政策开放下长子女心理探析——长子女心理问题新分析 [J]. 广西教育学院学报，2017，150 (4)：57-64.

[118] 李洪曾，杨智钧. “80后独生父母” 在亲子教育行为上占据优势——出生年代与独生状况对亲子教育影响的调查报告 [J]. 上海教育科研，2012 (11)：25-32.

[119] 李建伟，刘昌龙，聂玉玲，等. 聋哑儿童社会期望与父母教养方式的关系研究 [J]. 中国健康心理学杂志，2007，2：129-131.

[120] 李建新. 老年人口生活质量与社会支持的关系研究 [J]. 人口研究，

2007，31（3）：50-60.

[121] 李苗苗，者亚囡，阴桐桐，等. 婚姻质量与亲子关系的主-客体互倚模型分析：儿童意志控制的调节［J］. 中国临床心理学杂志，2019，27（2）：345-350.

[122] 李淑荣. 试析独生子女突出弱点产生的原因［J］. 中小学教师培训，1998,1：55.

[123] 李婷，苏俐，张星光. 二孩生育意愿及其相关因素研究综述［J］. 疾病监测与控制，2015，7：485-486.

[124] 李文倩. 初中生亲子关系与心理健康的关系：自尊的中介效应［D］. 河北师范大学，2017.

[125] 李熙慧. 家里添妹妹，闽侯 8 岁男孩很失落［EB/OL］. 海峡都市报，(2015-2-14)［2019-12-23］. http://dzb.hxnews.com/2015-02/14/content_270667.htm.

[126] 李翔，赵昕东. 全面二孩政策效果是否显著？——基于福建地区二孩生育意愿的调查研究［J］. 东南学术，2019，4：118-129.

[127] 李晓宏，宋嵩. 40 岁左右人群想“抢生”（民生调查）. 人民日报，2013，11（19）.

[128] 李晓驷，张育麟，张志军，等. 独生子女与非独生子女间个性差异的研究［J］. 上海精神医学，2001，13（1）：22-244.

[129] 李晓文. 儿童自我意识发展机制初探［J］. 心理科学，1993，16（4）：193-197.

[130] 李琰璘. 顾稚子，勿忽长. ［EB/OL］. 中国文明网，(2018-4-12)［2019-12-20］. http://www.wenming.cn/dfcz/sd/201804/t20180412_4653533.shtml.

[131] 梁英豪，张大均，梁迎丽. 3-6 年级小学生心理素质发展的现状与特点［J］. 心理学探新，2017，37（4）：345-351.

[132] 廖春贵，熊小菊，胡宝清. 家长陪伴孩子时专注玩手机对亲子关系影响

的研究 [J]. 教育现代化，2017，36：264-267.
[133] 林崇德. 中国独生子女教育百科 [M]. 杭州：浙江人民出版社，1999.
[134] 林国彬，范存仁，万传文. 北京农村 4-6 岁幼儿性格发展与家庭教育关系的调查研究 [J]. 心理科学，1993，6：333-337.
[135] 林少武，梁茵，冯春苗，等. 自尊与大学生攻击行为关系及影响因素 [J]. 职业与健康，2019，35 (3)：391-394.
[136] 蔺秀云，方晓义，刘杨，等. 流动儿童歧视知觉与心理健康水平的关系及其心理机制 [J]. 心理学报，2009，41 (10)：967-979.
[137] 凌辉，黎任水，张建人，等. 小学高年级学生亲子关系与学校适应：自立行为的中介作用 [J]. 中国临床心理学杂志，2019，27 (1)：134-137.
[138] 凌辉. 父母养育方式与学习不良儿童行为问题及自我意识的相关研究 [J]. 中国临床心理学杂志，2004，12 (1)：50-52.
[139] 刘超，梅建. 儿童抑郁与儿童社会期望的相关研究 [J]. 中国儿童保健杂志，2009，17 (5)：503-505.
[140] 刘芳. 高等教育管理如何应对“独二代”挑战 [J]. 山西财经大学学报：高等教育版，2010 (6)：16-19.
[141] 刘广增，胡天强，张大均. 中学生人际关系及其与自尊、人际信任的关系 [J]. 中国临床心理学杂志，2016，24 (2)：349-352.
[142] 刘航，刘秀丽，郭莹莹. 家庭环境对儿童情绪调节的影响：因素、机制与启示 [J]. 东北师大学报 (哲学社会科学版)，2019，299 (3)：148-155.
[143] 刘会娟，赵章留. 独生子女与非独生子女心理健康状况调查研究 [J]. 教育现代化，2017，4 (43)：279-281.
[144] 刘晋红. 南水北调移民地区小学生社会期望、孤独感和自我意识的相关研究 [J]. 基础教育，2012，9 (1)：104-109.
[145] 刘苓，陈蕴. 独生与非独生子女初中生的心理特征及家庭精神环境比较

[J]. 中国健康心理学杂志，2011，19（11）：1355-1357.
[146] 刘玲玲，田录梅，郭俊杰. 亲子关系对青少年冒险行为的影响：有调节的中介模型 [J]. 心理发展与教育，2019，35（2）：210-218.
[147] 刘鹏琴，阎平. 二孩家庭中老大的心理健康问题探析 [J]. 中国校外教育，2019，21：28-29.
[148] 刘强，朱玮依，白鸽. 大孩对二孩的接纳度及其影响因素 [J]. 学前教育研究，2019，11：62-72.
[149] 刘松涛，张晓娟，芦珊，等. 独生子女与非独生子女中学生心理健康状况和人格特点 [J]. 中国健康心理学杂志，2018，26（9）：1433-1435.
[150] 刘松涛，张晓娟，芦珊，等. 中学独生子女学生心理健康状况和人格特征的相关性 [J]. 中国健康心理学杂志，2019，27（4）：620-622.
[151] 刘婷婷. 从“一孩”到“二孩”：家庭系统的转变与调适 [J]. 中国青年研究，2017，10：23-30.
[152] 刘婷婷. 阻力与助力：工作—家庭冲突对城市职业女性二孩生育意愿的影响 [J]. 河北学刊，2018，38（6）：187-193+199.
[153] 刘文敏，尤美娜，张芳，等. 上海市在校中学生心理健康状况调查及家庭环境的影响因素 [J]. 中国儿童保健杂志，2019，27（9）：945-948.
[154] 刘霞，张跃兵，张国华. 家庭因素对非独生子女心理健康的影响 [J]. 中国健康心理学杂志，2019，27（10）：1536-1539.
[155] 刘翔平. 透视独生子女家长的心理障碍 [N]. 北京日报，2004-09-14.
[156] 刘小庆，周全丽，李越. 大一新生中农村独生子女的心理健康状况调查 [J]. 中国健康心理学志，2016，24（12）：1872-1876.
[157] 刘晓，程茜，李廷玉. 二代独生子女行为问题及影响因素研究 [J]. 中国儿童保健杂志，2018，10：1076-1080.
[158] 刘晓东，梁瑞琼. 大学生心理韧性、自尊与应对方式的关系研究 [J]. 教育理论与实践，2019，39（15）：47-49.
[159] 刘影，刘佳佳，张扩滕，等. 初中生学业归因方式、学业情绪与心理健

康 [J]. 中国健康心理学杂志，2014，22 (5)：760-763.
[160] 刘云德，王胜今，尹豪，等. 独生子女与非独生子女比较研究调查报告 [J]. 人口学刊，1988，3：15-19.
[161] 刘祖云，戴洁. 生活资源与社会分层——一项对中国中部城市的社会分层研究 [J]. 江苏社会科学，2005，1：133-138.
[162] 龙文祥. 独生子女与非独生子女有关心理特征的比较研究 [J]. 数理统计与管理，1997，16 (1)：4-8.
[163] 卢胜男. 浅议日本的“可爱文化”[J]. 语文学刊，2015，8：104-105.
[164] 陆杰华，韦晓丹. “全面两孩”政策下大龄二孩家庭亲子/同胞关系的调适机理探究 [J]. 河北学刊，2017，37 (6)：204-209.
[165] 栾文敬，路红红，童玉林，等. 家庭关系对流动儿童心理健康的影响 [J]. 学前教育研究，2013，2：27-36.
[166] 罗淳，许庆红，戴琼瑶. “单独二孩”政策实施与云南人口发展预期研究[J].中国人口科学，2014，3：30-42+126.
[167] 马晨曦，郑莉君. 心理健康干预对初中生亲子关系与自我意识的影响研究 [J]. 健康研究，2012，32 (4)：256-260.
[168] 马向真. 流动儿童自尊、自我意识与社会支持的关系研究 [J]. 南京师大学报 (社会科学版)，2014，5：103-110.
[169] 马小红，顾宝昌. 单独二孩申请遇冷分析 [J]. 华中师范大学学报 (人文社会科学版)，2015，2：20-26.
[170] 茅倬彦，罗昊. 符合二胎政策妇女的生育意愿和生育行为差异——基于计划行为理论的实证研究 [J]. 人口研究，2013，37 (1)：84-93.
[171] 穆滢潭，原新. “生”与“不生”的矛盾——家庭资源、文化价值还是子女性别 [J]. 人口研究，2018，42 (1)：90-103.
[172] 聂景春，庞晓鹏，曾俊霞，等. 农村儿童兄弟姐妹的影响研究：交流互动或资源稀释？[J]. 人口学刊，2016，38 (6)：5-16.
[173] 聂衍刚，丁莉. 青少年的自我意识及其与社会适应行为的关系 [J]. 心

理发展与教育，2009，25（2）：47-54.
[174] 牛更枫，李占星，王辰宵，等. 网络亲子沟通对留守初中生社会适应的影响：一个有调节的中介模型 [J]. 心理发展与教育，2019，35（6）：678-685.
[175] 潘可礼. 论城市日常生活空间的生产和创造 [J]. 学海，2016，4：96-102.
[176] 彭颂，卢宁. 深圳市暂住人口儿童自我意识与父母养育方式的相关研究 [J]. 预防医学情报杂志，2005，21（5）：512-516.
[177] 彭以松，聂衍刚，蒋佩. 中学生自我意识发展特点及与心理健康关系的研究 [J]. 内蒙古师范大学学报（教育科学版），2007，20（10）：93-97.
[178] 皮埃尔·布迪厄. 实践与反思——反思社会学导引 [M]. 李猛，李康译. 北京：中央编译出版社，1998.
[179] 祁正庆. 独生子女与非独生子女中学生的学校适应感比较研究 [J]. 中国健康心理学杂志，2009，1：64-65.
[180] 钱海燕，尚金奎，贡勇强. 独生子女学生心理健康调查及疏导机制研究 [J]. 教学与管理，2011，30：94-95.
[181] 邱关军，刘佳. "独二代"教育中出现的问题及其对策 [J]. 教育导刊（下半月），2010（2）：80-82.
[182] 全国人大法规库. 中华人民共和国婚姻法 [EB/OL]. 中国政府门户网站，（2005-5-25）[2019-12-11]. http://www.gov.cn/banshi/2005-05/25/content_847.htm.
[183] 任银睦，冷静，柳宾，等. 青岛市农村第一代独生子女家庭养老问题研究 [J]. 东方论坛，2009，1：82-89+100.
[184] 桑标，席居哲. 家庭生态系统对儿童心理健康发展影响机制的研究 [J]. 心理发展与教育，2005，21（1）：80-86.
[185] 沙晶莹，张向葵. 中国大学生自尊变迁的横断历史研究：1993-2013

[J]. 心理科学进展，2016，24 (11)：1712-1722.

[186] 沈阳晚报（微博）. 沈阳 8 岁女孩逼父母把弟弟送人 [EB/OL]. 大辽网，(2015-11-12) [2019-11-20]. https://ln.qq.com/a/20151112/028902.htm.

[187] 石淑华，张静，胡美荣，等. 学龄儿童自我意识影响因素的研究 [J]. 中国公共卫生，2002，18 (12)：1474-1476.

[188] 石智雷，杨云彦. 符合“单独二孩”政策家庭的生育意愿与生育行为 [J]. 人口研究，2014，38 (5)：28-41.

[189] 时蓉华. 社会心理学 [M]. 上海：上海人民出版社，1986.

[190] 刘军涛. 首部老龄事业发展蓝皮书发布老龄化带来新挑战 [EB/OL]. 人民网-人民日报海外版，(2013-02-28) [2019-12-23]. http://politics.people.com.cn/n/2013/0228/c1001-20623900.html.

[191] 四方田犬彦，蒋雯. 什么是可爱? [J]. 北京电影学院学报，2006，1：21-24+106.

[192] 宋健. 中国第一代独生子女与其父母的代际互动——与非独生子女的比较研究 [J]. 人口研究，2011，3：3-16.

[193] 宋梅. 生育第二胎对长子女的心理影响及对策分析 [J]. 教育导刊（下半月），2015，6：80-83.

[194] 苏昊，许霞. 初中生自尊与心理健康的关系研究 [J]. 沙洋师范高等专科学校学报，2011，12 (3)：8-11.

[195] 苏颂兴. 独生子女家庭应加强伦理道德教育 [J]. 探索与争鸣，1996，3：28.

[196] 苏颂兴. 上海独生子女的社会适应问题 [J]. 学术季刊，1997 (2)：141-149.

[197] 苏颂兴. 中国的人口国情与独生子女政策 [J]. 当代青年研究，1998，2：1-5.

[198] 孙百才，仝辉. 小学生中独生子女与非独生子女差异性的实证研究——

以甘肃省为例［J］. 上海教育科研，2009，5：40-42.

［199］孙海涛，邢鸿飞. 工作与生活：成年独生子女角色冲突的影响因素分析——以南京市为例［J］. 中国青年研究，2014，10：61-67.

［200］檀传宝. 少年儿童组织与思想意识教育基本理论［M］. 北京：教育科学出版社，2014.

［201］唐久来，唐茂志，余世成，等. 独生子女智力、行为和社会生活能力研究［J］. 中华儿科杂志，1994，6：347-349＋386.

［202］田丰. 生育政策调整后中产阶级的生育意愿研究——基于北京、上海、广州三个城市的调查［J］. 社会科学辑刊，2017，233（6）：133-143.

［203］涂平. 中国人口老龄化与人口控制［J］. 中国社会科学，1995，6：61-70.

［204］王峰，周国权，谢红涛，等. 注意缺陷多动障碍患儿父母严厉管教、亲子依恋与自我意识的关系［J］. 临床精神医学杂志，2017，27（4）：225-229.

［205］王广州. 生育政策调整研究中存在的问题与反思［J］. 中国人口科学，2015，2：3-17.

［206］王晖，熊昱可，刘霞. 亲子关系和朋友支持对流动儿童情绪和行为适应的保护作用［J］. 心理发展与教育，2018，34（5）：614-624.

［207］王记文. 很低生育率背景下中国的生育意愿及其影响因素研究——基于CGSS（2010-2015）重复调查数据的分析［J］. 西北人口，2018，39（4）：73-81.

［208］王军，王广州. 中国育龄人群的生育意愿及其影响估计［J］. 中国人口科学，2013，4：26-35＋126.

［209］王丽，李廷玉. 影响儿童自我意识发展有关因素的研究进展［J］. 中国儿童保健杂志，2011，19（3）：246-248.

［210］王美芳，刘莉，王玉廷. 父母婚姻质量、亲子依恋与幼儿焦虑的关系［J］. 中国临床心理学杂志，2010，18（6）：802-805.

[211] 王品芝，苏洁. 54. 9%受访者认为生二孩需要考虑老大意见 [N]. 中国青年报，2015-02-02 (7).

[212] 王庆华，杨玉霞，丁志荣，等. 空巢老人生活质量与心理健康的相关研究 [J]. 中国老年保健医学，2007，4：96-98.

[213] 王胜今，林盛中. 客观认识我国生育政策的调整和完善 [J]. 吉林大学社会科学学报，2016，1：54-59+188.

[214] 王淑华，冯红线. 叙事疗法对流浪儿童心理救助的实践研究——以丽水市流浪未成年人救助保护中心为例 [J]. 内蒙古师范大学学报（教育科学版），2017，30 (2)：78-82.

[215] 王树青. 大学生自我同一性形成的个体因素与家庭因素 [D]. 北京师范大学，2007.

[216] 王向荣. 独二代健康状况堪忧 [N]. 中国食品报，2010-05-07 (3).

[217] 王晓焘. 城市在职青年的教育回报——基于性别与独生子女身份的分析 [J]. 社会，2011，4：158-174.

[218] 王晓阳. 亲子依恋关系需要父亲的积极参与 [J]. 教育理论与实践，2018，38 (14)：29-31.

[219] 王艳辉，李董平，孙文强，等. 亲子依恋与初中生亲社会行为：有调节的中介效应 [J]. 心理学报，2017，49 (5)：663-679.

[220] 王咏梅，辛春燕，路静，等. 护理干预对恶性肿瘤患者化疗依从性和生活质量及心理状况的影响 [J]. 中国肿瘤临床与康复，2015，22 (7)：862-865.

[221] 王玉娇，宋天，张林. 团体游戏在《大学生心理健康教育》课程中的应用探索——以自我意识主题为例 [J]. 科技视界，2018，6：176+185.

[222] 王悦. 延吉市农村小学生亲子沟通与生活质量的相关研究 [D]. 延边大学，2018.

[223] 王跃生. 城市第一代独生子女家庭代际功能关系及特征分析 [J]. 开放时代，2017，3：27-59+5-6.

[224] 王跃生. 中国家庭代际功能关系及其新变动 [J]. 人口研究，2016，40 (5)：33-49.

[225] 王云峰，冯维. 亲子关系研究的主要进展 [J]. 中国特殊教育，2006，7：77-83.

[226] 卫萍，许成武，刘燕，等. 中小学生心理健康状况的调查分析与教育策略 [J]. 教育研究与实验，2017，2：91-96.

[227] 魏运华. 自尊的结构模型及儿童自尊量表的编制 [J]. 心理发展与教育，1997，3：31-38.

[228] 温忠麟，侯杰泰，张雷. 调节效应与中介效应的比较和应用 [J]. 心理学报，2005，37 (2)：268-274.

[229] 温忠麟，张雷，侯杰泰，等. 中介效应检验程序及其应用 [J]. 心理学报，2004，36 (5)：614-620.

[230] 吴汉荣，刘普林，蒙衡. 儿少生活质量量表信效度分析及全国常模的制定 [J]. 中国学校卫生，2006，27 (1)：18-21.

[231] 吴红. 大学生心理健康理论与实践研究——兼评《大学生心理健康教育——体验·认知·训练》[J]. 中国高教研究，2018，1：3-4.

[232] 吴旻，刘争光，梁丽婵. 亲子关系对儿童青少年心理发展的影响 [J]. 北京师范大学学报（社会科学版），2016，5：55-63.

[233] 吴念阳，张东昀. 青少年亲子关系与心理健康的相关研究 [J]. 心理科学，2004，27 (4)：812-816.

[234] 吴瑞君，汪小勤. 我国独生子女群体的婚姻稳定性分析 [J]. 学海，2009，5：31-36.

[235] 吴雨蒙，谢美华. 外貌认知对人际关系的影响研究——以大学生群体为例 [J]. 科教导刊（中旬刊），2013，7：252-254.

[236] 伍瑾，李经天，卫虹，等. 农村留守学生亲子关系对学习态度的影响——以武汉市某农村中学为例 [J]. 中小学心理健康教育，2018，8：12-16.

[237] 夏慕. 亲子依恋对于大学生社交焦虑的影响 [D]. 内蒙古师范大学，2013.

[238] 肖富群. 农村独生子女的学校教育优势——基于江苏、四川两省的调查数据 [J]. 人口与发展，2011，17 (2)：73-81.

[239] 肖富群，风笑天. 我国独生子女研究 30 年：两种视角及其局限 [J]. 南京社会科学，2010，7：45-52.

[240] 肖莉娜，梁淑雯，何雪松. 青少年学业压力、父母支持与精神健康 [J]. 当代青年研究，2014，5：29-34.

[241] 辛斌，蓝雅歌，青木，等. 二孩政策也没有世界样本中国家庭舍不得一孩模式 [EB/OL]. 环球网，(2015-12-25) [2019-12-29]. https://world.huanqiu.com/article/9CaKrnJSD3a .

[242] 邢晓沛，李苗苗，阴桐桐. 母亲负性情绪与儿童外化问题行为的关系：家庭嘈杂度的调节作用 [J]. 心理科学，2018，1 (4)：842-848.

[243] 徐俊. 我国计划生育政策的反思与展望——由单独二孩引发的思考 [J]. 人口与经济，2014，207 (6)：109-118.

[244] 徐丽华，陈登峰，傅文青，等. 留守环境对农村独生子女心理健康状况的影响 [J]. 中国临床心理学杂志，2011，19 (5)：663-665.

[245] 徐远超，谭千保. 父母教养方式与儿童社会期望相关性研究 [J]. 长沙民政职业技术学院学报，2002，4：28-30.

[246] 徐浙宁. 城市"二孩"家庭的养育：资源稀释与教养方式 [J]. 青年研究，2017，6：26-37.

[247] 薛继亮，张建武. 基于收入视角的我国生育率降低原因研究 [J]. 技术经济与管理研究，2013，7：96-100.

[248] 闫玉，张竞月. 育龄主体二孩生育焦虑影响因素的性别差异分析 [J]. 人口学刊，2019，41 (1)：20-30.

[249] 杨涵钰. 独生子女与非独生子女大学生综合素质比较研究 [J]. 郑州大学学报（哲学社会科学版），2009，42 (3)：96-98.

[250] 杨洁敏，张蜀，袁加锦，等. 心理预期与认知方式对负面情绪的交互调节 [J]. 心理科学进展，2015，23（8）：1312-1323.

[251] 杨菊华. 单独二孩政策下流动人口的生育意愿试析 [J]. 中国人口科学，2015，1：89-96＋128.

[252] 杨菊华. 父母流动：家庭资源与高中教育机会 [J]. 学海，2011，2：19-33.

[253] 杨莲清. 特区中小学生亲子关系及其对心理健康的影响作用 [J]. 心理发展与教育，1998，2：17-20.

[254] 杨世炳，唐久来，吴德，等. 独生子女与非独生子女的社会生活能力配比研究 [J]. 实用儿科临床杂志，2003，18（12）：992-993.

[255] 杨芷英，郭鹏举. 家庭因素对流动儿童心理健康状况的影响研究——基于对北京市流动儿童的调查 [J]. 中国青年社会科学，2017，36（3）：54-60.

[256] 姚伟，关永春. 儿童教育与儿童的生活质量 [J]. 东北师大学报（哲学社会科学版），2004，54（2）：140-144.

[257] 姚远，张顺. 家庭地位、人际网络与青少年的心理健康 [J]. 青年研究，2016，5：29-37＋95.

[258] 叶华，吴晓刚. 生育率下降与中国男女教育的平等化趋势 [J]. 社会学研究，2015，5：153-245.

[259] 叶子，庞丽娟. 论儿童亲子关系、同伴关系和师生关系的相互关系 [J]. 心理发展与教育，1999，4：50-54.

[260] 尹勤，刘越，高祖新，等. 留守儿童自我意识评价及影响因素研究——以江苏省阜宁县为例 [J]. 西北人口，2011，32（5）：81-84.

[261] 于志英. 二孩政策下大孩心理健康教育探析 [J]. 淮南职业技术学院学报，2019，19（1）：102-104.

[262] 余晓敏，吴汉荣. 农村独生子女与非独生子女小学生行为问题比较研究 [J]. 华中科技大学学报（医学版），2012，41（1）：64-66＋71.

[263] 俞国良，董妍. 我国心理健康研究的现状、热点与发展趋势 [J]. 教育研究，2012，6：97-102.

[264] 俞国良，李天然，王勍. 高中生心理健康的横断历史研究 [J]. 教育研究，2016，37 (10)：113-122.

[265] 俞国良，王勍. 社会转型：少年初中生心理健康结构与特点研究 [J]. 西南民族大学学报（人文社科版），2018，39 (1)：215-221.

[266] 苑春永，陈福美，王耘，等. 独生子女和非独生子女情绪适应的差异——基于倾向分数配对模型的估计 [J]. 中国临床心理学杂志，2013，21 (2)：296-299.

[267] 詹启生，程诺，李秒，等. 独生子女与非独生子女大学生心理健康比较 [J].中国健康心理学杂志，2017，25 (9)：1414-1418.

[268] 詹以森，唐久来. 独生与非独生子女的智商分项差异性比较 [J]. 安徽医科大学学报，2002，3：216-218.

[269] 张弛，沈怡，祁健媛. “二孩政策”下，一孩是否悦纳父母生二胎——以家长和儿童的不同视角探究 [J]. 现代交际，2019，2：55-56.

[270] 张驰，许英美，陈斯琪，等. 非独生大学新生心理健康状况 [J]. 中国健康心理学杂志，2015，23 (7)：1102-1107.

[271] 张静. 小学生父母教养方式、自尊及社交焦虑的关系研究 [D]. 辽宁师范大学，2013.

[272] 张静，石淑华，胡美荣，等. 影响学龄儿童自我意识的家庭环境因素研究 [J]. 中国学校卫生，2003，24 (4) 320-321.

[273] 张兰君，何雯. 微公益对青少年身心发展影响研究 [J]. 当代青年研究，2013，3：19-24.

[274] 张丽华，霍东杰，顾谦浩. 初中生自尊与攻击性的关系：自我控制的中介作用 [J]. 中小学心理健康教育，2019，27：21-23.

[275] 张丽娟，石彩秀，丁志鹏. 聋生自我意识与社会期望的关系研究 [J]. 中国特殊教育，2013，6：41-45.

[276] 张丽萍，王广州. 中国育龄人群二孩生育意愿与生育计划研究 [J]. 人口与经济，2015，6：43-51.

[277] 张莉. 二孩家庭中大孩的心理与行为变化及其疏导 [J]. 学前教育研究，2019，7：85-88.

[278] 张亮. 城市居民的二胎生育意愿及影响因素 [J]. 湖南师范大学社会科学学报，2011，5：92-96.

[279] 张林. 青少年自尊结构、发展特点及其影响因素的研究 [D]. 东北师范大学，2004.

[280] 张林，李元元. 自尊社会计量器理论的研究述评 [J]. 心理科学进展，2009，17 (4)：852-856.

[281] 张美峰，刘凤霞. 儿童社会期望特点的初步研究 [J]. 青少年研究（山东省团校学报），2008，6：16-18.

[282] 张青根，沈红. 独生子女与非独生子女大学生批判性思维能力的差异性分析 [J]. 复旦教育论坛，2018，16 (4)：58-64.

[283] 张霞，夏巧娟. 生育意愿与生育率研究进展 [J]. 经济学动态，2018，12：108-120.

[284] 张小远，俞守义，赵久波，等. 独生子女与非独生子女大学生心理健康状态和素质的对照研究 [J]. 南方医科大学学报，2007，4：482-482.

[285] 张晓青，黄彩虹，张强，等. “单独二孩”与“全面二孩”政策家庭生育意愿比较及启示 [J]. 社会科学文摘，2016，3：69-70.

[286] 张兴旭，郭海英，林丹华. 亲子、同伴、师生关系与青少年主观幸福感关系的研究 [J]. 心理发展与教育，2019，35 (4)：458-466.

[287] 张兴月，张冲. 农村居民生育意愿及其影响因素——基于社会保障的视角 [J]. 农村经济，2015，11：59-64.

[288] 张雪丽. “单独二胎”新计生政策下的儿童同胞关系及相关因素研究 [D]. 四川医科大学，2015.

[289] 张亚利，李森，俞国良. 自尊与社交焦虑的关系：基于中国学生群体的

元分析 [J]. 心理科学进展，2019，27 (6)：1005-1018.
[290] 张勇，尹秀芳，徐玮. 符合“单独二孩”政策城镇居民的生育意源调查 [J]. 中南财经政法大学学报，2014，206 (5)：14-19.
[291] 张月云，同钰莹，刘保中. 独生与非独生青少年社交能力比较研究 [J]. 青年研究，2017，3：12-20＋94.
[292] 张月云，谢宇. 低生育率背景下儿童的兄弟姐妹数、教育资源获得与学业成绩 [J]. 人口研究，2015，39 (4)：19-34.
[293] 张增杰. 论大学生心理 [M]. 重庆：西南师范大学出版社，1986.
[294] 赵海鹏，陶剑飞，仇妙芹. 大学生积极心理品质与新生适应、人际困扰、自我意识的关系 [J]. 广州大学学报 (自然科学版)，2018，17 (5)：91-95.
[295] 赵会来. 问题家庭与未成年独生子女的违法犯罪 [J]. 焦作大学学报，2006，1：64-66.
[296] 赵金霞，朱彩琴. 亲子依恋与儿童焦虑的关系 [J]. 中国临床心理学杂志，2011，5：636-638.
[297] 赵静，严保平. 高中生独生与非独生子女父母教养方式、成就动机的差异 [J]. 中国健康心理学杂志，2018，10：1598-1600.
[298] 赵琼. 团体心理辅导在《大学生心理健康》课程中的应用研究 [J]. 教育现代化，2018，5 (5)：173-174.
[299] 赵永婧，范红霞，刘丽. 亲子依恋与初中留守儿童心理韧性的关系 [J]. 中国特殊教育，2014，7：59-64.
[300] 赵玉佩，童莉娇，陈小乔，等. “单独夫妻”的生育意愿及影响因素研究 [J]. 读书文摘，2015，24：135-136.
[301] 郑安云，同雪莉，田兵权，等. 独生子女人格特征与数字搜索能力对照研究 [J]. 西北大学学报 (哲学社会科学版)，2009，39 (1)：122-125.
[302] 郑方辉，金小红. 互动论视角下的独生子女早期社会化问题 [J]. 山西

青年管理干部学院学报，2007，20（2）：14-18.
[303] 郑真真. 低生育水平下的生育成本收益研究——来自江苏省的调查[J]. 中国人口科学，2009，2：93-102+112.
[304] 郑真真. 兼顾与分担：妇女育儿时间及家人影响 [J]. 劳动经济研究，2017，5（5）：3-17.
[305] 郑真真. 生育意愿研究及其现实意义——兼以江苏调查为例 [J]. 学海，2011，2：10-18.
[306] 中国独生子女人格发展课题组. 中国城市独生子女人格发展现状及教育研究报告 [J]. 教育研究，1998，10：40-45.
[307] 中国人口统计年鉴 [M]. 中国统计出版社，2006.
[308] 钟慧萍. 大孩与二孩奶酪之争：现状调查及相关心理问题分析 [J]. 浙江教育科学，2016，6：36-38.
[309] 周德禄. 独生子女属性对大学生成长及未来发展的影响——基于 1210 份驻济高校大学生调查问卷的分析 [J]. 东岳论丛，2009，30（9）：128-133.
[310] 周梦婷. 头胎儿童在同胞关系中的身心变化及对策分析 [J]. 中小学心理健康教育，2019，23：15-20.
[311] 周琴，刘晓瑛，宋媛. 苏州市某社区 8-10 岁外来儿童主观生活质量及其影响因素调查分析 [J]. 江苏预防医学，2009，20（3）：7-9.
[312] 周正，韩悦. 母亲养育方式对流动儿童自我意识的影响——社会期望的中介作用 [J]. 教育学报，2018，14（1）：73-79.
[313] 周宗奎. 亲子关系作用机制的心理学分析 [J]. 西南师范大学学报（哲学社会科学版），1997，2：46-50
[314] 朱倩雨. 亲子关系、师生关系和同伴关系对重点中学学生学业成就的影响 [J]. 中小学心理健康教育，2017，31：16-20.
[315] 朱淑青，张利霞，赵姜楠，等. 糖尿病前期病人焦虑、抑郁情绪与生活质量的相关性研究 [J]. 护理研究，2015，29（19）：2364-2366.

[316] 庄亚儿，姜玉，王志理，等. 当前我国城乡居民的生育意愿——基于2013年全国生育意愿调查 [J]. 人口研究，2014，3：3-13.

[317] 卓燕玲，刘四海，韩新作，等. 关节损伤康复患者关节功能与心理健康及生活质量的相关性 [J]. 中国康复理论与实践，2019，25（11）：1356-1360.